식생활 관리

김성옥 · 최원경

창지사

머리말

인간은 누구나 건강한 삶을 영위하고 장수하기를 원한다. 이를 위한 건강관리의 기초가 되는 것은 올바른 식생활 관리이다. 한국인의 식생활은 최근 현저하게 변화하였다. 질적으로도 수준 높은 식사를 원하는 대중의 욕구가 증대되면서 일생의 전 과정에 필요한 기본적인 영양 요구에 대한 관심도가 높아지고 있다. 그로 인해 건강을 증진할 수 있는 식품에 대한 관심 또한 높아지고, 새로운 종류의 식품이 개발되고, 새롭게 관심을 가지게 된 식품도 많아졌다. 이에 영양 원리에 기초한 올바른 식생활 관리를 위해서 영양학에 대한 기본적인 지식을 습득해야 하며, 이러한 지식은 영양학을 전공하는 학생뿐만 아니라 많은 비전공자에게도 필요할 것이다.

이에 본서는 건강과 관련된 식생활에 영향을 미치는 인자들과 영양소의 기본이해를 비롯하여 효율적인 식생활 관리를 위한 전반적인 요소, 질병과 영양의 문제, 그리고 쉬어가기에서 최근 관심을 받고 있는 다양한 색깔의 채소류 및 과일류의 기능성 정보를 정리하고, 2015년도 국민건강영양조사 결과와 한국인 영양소 섭취기준(2015년 3차 개정) 개정자료들을 함께 수록하였다.

부디 식품영양학을 공부하는 학생들, 식생활 관리의 최전선에 있는 영양사, 그리고 우리나라 각 가정의 식생활을 담당하는 사람들에게 조금이나마 도움이 되었으면 하는 바람이다.

그러나 서술하는 과정에서 내용과 표현이 미숙한 곳도 많으리라 생각되어 동학의 선후배 독자들의 아낌없는 지도 편달 속에 완벽해질 것을 기대하고 앞으로 계속 보완·수정해 나갈 것을 약속한다. 끝으로 본서가 출판되기까지 여러모로 도와주신 창지사 임직원 여러분께 마음으로부터 깊은 감사를 전하며, 아울러 신수정, 이소연, 박은지 학생에게도 고마운 마음을 전한다.

2017년 7월 20일

저자 일동

차 례

Chapter 1

식생활 관리의 필요성

1 식생활 관리의 의의

식생활이란 식품의 생산부터 섭취까지의 과정 및 행위와 관련된 일체의 활동으로 개인의 생명과 건강 보존을 위한 신체적 · 생리적 욕구 충족의 기능은 물론, 개인의 식욕과 기호성 충족으로 정신적 만족감과 안정을 제공하여 심리적 욕구 충족 및 인간관계 형성 등의 기능을 한다. 따라서 식생활 관리는 영양학, 생티학, 조리학, 식생태학, 식문화, 사회화, 경제학, 문화인류학, 심리학 등의 광범위한 학문과 함께 고려되어 창의적으로 운영하여야 한다.

식품은 다양한 영양소를 포함할 뿐만 아니라 안전하며 위생적이어야 한다. 또한, 현대인은 일상의 식생활에서 식재료의 맛, 색, 향기, 질감 등의 감각 충족을 넘어 식생활의 레저화를 추구한다. 그리고 현대사회에서 식생활은 점점 사회화되어 인간관계를 강화하는 커뮤니케이션 수단으로 그 중요성이 더욱 중요해지고 있다.

① 신체적 · 생리적 의의: 균형 잡힌 영양소 공급 및 건강 증진, 위생적으로 안전한 식생활 제공

② 심리적 · 정서적 의의: 개인의 식욕과 기호성 만족을 통한 생활의 질 향상

③ 사회적 · 문화적 의의: 인간관계 유지의 매개체로 사교와 레저를 제공

④ 환경친화적 의의: 식생활 관리에 따라 자연환경 보존에 많은 영향을 미친다. 지구온난화로 인한 기후변화를 유발하는 탄소 배출량을 줄이는 친환경 식재료의 구입과 조리 및 음식 폐기물의 재활용 등으로 환경보호에 기여

2 식생활 관리자의 역할과 자세

식사에 대한 전체적인 책임을 지는 식생활 관리자는 식사에 관련된 모든 일의 계획(plan), 선택, 결정, 실행(Do), 평가(See), 피드백까지 관리하는 사람이다. 식생활 관리자는 장소에 따라 가정에서는 주부 또는 가장, 단체급식소에서는 영양사, 외식 시에는 개인이 관리자가 된다.

① 식사 제공의 주체자 역할
② 식사계획의 영양사 역할
③ 재무관리자로서 식생활비 관리 조정 역할
④ 식품구매자 역할
⑤ 건강한 식생활을 지도하는 교육자
⑥ 조리사 역할
⑦ 테이블 코디네이터 역할
⑧ 경영자 역할
⑨ 위생감독관 역할

3 현대와 미래의 식생활과 영양

1) 식생활 변화에 미치는 요인 및 식생활 변화 과정

사람의 식생활은 개인적 기호도, 영양과 음식에 대한 지식, 인간을 둘러싼 여러 환경 요인 등 다양한 요인의 영향을 받으므로 이러한 요인들이 변화면 개인의 식생활 변화를 초래한다. 즉, 인간의 식생활에 영향을 미치는 요인은 자연적 요인, 사회적 요인, 경제적 요인, 문화적 요인, 생리적 요인 및 심리적 요인 등이 있다. 이러한 다양한 요인의 영향에 따라서 식생활은 생존 단계(Survival) → 인식과 분별 단계(Recognition) → 선택 단계(Selection, Like) → 식도락 단계(Lover) → 개성창출 단계(Art)로 발전 · 변화한다.

1980년대 한국의 식생활은 육류, 생선, 과일 섭취의 증대와 쌀 소비의 감소가 나타났다. 반면에 인스턴트식품 소비 증가, 외국으로 음식 체인점 진출, 성인병 · 충치 발생률이 증가하고 음식의 양보다 질을 선호하는 현상이 일어났다. 21세기 현대에는 성인병이 사회적 문제로 대두되면서 건강식품 소비 증가가 뚜렷해지고, 사회적으로 금연운동 시작, 노년 인구의 증가로 실버산업이 번성하는 한편 생활양식의 변화, 유통시장의 확대, 가공식품의 생산과 소비 증가로 전통적 가정의 전승이 사라지는 식사로 인해 건강, 장수(웰빙) 지향의 식생활인 자연식으로의 회귀가 전 세계적인 사회현상으로 나타나고 있다. 이렇게 식생활의 변화에 영향을 미치는 다양한 요인을 정리해 보면 다음과 같다.

① 자연적 요인: 자연환경인 토양, 수질, 공기의 오염 증가

② 사회적 요인: 인구 구성의 변화, 핵가족세대 증가, 1인 가족 증가, 노년 인구 증가, 여성의 경제활동 참가 증가

③ 경제적 요인: 수입, 식비, 교통, 노동, 설비, 식품산업의 발달과 가공식품의 증가

④ 문화적 요인: 종교, 교육 수준, 식습관, 지식, 문화, 기술, 개인 기호도의 다양화, 식생활에 대한 지향의 다양화(건강 지향, 안전 지향, 간편 지향, 미식 지향, 오락 지향), 식생활 관련 가전제품의 개발 및 공급 확대(여가 시간의 증가와 충실)

⑤ 생리적 요인 및 심리적 요인: 연령, 성별, 개인 건강 및 질병 상태

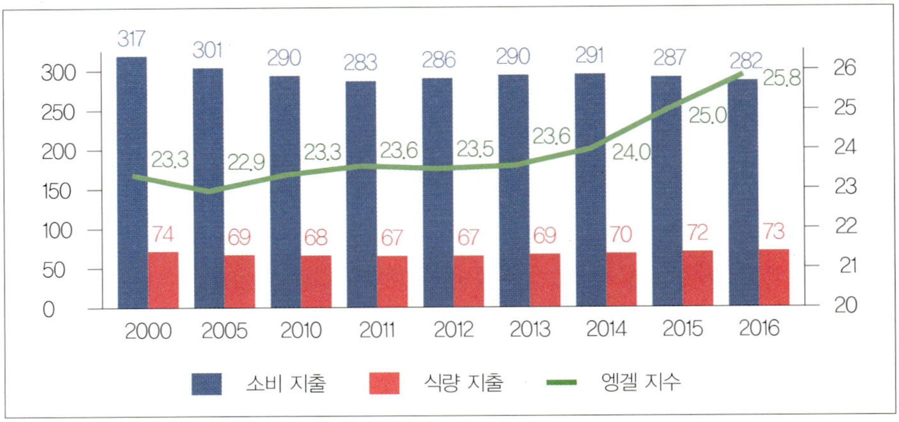

[그림 1-1] 개인 소비와 엥겔 지수의 추이

출처: 트렌드모니터(https://www.trendmonitor.co.kr).

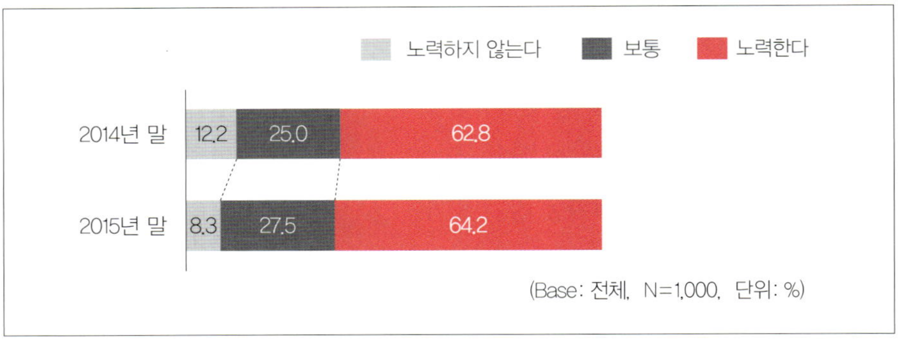

[그림1-2] 건강음식 섭취 노력 정도

출처: 트렌드모니터(https://www.trendmonitor.co.kr).

2) 현대의 식생활과 영양

앞에서 언급하였듯이 올바른 식생활은 에너지 공급과 신체의 구성 및 대사 조절을 원활히 하여 정상적 생활을 영위하는 중요한 필수 요소이다. 따라서 건강한 식생활이란 신체가 요구하는 모든 영양소가 잘 배합된 적당량의 식사를 의미하며, 어느 한 가지 식품이 이 목적을 완전하게 충족시킬 수는 없다. 균형 잡힌 식생활 유지에 필요한 3요소는 다음과 같다.

① 식품 간의 균형을 이룬다.

② 다양한 식품을 섭취한다.

③ 적당량의 식품을 섭취한다.

4차 산업혁명 사회의 현대인의 부적절한 식생활은 영양불량(영양과잉, 영양부족)을 유발하며, 이는 여러 가지 신체적 질병과 밀접한 관련이 있다. 영양부족은 면역기능 저하 유발로 결핵, 감기 등의 감염성 질환에 쉽게 걸리게 하고 전반적으로 미병(未病) 상태에 빠지게 하며, 질환 치료 시 회복을 지연시킨다. 반면에 급격한 경제발전 국가 및 선진국에서의 심각한 영양문제로 언급되는 영양과잉은 비만을 초래한다. 비만은 하나의 질병으로 심혈관계 질환, 고혈압, 당뇨병, 암 등과 같은 만성질환 유발의 원인으로 손꼽힌다. 현대인의 영양을 고려한 건강한 식품을 선택하면서도 편리함과 맛만을 고려한 인스턴트식품의 섭취비율도 지속적으로 증가함을 보여 주는 통계자료는 현대인의 식품 선택의 이중성을 강하게 나타내고 있다.

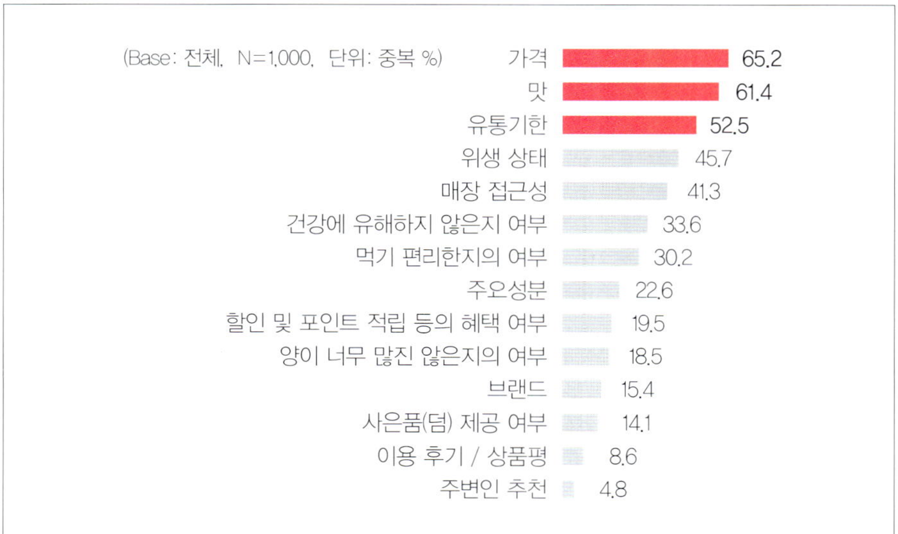

[그림 1-3] 식품 구매(2016년) 시 고려하는 요소

출처: 트렌드모니터(https://www.trendmonitor.co.kr).

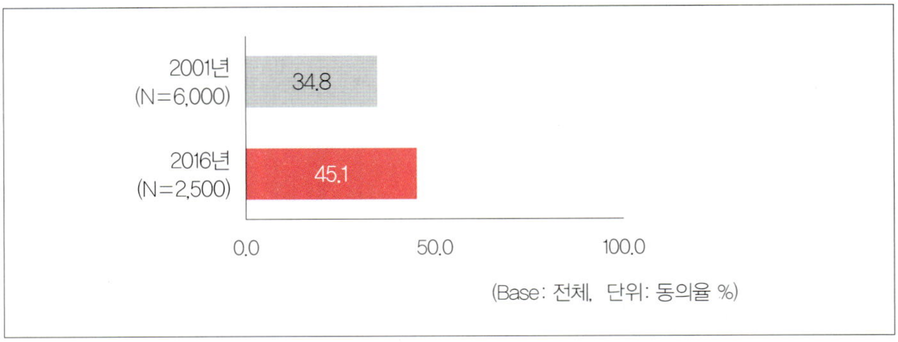

[그림 1-4] 인스턴트식품 섭취비율

출처: 트렌드모니터(https://www.trendmonitor.co.kr).

3) 미래의 식생활과 영양

환경오염으로 인한 지구온난화, 물 부족, 식량 부족, 산림 훼손, 사막화 등의 기후변화는 생활환경 악화뿐만 아니라 물가 상승의 요인이 된다. 따라서 기후변화 유발 물질 중 하나인 이산화탄소 배출량을 줄이기 위해서는 로컬푸드(Local foods), 온실재배가 아닌 노지재배의 저탄소 농산물을 식생활에 더욱 적극적으로 활용하는 데 노력을 기울여야 한다.

개인의 가치관도 대량 생산, 규격화, 산업화, 기계화한 패스트푸드에 대항한 자연친화적 식생활 변화를 추구하여 슬로푸드(Slow foods), 로컬푸드(Local foods), BOBOS족, 로하스(Lifestyles Of Health And Sustainability: LOHAS) 등의 확산이 전 세계적 추세이다. 우리나라에서는 환경과 건강을 배려한 녹색식생활 지침과 세부실천 지침이 마련되어 있다.

① 슬로푸드(Slow foods): 패스트푸드에 대항하여 지역의 특성과 수공업적 생산과 유통, 전통적인 맛과 문화를 살린 음식과 식생활 양식을 추구하는 운동으로 전 세계적으로 확산되고 있다.

② 로컬푸드(Local foods): 장거리 운송을 거치지 않은 반경 50km 이내에서

생산된 지역 농수산 식품으로 식품의 안전성을 높이고 수송에 따른 환경 오염을 경감하여 자연친화적 가치관과 함께 지속적으로 장려된다.

③ BOBOS족: 부르주아(bourgeois)의 물리적 실리와 보헤미안(Bohemian)의 정신적 풍요를 동시에 누리는 미국의 새로운 상류계급으로 1990년대 젊은 부자를 상징하는 용어로 웰빙을 추구하는 라이프 스타일의 중산층이다.

④ 로하스(LOHAS): 공동체 전체의 더 나은 삶을 위해 소비생활을 건강하고 지속 가능한 친환경 중심 생활양식 · 행동양식 · 사고방식을 지향하는 라이프 스타일로 환경친화적, 생태학적, 에너지 효율적 제품을 소비하는 경향이 있다. 국내에서도 경제적 생활 수준의 상승과 교육 수준의 향상으로 소비자의 의식 수준 변화가 빠르게 나타나고 있어 로하스적 생활 스타일은 지속적으로 증가할 예상이다.

로하스 소비자를 특징짓는 12개 주요 변수

- 친환경 제품을 선택한다.
- 환경보호에 적극적이다.
- 재생원료를 사용한 제품을 구매한다.
- 지속 가능성을 고려해 만든 제품에 20%의 추가비용을 지불할 용의가 있다.
- 주변에 친환경 제품의 기대효과를 적극적으로 홍보한다.
- 지구환경에 미칠 영향을 고려해 구매를 결정한다.
- 재생 가능한 원료를 이용한다.
- 타성적 소비를 지양하고 지속 가능한 재료를 이용한 제품을 선호한다.
- 전체 사회를 생각하는 의식 있는 삶을 영위한다.
- 지속 가능한 기법으로 생산한 제품을 선호한다.
- 지속 가능한 농법으로 생산한 제품을 선호한다.
- 로하스 소비자의 가치를 공유하는 기업의 제품을 선호한다.

따라서 미래의 식생활환경은 장수와 건강, 개성, 간편화 및 고급화를 지향하는 식생활 변화로 진행되고 있다.

〈표 1-1〉 녹색식생활 지침(성인용)

목표	녹색생활 지침	세부 실천 지침
환경친화적 식생활의 실천	1) 환경친화적인 농식품은 나와 지구의 건강을 지킵니다.	• 친환경 관련 인증 표시 확인하기 • 유기가공식품 이용하기 • 농약과 화학비료를 적게 사용한 농산물 구하기 • 일회용 및 과대포장된 식품 구입 줄이기
	2) 알맞은 식사는 음식물 쓰레기를 줄입니다.	• 필요한 양만큼 구입하고 조리하기 • 알맞게 주문하고 남은 음식 가져가기 • 음식을 알맞게 덜어 가며 식사하기
	3) 근거리 농수산물 소비는 에너지를 줄여 녹색성장을 이끕니다.	• 직거래 장터 이용하기 • 원산지 표시 확인하기 • 우리 고장 농수산물 애용하기
건강한 한국형 식생활의 실천	4) 골고루 먹는 알맞은 식사는 내 건강을 지킵니다.	• 하루 세끼 규칙적으로 식사하기 • 채소, 과일, 유제품, 콩 제품, 고기, 생선 골고루 섭취하기 • 고지방 고기와 튀긴 음식 줄이기 • 건강 체중 유지하기
	5) 밥 중심의 전통 식생활은 내 몸을 건강하게 합니다.	• 밥과 고른 반찬으로 균형 잡힌 식생활하기 • 다양한 곡류와 완전곡(完全穀) 섭취하기 • 지나치게 짜고 매운 음식 피하기 • 계절에 따른 제철음식 즐기기
	6) 가족과 함께하는 식사는 풍요로운 삶을 만듭니다.	• 하루 한 번 이상 가족과 식사하기 • 행복한 마음으로 식사하기 • 예의 바른 모습으로 식사하기 • 식사 시간을 여유 있게 즐기기
감사하고 배려하는 식생활의 실천	7) 다양한 식생활 체험은 우리 몸과 마음을 건강하게 합니다.	• 가족이 함께 즐기며 음식 만들기 • 전통 식생활 문화 체험 기회 갖기 • 한국의 전통 조리법 계승하기
	8) 음식은 소중하게, 생산자에게는 감사의 마음을 가집니다.	• 텃밭과 화분 등에 채소 기르기 • 농어촌 체험으로 음식과 땀의 가치 알기 • 먹을거리의 생산과정 알기 • 어려운 이웃과 음식 나누기

출처: 식품의약품안전처.

쉬어가기 (Red foods & 영양과 효능)

- Red foods: 토마토, 수박, 딸기, 사과, 팥, 비트, 대추, 파프리카, 붉은 고추, 오미자 등

① 붉은색 채소 및 과일에 함유된 대표 영양성분: 라이코펜(lycopene), 엘라그산(ellagic acid), 안토시아닌(anthocyanin)

② 기능: 강력한 항산화 기능으로 암, 심혈관계 질환, 골다공증 예방, 면역력 증진

- 라이코펜: 토마토, 수박의 붉은색 색소로 항노화, 혈관성 질환(동맥경화, 고혈압) 예방 및 남성 전립선 건강에 도움
- 주 5회 이상 토마토 섭취 시 남성 전립선암 예방
- 엘라그산: 라즈베리, 딸기, 크랜베리, 석류의 함유성분으로 항노화 효과

③ 미국 농무부와 보건후생부는 '만성질환 예방을 위한 식이지침'을 발표하며, 항산화제의 중요성을 알리고, 우수한 항산화제인 과일과 채소의 섭취 증가를 권장

Chapter 2

식생활 관리의 목표

현재 식생활 관리의 목표는 과거의 단순한 식사를 통한 에너지 공급으로 생명 유지를 위한 관리를 넘어 개인과 가정, 사회 사이의 상호 관련성을 깊이 인식하여 영양적으로 균형 잡힌 식사, 개인의 기호와 식습관을 충족시키는 식사, 경제적이고 합리적인 식사, 위생적이고 안전한 식사, 시간과 에너지 소비가 조화되어 능률적인 식사계획, 환경친화적인 식생활 관리에 그 목표가 있다.

① 영양 면: 식사계획을 통한 균형 잡힌 최고의 영양공급 관리
② 기호 면: 개인 기호와 식습관에 충족된 식사계획 관리
③ 경제 면: 경제적으로 예산에 맞는 합리적 소비 관리
④ 위생 면: 위생적으로 안전한 식생활 관리
⑤ 시간과 노력 면: 계획된 식사준비와 조리, 후처리 및 정리에 시간과 에너지 절약을 고려한 능률적 관리
⑥ 환경친화 면: 계획적인 식생활 관리로 식품의 생산부터 소비까지의 전 과정에서 환경친화적 식생활 방식을 실천으로 식품 관련 폐기물 발생 감소 및 재활용 관리

1 영양 면

식생활 관리의 가장 중요한 목표는 영양적으로 균형 잡힌 식사 제공이다. 이를 위해 식품을 알맞게 선택하고 배합하여 식사를 공급하므로 구성원의 건강(생명 유지, 성장 유지) 유지를 이룰 수 있다.

1) 식품 섭취

매년 우리나라 국민건강영양조사 실시 결과 보고에 따르면

① 동물성 식품 섭취량보다 식물성 식품의 섭취비율 증가를 나타낸다.

② 육류, 유제품, 어패류, 알류의 섭취량 증가를 보인다.

- 육류 1인 1일 섭취량이 2005년 90g에서 2014년 113g으로 증가

③ 곡류 섭취(쌀 섭취의 감소가 주된 원인), 감자와 전분류 섭취의 현저한 감소가 나타난 반면에 주류, 커피 및 음료수, 조미료의 섭취는 증가하였다.

- 곡류 1인 1일 섭취량은 2005년 314g에서 2014년 293g으로 감소

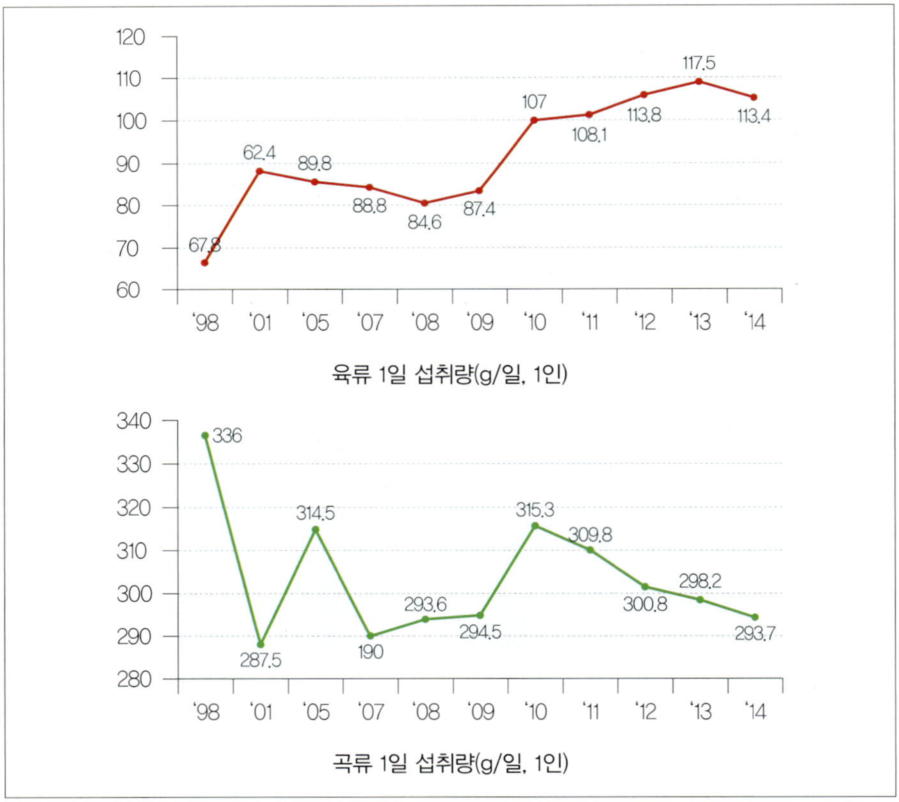

[그림 2-1] 육류 및 곡류의 1일 섭취량 추이

출처: 보건복지부 · 질병관리본부(2016). 2014 국민건강통계.

④ 채소 및 과일의 경우 1일 500g 이상 섭취자 분율은 38.3%(2014년)이며, 20대 이하 연령에서 낮으며, 소득이 낮을수록 섭취량이 적었다.

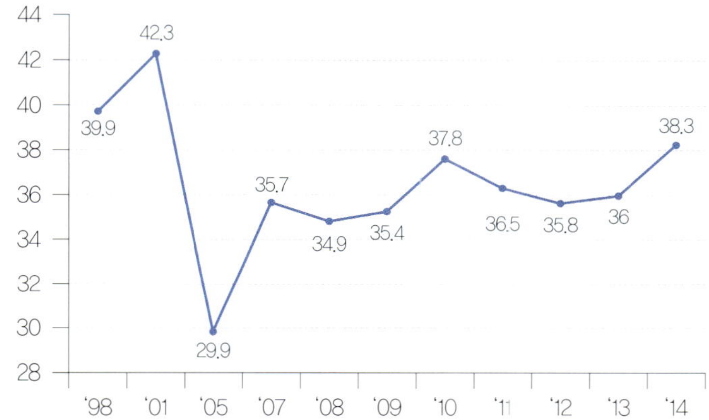

연도별 과일 및 채소 1일 500g 이상 섭취자 분율(%)

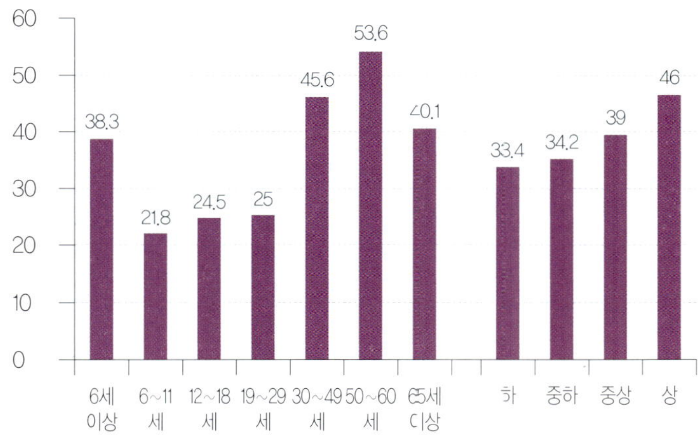

연령 및 소득 수준별 과일 및 채소 1일 500g 이상 섭취자 분율(%)

* 소득 수준: 월가구균등화소득(월가구소득/√가구원 수)을 성별 · 연령별(5세 단위) 사분위로 구분, 2005년 추계 인구로 연령표준화

[그림 2-2] 과일 및 채소 1일 500g 이상 섭취자 분율

출처: 보건복지부 · 질병관리본부(2016). 2014 국민건강통계.

2) 영양소 섭취

① 단백질, 철, 비타민 A의 섭취 증가가 나타났다.

② 티아민, 나이아신, 비타민 C 등의 섭취는 감소하였다.

③ 칼슘, 칼륨, 리보플라빈의 지속적인 섭취가 부족하였으며, 특히 칼슘 섭취는 권장섭취량 대비 섭취량의 부족이 지속(2005년 71.1% → 2014년 68.7%)되었다. 성비로 볼 때 여성의 경우 2005년 314.4g에서 2014년 64.4%로 증가하였으나 남성의 경우 2005년 82.7%에서 2014년 69.3%로 칼슘 섭취량이 감소하였고, 2~18세 및 65세 이상에서와 소득 수준이 낮을수록 칼슘 섭취의 부족이 심각하다.

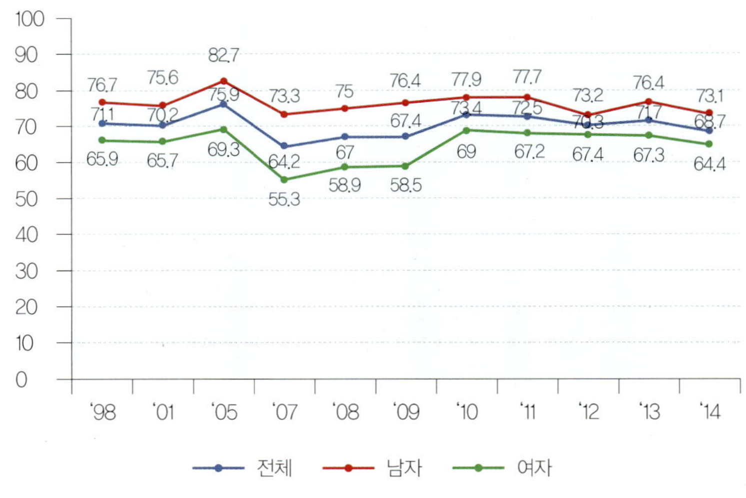

[그림 2-3] 연도별 영양섭취기준 대비 칼슘 섭취 분율

출처: 보건복지부 · 질병관리본부(2016). 2014 국민건강통계.

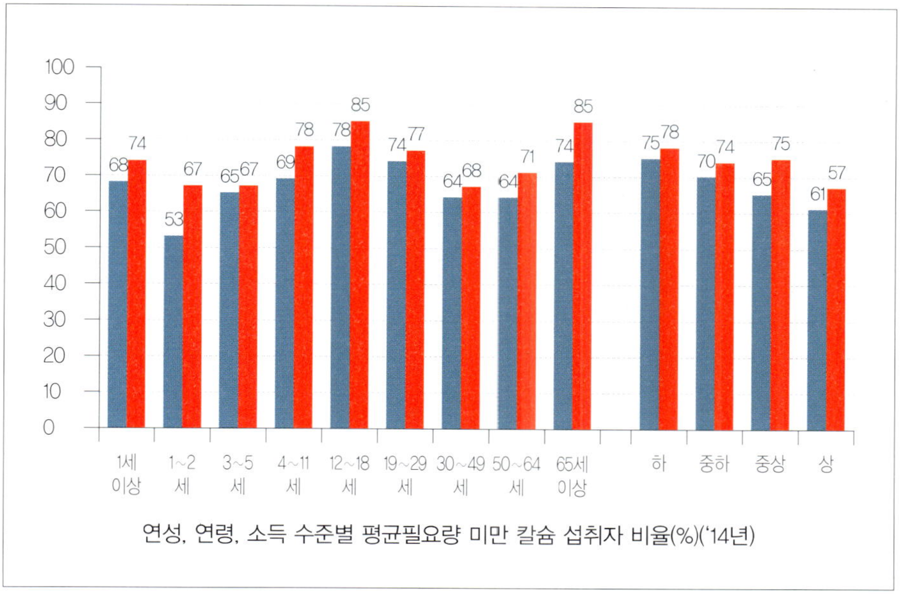

[그림 2-4] 연성, 연령, 소득 수준별 평균필요량 미만 칼슘 섭취자 비율

출처: 보건복지부 · 질병관리본부(2016). 2014 국민건강통계.

④ 에너지 섭취량의 경우 여성은 최근 10년간 비슷한 수준이나, 남성은 2005년 2,214kcal에서 2014년 2,376kcal로 증가하였고, 지방 섭취량(2005년 45.2g → 2014년 49.7g)도 꾸준히 증가하고 있다.

⑤ 열량과 지방의 과잉섭취 비율은 여성보다 남성이 높으며, 여성은 영양섭취 부족 비율이 높게 나타났다.

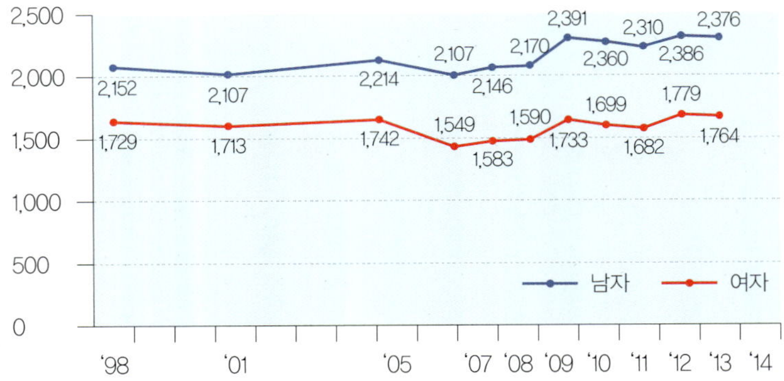

연도별 평균 에너지 섭취량(kcal/일, 만 1세 이상)

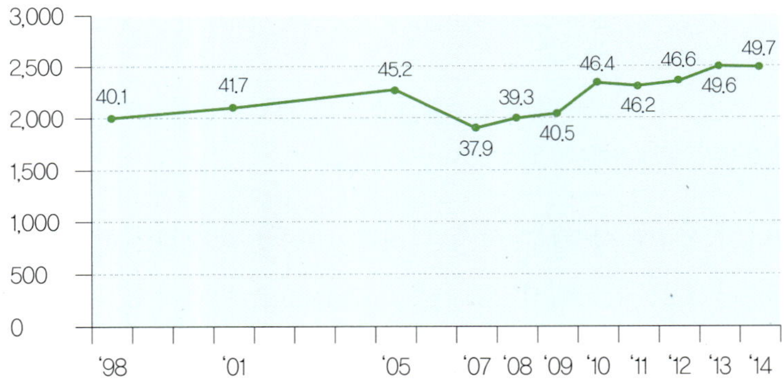

연도별 지방 섭취량(g/일, 만 1세 이상)

[그림 2-5] 연도별 평균 에너지 및 지방 섭취량

출처: 보건복지부 · 질병관리본부(2016). 2014 국민건강통계.

- 식생활 관리의 영양 면을 고려한 개인의 영양소 섭취목표는 한국인 영양 섭취기준치의 권장섭취량 혹은 충분섭취량에 가깝게 상한섭취량을 넘지 않도록 한다. 그리고 집단의 영양소 섭취목표는 평균섭취량 미만 비율과 상한섭취량 이상 비율을 최소화하고 충분섭취량에 가깝게 제공한다.

2 기호 면

잘 균형 잡힌 영양식이라 하더라도 개인의 기호가 무시되면 섭취가 부실하게 되므로 질 좋은 영양식사와 개인 기호의 균형을 유지한 식사구성 관리는 어렵다. 기호는 특정 음식을 즐기고 좋아하는 것으로 향미, 맛, 질감과 과거의 경험, 가족의 식습관 등 환경적·교육적 요인에 의해 변화된다. 이러한 기호도는 생애주기에 따라서도 변화한다. 기호도는 식습관과 밀접한 관계가 있으므로 식습관 형성기인 학령기, 청소년기에 결식이나 편식 습관이 형성되지 않도록 가정과 학교에서의 올바른 식습관 교육이 반드시 필요하다. 또한, 식생활 관리자는 식사에 적절한 기호도를 영양적으로 균형 잡힌 식사계획에 고려하여 활용함으로써 식사의 즐거움과 건강함을 함께 제공하도록 한다.

식습관 구성 요소

하루 식사 횟수, 식사 시간, 식사 장소, 식사 시 사용하는 그릇과 식탁, 식사 제공 방법, 음식 종류의 선택 등

1) 생애주기별 식품기호도 특징

① 유아기: 일품식, 불고기, 닭튀김 등에 대한 선호도가 높고, 잡곡이나 채소류는 기피하는 경향이 있다.

② 학령기(초등학생): 채소류의 기호도가 매우 낮으며, 과일 기호도는 높다.

③ 청소년기(중학생): 육류, 튀김류, 일품요리, 과일 등에 대한 선호도는 높지만 채소는 싫어한다.

④ 성인기(대학생 세대): 육류, 우유 및 유제품에 대한 기호도가 높다.

⑤ 장년기(부모 세대): 생선류, 콩 및 콩가공품, 채소류, 해조류에 대한 기호도가 높다.

⑥ 노인기: 보통 정도 질기의 밥을 선호하고 국의 경우 염도가 높은 것을 선호한다.

2) 식품기호도

식품의 선택 및 섭취에 영향을 미치는 요인으로 색, 향미, 질감, 맛 등이 있다.

(1) 색과 형태

음식에서 식품 각각의 색이나 여러 가지 음식의 색의 조합이 잘 이루어지면 시각적인 즐거움과 함께 식욕을 자극한다.

주로 빨간색, 노란색, 주황색, 분홍색, 녹색 등의 밝고 따뜻한 계열의 색은 부드럽고 달콤한 느낌을 연상시켜 음식 맛을 더 좋게 느끼게 하는 반면에 파란색, 갈색, 보라색, 검은색 등의 차갑고 탁한 어두운 느낌의 색은 떫은맛을 연상시켜 음식이 맛없어 보이게 하여 식욕을 감소시키는 역할을 한다. 따라서 메뉴계획 시 다양한 채소와 과일 등을 여러 가지 색으로 구성하고 식기의 모양과 색을 음식의 색과 어울리게 하여 시각적 · 영양적으로 우수한 식사를 제공할 수 있는 식생활 관리를 한다.

(2) 향미

일단 시각을 통하여 음식을 평가하고 나면 다음 단계로 코와 입이라는 감각기관으로 음식의 맛을 평가하게 된다.

- 냄새는 휘발하는 물질이 코의 점막을 자극하여 일어나는 감각으로, 매우 미량으로도 감지되기 때문에 음식을 입에 넣기 전에 느껴져 맛에 영향을 미친다.
- 사람의 후각은 다른 감각기관에 비해 쉽게 피로를 느낀다. 음식 냄새가 진동하는 곳에 들어갔을 때 처음에는 그 냄새가 아주 강하게 느껴지지만

오래 머물러 있으면 그 냄새를 느끼지 못하는 후각의 피로 현상이 일어나게 된다. 즉, 여러 냄새가 혼합된 상태보다 단독으로 있을 때 냄새의 적응이 더 빨라 맛을 제대로 음미할 수 없으므로 유사한 향미의 식품이나 양념 등을 한 가지 식사에 여러 번 사용하는 것은 바람직하지 않으며, 특히 식품 재료 자체의 맛을 내야 하는 경우 너무 강한 향신료 사용은 자제한다.

(3) 질감

입안에서 느껴지는 감촉, 아삭함, 부드러움, 단단함, 바삭함, 쫄깃함 등으로 평가되는 성질로 식품의 종류나 조리 상태에 따라 다른 질감을 보이며, 기호에 영향을 미친다.

질감을 결정하는 요소

- 식품적 요소: 기계적 요소, 물성학적 요소, 구조적 요소
- 신체 감각적 요소: 촉각, 온도, 통각, 근육운동, 지각, 청각

(4) 맛

음식의 맛은 혀의 미뢰에서 감지한다. 그러나 모든 맛에 대해 모든 미뢰가 민감하게 느끼지 않고 혀의 부위에 따라 맛에 대한 예민도가 다르다. 맛은 선천적으로 단맛에 대한 선호도가 높고 신맛 또는 쓴맛의 선호도는 낮다. 동일 농도에서 가장 예민한 맛인 쓴맛은 혀의 안쪽, 신맛은 혀의 양쪽 가장자리 뒷부분, 짠맛은 혀의 양쪽 가장자리 앞부분, 그리고 단맛은 혀의 끝부분에서 민감하게 느낀다.

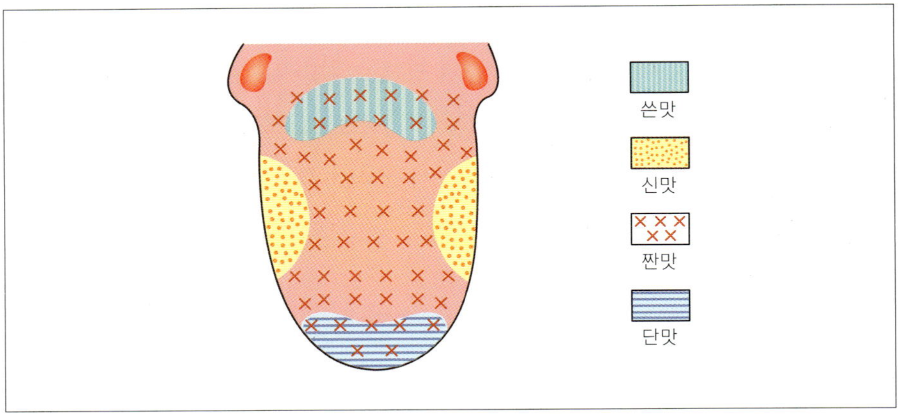

[그림 2-6] 미각 분포도

- 미각의 센서인 미뢰(맛봉오리)는 혀의 표면에 있는 부드러우면서도 가슬가슬한 돌기(설유두)로 존재한다. 미뢰 끝에 특정 물질이 닿으면 그 정보가 뇌로 전해져 그 맛이 느껴진다.

다섯 가지 맛과 각각의 맛을 느끼게 하는 물질의 예

① 단맛: 포도당, 자당, 과당, 글리신(아미노산의 일종) 등
② 짠맛: 염화나트륨
③ 신맛: 초산, 락트산(젖산), 사과산, 시트르산(구연산)
④ 쓴맛: 키니네, 테오브로민(초콜릿 등의 쓴맛의 근원) 등
⑤ 감칠맛: 글루탐산(다시마 국물의 성분), 이노신산(가다랑어 국물의 성분) 등

- 맛은 상호작용을 하며 서로 다른 맛이 섞였을 때는 맛의 대비 작용으로 주된 맛이 더 강하게 느껴지거나 맛의 억제 효과로 약하게 느껴지기도 하고 맛의 상쇄 작용으로 각각 고유의 맛이 약해지기도 한다. 같은 종류의 맛을 섞었을 때는 각각의 맛이 강하게 느껴지는 맛의 상승작용이 일

어난다. 따라서 음식 조리 시 맛의 상호작용을 적절히 활용함으로써 기호도 높은 식사를 제공할 수 있다.

- 음식 온도는 향과 맛에 많은 영향을 주므로 뜨거운 음식은 뜨겁게, 차가운 음식은 차갑게 제공해야 가장 좋은 음식 맛을 느낄 수 있다. 또한, 식사 제공 시 적정 온도를 지킴으로써 음식의 맛과 위생을 지킬 수 있다.

맛의 적정 온도

① 신맛 25℃ ② 단맛 35℃ ③ 짠맛 37℃
④ 커피, 홍차 65℃ ⑤ 와인 15℃ ⑥ 맥주 10℃

3 경제 면

식생활 관리의 가장 중요한 목표인 영양적으로 균형 잡힌 식단을 계획하였어도 각 가정과 기업의 경제적인 면을 고려하지 못했다면 식사계획의 실천이 어렵다. 따라서 각 가정의 수입이나 기업의 예산을 고려하여 알맞은 식품계획을 세워 실천 가능한 균형 잡힌 식생활 관리를 한다. 소득 수준에 맞는 식품계획 유형은 다음 몇 가지로 분류할 수 있다.

- 저가격계획: 최저식품비로 한 식품계획
- 절약계획: 저가격계획보다 식품비를 25~33% 낮게 책정한 식품계획
- 적정가격계획: 저가격계획보다 식품비를 약 25% 높게 책정한 식품계획
- 여유가격계획: 저가격계획보다 식품비를 약 50% 높게 책정한 식품계획

식품비 지출을 보면 가구의 소득 수준이 높을수록 식료품비 지출비용은 증가하나 엥겔 지수는 감소한다. 식료품비의 비율 순서는 외식비 〉 부식비 〉 간식

과 기호식품〉곡류 순이다. 외식비의 비율이 가장 높고 소득 수준이 높을수록 외식비의 비율이 높다.

식품의 구매 장소에 따라 같은 식품이라도 가격 차이가 있으므로 판매 장소의 정보를 통해 식품을 구매한다. 또한, 영양소 함량은 비슷하나 가격 차이가 나는 식품도 있으므로 가정 경제에 알맞은 식품을 선택하여 대체식품과 영양이 풍부하고 가격이 저렴한 계절식품을 적극적으로 활용하여 식생활 관리를 한다.

4 위생 면

식생활 관리에서 식품위생관리의 중요한 요소들은 식품 취급시간, 식품 취급온도, 조리자의 위생상태, 주방기기 및 저장공간의 위생상태로 이 모두의 철저한 위생관리가 필수적으로 관리되어야 한다.

① 식품위생관리에서 식중독균은 4~60℃ 사이에 급격히 증가하므로 식품 취급온도와 시간 관리가 매우 중요하며, 안전하고 신선한 식품의 선택, 조리, 저장과 보관 등에 주의해야 한다.

- 식중독은 병원성 미생물이나 유독·유해한 물질에 오염된 음식물의 섭취로 유발되는 건강장애로 주로 발열, 구토, 설사, 복통 등의 증세를 나타낸다.
- 식중독은 원인물질에 따라 미생물 식중독, 화학적 식중독, 자연독 식중독으로 나눌 수 있다.
- 식중독은 대체로 5월에 시작해서 8월에 최대 발생률을 나타내며, 최근에는 겨울철에 노로바이러스 식중독이 증가하고 있다. 원인식품으로는 어패류 식중독의 증가가 높다.

② 식품위생관리에서 교차오염에 유의하며, 가열 조리할 때 충분히 끓이고 익힌다. 남은 음식은 냉장 · 냉동 보관하고 재섭취 시 충분히 가열하여 섭취하고 식품 구매 시 신선한 재료를 선택한다.

- 식품의 구매, 조리, 저장, 보관에서 항상 식품의 위생과 안전에 유의한다.
- 조리자의 개인위생으로 손 씻기를 습관화한다.
- 주방위생으로 주방기기와 용품 등의 위생과 소독 및 청결 등에 항상 유의한다.

안전한 식품조리를 위한 10대 원칙

① 안전을 위하여 가공식품을 선택하십시오.

- 신선식품의 섭취가 좋으나, 생 · 과채류는 위해미생물 등에 의한 오염이 있을 수 있으므로 적절한 방법으로 살균되거나 청결히 세척된 제품을 선택하십시오.

② 적절한 방법으로 가열 · 조리하십시오.

- 식중독 등을 유발하는 위해미생물을 사멸시키기 위하여 철저히 가열하여야 합니다. 고기는 70℃ 이상에서 익혀야 하고 뼈에 붙은 고기도 잘 익도록 해야 하며, 냉동한 고기는 해동한 직후에 조리하여야 합니다.

③ 조리한 식품은 신속히 섭취하십시오.

- 조리한 식품을 실온에 방치하면 위해미생물이 증식할 수 있으므로 조리한 음식은 가능한 한 신속히 섭취하십시오.

④ 조리식품을 저장 · 보관할 때에는 주의를 기울이십시오.

- 조리식품을 4~5시간 이상 보관할 경우에는 반드시 60℃ 이상이나 10℃ 이하에서 저장하여야 합니다. 특히, 먹다 남은 유아식은 보관하지 말고 버리십시오. 조리식품의 내부 온도는 냉각속도가 느리기 때문에 위해미생물이 증식될 수 있습니다. 따라서 많은 양의 조리식품을 한꺼번에 냉장고에 보관하지 마십시오.

⑤ 저장하였던 조리식품을 섭취할 경우 재가열하십시오.

- 냉장보관 중에도 위해미생물의 증식이 가능하므로 이를 섭취할 경우 70℃ 이상의 온도에서 3분 이상 재가열하여 드십시오.

⑥ **조리한 식품과 조리하지 않은 식품이 서로 접촉하여 오염되지 않도록 하십시오.**
- 가열 조리한 식품과 날 식품이 접촉하면 조리한 식품이 오염될 수 있으므로 서로 섞이지 않도록 하십시오.

⑦ **손은 철저히 씻으십시오.**
- 손을 통한 위해미생물의 오염이 빈번하므로 조리 전과 다른 용무를 본 후에는 반드시 손을 씻어야 합니다.

⑧ **조리대는 항상 청결을 유지하십시오.**
- 부엌의 조리대를 항상 청결하게 유지하여 음식이 위해미생물에 오염되지 않도록 하여야 하며, 행주, 도마 등 조리기구는 매일 살균 · 소독 · 건조하여 주십시오.

⑨ **쥐 및 곤충 등이 접근하지 못하도록 음식 보관에 유의하십시오.**
- 곤충, 쥐, 기타 동물 등을 통해 음식이 위해미생물에 오염될 수도 있으므로 동물의 접근을 막을 수 있도록 주의하여 보관하여야 합니다.

⑩ **깨끗한 물로 조리하십시오.**
- 깨끗한 물로 세척하거나 조리를 하여야 하며, 의심이 날 경우 물을 끓여 사용하여야 하고, 유아식을 만들 때에는 특히 주의하십시오.

출처: 국제보건기구(WHO).

5 시간과 노력 면

능률적인 식생활 관리를 위해서는 식사계획 및 식단작성, 식품의 구매를 위한 장보기, 식사 조리 및 뒷정리까지 모든 과정에 시간과 노력이 필요하며, 다양한 요인에 의해 소요되는 시간과 노력이 결정된다. 그 요인은 다음과 같다.

① 가족 구성원 수
② 식사의 수준
③ 식품 구입 예산비용

④ 식품의 기호
⑤ 부엌의 조리 시설
⑥ 식생활 관리의 지식과 기술

식생활 관리에서의 가사노동 시간은 남성의 가사 참여 비율이 증가하였어도 여전히 여성이 전반적으로 하고 있다. 취업주부보다 전업주부의 가사노동 시간이 더 길고 아내의 취업 여부에 상관없이 남편의 가사활동참여 시간이 낮다.

식생활 관리를 위해 식생활 관리자의 지식이나 능력, 기술 등을 이용한 비용이 들지 않는 방법을 활용할 수 있다. 식사 구성원의 기호도를 파악하여 식사계획, 계획 구매목록 작성에 따른 장보기, 조리시간 단축 계획의 식사준비 등의 꼼꼼한 계획으로 시간과 노력의 효율적 사용이 가능하다.

또한, 식생활 관리에 시간과 노력의 대체 자원으로 돈이나 타인의 노력 등을 이용하는 방법이 있다. 주방의 시설, 조리기구의 구매, 효율적인 동선 배치, 가사도우미를 이용한 조리 등으로 시간과 노력을 절약할 수 있다. 그러나 비용이 드는 방법은 경제적 제약이 따를 수 있으므로 비용이 소요되지 않는 식생활 관리자의 지식, 기술, 경험, 노력 등의 인적 자원의 최대한 활용은 우수한 식생활 관리이다.

6 환경친화 면

생활폐기물 중 음식물 폐기물이 차지하는 비율이 매우 높고 그 처리과정은 환경오염 등의 심각한 문제와 연결되어 있으므로 식생활 관리 전반에서 환경보존을 고려해야 한다. 예를 들면, 유기농산물을 적극적으로 활용하는 친환경농산물을 애용하거나, 푸드 마일리지를 감소시키는 로컬푸드의 이용으로 에너지 자원 절약을 실천하는 식생활환경을 조성한다.

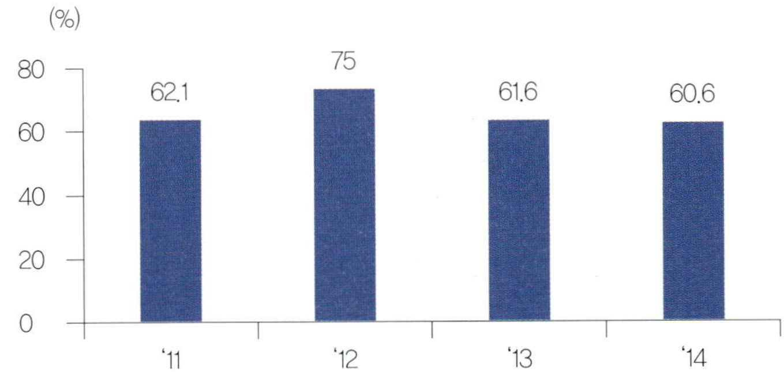

[그림 2-7] 음식물 쓰레기 줄이기 실천율

출처: 농림수산식품부(2015). 2011~2013 국민 식생활 실태조사 보고서, 2014 국민 식생활 실태조사 결과 및 개선방안.

음식물 폐기물의 감소 방안

- 먹고 남기지 않는 습관
- 필요한 양만큼 식품 계획 구매
- 먹을 만큼 조리하고 남기지 않음
- 남은 음식은 알맞은 온도에 위생적으로 보관

쉬어가기 (Yellow foods & 영양과 효능)

■ Yellow foods: 당근, 감귤, 차조, 감, 레몬, 유자, 고구마, 옥수수, 단호박, 호두 등

① 황색 채소 및 과일에 함유된 대표 영양성분: 카로티노이드(carothinoid계)의 알파카로틴(α-carotene), 베타카로틴(β-carotene), 루테인(lutein), 퀼세틴(quercetin)

② 기능

- 항균, 항바이러스, 항암, 항염 작용을 통한 면역력 향상과 성장발달, 시력건강에 도움
- 베타카로틴: 비타민 A로 전환되어 동맥경화, 야맹증, 빈혈, 저혈압 예방, 정자 형성과 면역기능 증진 등의 생리적 기능 향상, 퇴행성 반점 생성 예방과 피부결 보호
- 루테인, 지아잔틴: 시력 보호, 백내장 예방, 관상동맥질환, 뇌졸중, 유방암 등 예방
- 레몬, 오렌지의 플라보노이드계(flavonoid계) 색소인 헤스페리틴(hesperetin): 항산화 효과로 만성질환 예방 효과 보고

Chapter 3

식생활과 영양

1 한국인 영양섭취기준

2005년도에 제정되고 2015년도에 제3차 개정된 한국인 영양섭취기준(총 36종 영양소 기준 제정)은 질병이 없는 대다수의 한국인이 건강을 최적 상태로 유지하고 만성질병을 예방하는 데 도움이 되도록 필요한 영양소 섭취기준을 제시한다. 과거의 영양권장량(1962년 제정)과는 영양부족과 과잉을 모두 예방할 수 있도록 섭취기준을 다양하게 제시하는 점에서 다르다. 한국인 영양섭취기준은 평균필요량, 권장섭취량, 충분섭취량, 상한섭취량 4가지로 구성되어 있다. 평균필요량, 권장섭취량, 충분섭취량은 만성병 위험이나 이상을 감소시키기 위한 적정섭취량과 관련된 지표이며, 상한섭취량은 과량섭취에 관한 지표이다. 한국인 영양섭취기준은 개인과 집단의 식생활 계획과 평가에 활용할 뿐만 아니라 가공품의 표시기준, 각종 급식기준, 그리고 건강 증진을 위한 식생활 정책 및 사업에 활용한다.

1) 평균필요량(Estimated Average Requirements: EAR)

- 대상집단의 50%에 해당하는 사람들의 1일 필요량을 충족시키는 값
- 대상집단의 필요량 분포치 중앙값으로부터 산출
- 영양소 섭취상태에 민감하게 반영할 수 있는 기능적 지표가 확립되어 있고 영양상태의 적절성을 판정할 수 있는 영양소의 경우에 설정(예: 에너지)

2) 권장섭취량(Recommended Nutrient Intake: RNI)

- 대부분의 사람들(97.5%)의 1일 필요량을 충족시키는 값
- 평균필요량에 표준편차의 2배를 더하여 정한 값

- 단, 평균필요량의 표준편차에 대한 충분한 자료가 없는 영양소(티아민, 리보플라빈, 비타민 B_6, 엽산)에 대해서는 예외의 방법으로 책정을 한다.

3) 충분섭취량(Adequate Intake: AI)

영양소 필요량에 대한 정확한 자료가 부족하거나 필요량의 중앙값과 표준편차를 구하기 어려워 권장섭취량을 산출할 수 없는 경우에 산정

4) 상한섭취량(Upper Intake Level: UL)

- 인체 건강에 해로운 영향이 나타날 위험이 없는 최대 영양소 섭취 수준
- 영양소의 과량섭취에 의해 건강에 악영향 위험이 있는 경우에 정함 (예: 무기질, 비타민)

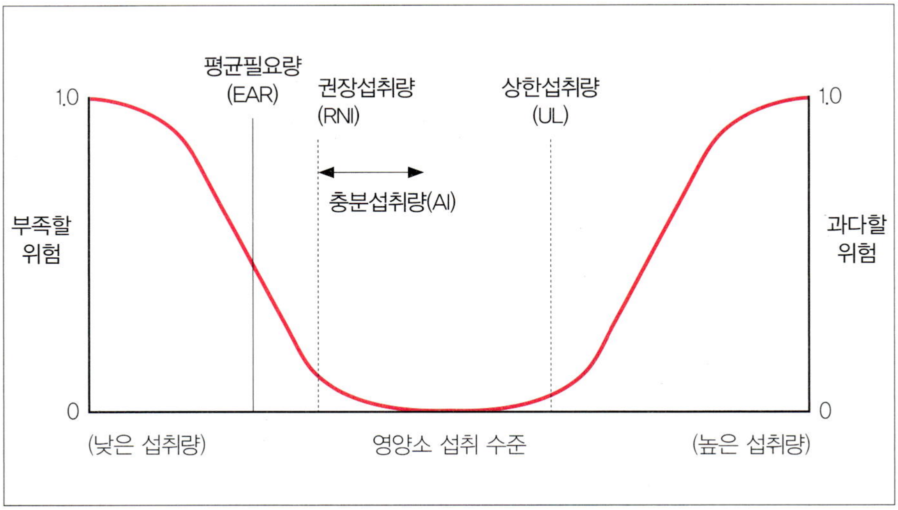

[그림 3-1] 영양섭취기준(Dielary Reference Intake)

〈표 3-1〉 영양섭취기준을 이용한 영양평가

종류	각 개인의 영양평가
평균필요량	• 일상섭취량이 부적절할 확률을 조사하는 데 사용 • 일상섭취량이 평균필요량 이하이면 섭취량이 부족할 확률이 50% 이상이며, 평균필요량보다 낮아질수록 부족할 확률이 높아짐
권장섭취량	• 일상섭취량이 권장섭취량 이상이면 부족하게 섭취할 확률은 낮음
충분섭취량	• 일상섭취량이 충분섭취량 이상이면 섭취량이 부족할 확률이 낮음
상한섭취량	• 과잉섭취 가능성 조사에 사용 • 일상섭취량이 상한섭취량보다 높으면 과잉섭취로 인한 건강장애증상이 일어날 수 있음 • 섭취량이 상한섭취량보다 높을수록 건강장애의 위험도는 높아짐

국민건강영양조사 결과를 바탕으로 2015년 한국인 영양소섭취기준 3차 개정을 통해 우리나라 에너지 필요추정량은 연령, 신장, 체중 및 신체 활동 수준을 고려한 추정공식을 이용하여 산출하였으며, 그간 체위기준의 변화를 반영하여 일부 소아 · 청소년 연령군에서(남자 6~8, 9~11, 12~14세, 여자 9~11세) 2015년 3차 개정을 통해 상향조정되었다. 총에너지 섭취량에 대한 다량영양소의 섭취비율을 나타내는 에너지 적정비율의 경우 탄수화물은 하향(55~70% → 55~65%), 지질은 19세 이상에서 상향조정하였으며(15~25% → 15~30%), 단백질은 기존의 7~20%를 유지하였다. 탄수화물을 통해 총에너지 섭취량의 70% 이상을 섭취하면 당뇨병, 대사증후군 등의 건강위험이 증가한다는 보고에 근거해 탄수화물 적정비율을 하향조정하였으며, 이에 따라 지질을 상향조정하였다.

지질의 에너지 적정비율 상향조정은 현재 섭취량보다 증가를 권장한다는 것이 아니라 탄수화물 비율조정에 따른 것이며, 총에너지 섭취량 중 15~30% 범위에서의 섭취를 권장하는 한편 지질 중에서 오메가-6 지방산의 에너지 적정비율은 상향조정(8% → 10%)하고, 아동 · 청소년(3~18세)의 포화지방산 및 트랜스지방산의 에너지 섭취비율은 각각 8% 미만과 1% 미만으로 새롭게 제정하였다.

에너지 섭취비율 현황을 보면, 에너지 적정비율 기준 대비 50세 이상에서 남녀 모두 평균 탄수화물 섭취비율은 높았고 65세 이상에서 지질 섭취비율은 낮은 편이었다.

〈표 3-2〉 2015년 에너지 필요추정량(kcal/일)과 에너지 적정비율(%)

연령		2015년	
		남자	여자
0~5(개월)		550	
6~11		700	
1~2(세)		1,000	
3~5		1,400	
6~8		1,700	1,500
9~11		2,100	1,800
12~14		2,500	2,000
15~18		2,700	2,000
19~29		2,600	2,100
30~49		2,400	1,900
50~64		2,200	1,800
65~74		2,000	1,600
75+		2,000	1,600
임신부	1기	+0	
	2기	+340	
	3기	+450	
수유부		+320	

영양소		2015년		
		1~2세	3~18세	19세+
탄수화물		55~65%	55~65%	55~65%
단백질		7~20%	7~20%	7~20%
지질	총지방	20~35%	15~30%	15~30%
	오메가-6 지방산	4~10%	4~10%	4~10%
	오메가-3 지방산	1% 내외	1% 내외	1% 내외
	포화 지방산	–	8% 미만	7% 미만
	트랜스 지방산	–	1% 미만	1% 미만

〈표 3-3〉 다량영양소 평균 에너지 섭취비율(%) 현황

연령(세)/성별		탄수화물	단백질	지질			
				총지방	오메가-6 지방산	오메가-3 지방산	포화 지방산
1~2	전체	60.8	15.0	24.3	3.9	0.5	-
3~5	남자	62.7	13.4	23.9	4.0	0.6	8.9
	여자	62.4	13.3	24.2	4.1	0.6	8.8
6~11	남자	62.0	14.2	23.8	4.3	0.6	8.2
	여자	63.8	13.5	22.7	4.1	0.6	7.8
12~18	남자	61.6	14.7	23.7	4.7	0.6	7.4
	여자	61.0	14.6	24.5	4.8	0.6	7.9
19~29	남자	58.6	16.0	25.3	5.3	0.7	7.7
	여자	60.4	14.9	24.8	5.1	0.7	7.6
30~49	남자	62.2	15.8	22.0	4.7	0.7	6.4
	여자	64.5	14.5	21.0	4.5	0.8	6.1
50~64	남자	67.8	15.0	17.2	3.8	0.7	4.9
	여자	69.6	14.1	16.3	3.7	0.8	4.5
65+	남자	72.1	14.0	13.9	2.9	0.6	4.0
	여자	76.4	12.5	11.2	2.5	0.5	3.2

출처: 질병관리본부(2015). 국민건강영양조사.

2 우리나라 및 여러 나라의 식생활 지침

건강한 식생활과 질병 예방을 위한 지침은 보건 정책에 필수적인 구성 요소이며, 전 세계적으로 대부분의 나라가 나름대로 식생활 지침을 설정하여 사용하고 있다. 이러한 식생활 지침은 국가별 영양조사, 건강조사 또는 식품 섭취량 조사 결과에 기초하여 파악된 영양 문제를 반영한다.

여러 나라의 식생활 지침 공통점

① 섭취 식품의 다양성 강조
② 복합탄수화물 및 섬유소 함량이 많은 식품의 섭취
③ 활동량과 섭취 에너지 균형에 의한 체중 유지
④ 총콜레스테롤 섭취량의 제한
⑤ 소금 섭취 제한 및 절제된 음주

1) 우리나라 국민 공통 식생활 지침

우리나라는 2016년 4월 보건복지부, 농림축산식품부, 식품의약품안전처와 공동으로 국민 공통 식생활 지침을 제정하여 발표하였다. 비만, 당뇨, 고혈압 등 만성질환이 증가함에 따라 이와 밀접한 관련이 있는 식생활을 개선하기 위해 그간 정부에서는 각 부처별(보건복지부- 한국인을 위한 식생활 지침(2008~2011), 농림축산식품부- 한국인을 위한 녹색 식생활 지침(2010), 식품의약품안전처- 당류 줄이기 실천 가이드(2014) 등)로 식생활 지침을 개발 · 보급하여 왔다. '국민 공통 식생활 지침'은 정부 부처의 분산되어 있는 지침을 종합하여, 바람직한 식생활을 위한 기본적인 수칙을 제시한 것으로, 균형 있는 영양소 섭취, 올바른 식습관 및 한국형 식생활, 식생활 안전 등을 종합적으로 고려하였다.

(1) 국민 공통 식생활 지침

① 쌀 · 잡곡, 채소, 과일, 우유, 유제품, 육류, 생선, 계란, 콩류 등 다양한 식품을 섭취하자.
② 아침밥을 꼭 먹자.
③ 과식을 피하고 활동량을 늘리자.

④ 덜 짜게, 덜 달게, 덜 기름지게 먹자.

⑤ 단 음료 대신 물을 충분히 마시자.

⑥ 술자리를 피하자.

⑦ 음식을 위생적으로, 필요한 만큼만 하자.

⑧ 우리 식재료를 활용한 식생활을 즐기자.

⑨ 가족과 함께하는 식사 횟수를 늘리자.

(2) 한국인을 위한 식생활 지침(보건복지부)

1 영유아를 위한 식생활 지침

- 생후 6개월까지는 반드시 모유를 먹이자.
  - 초유는 꼭 먹이도록 합니다.
  - 생후 2년까지 모유를 먹이면 더욱 좋습니다.
  - 모유를 먹일 수 없는 경우에만 조제유를 먹입니다.
  - 조제유는 정해진 양대로 물에 타서 먹입니다.
  - 수유 시에는 아기를 안고 먹이며, 수유 후에는 꼭 트림을 시킵니다.
  - 자는 동안에는 젖병을 물리지 않습니다.
- 이유 보충식은 성장 단계에 맞추어 먹이자.
  - 이유 보충식은 생후 만 4개월 이후 6개월 사이에 시작합니다.
  - 이유 보충식은 여러 식품을 섞지 말고, 한 가지씩 시작합니다.
  - 이유 보충식은 신선한 재료를 사용하여 간을 하지 않고, 조리해서 먹입니다.
  - 이유 보충식은 숟가락으로 떠먹입니다.
  - 과일주스를 먹일 때는 컵에 담아 먹입니다.
- 유아의 성장과 식욕에 따라 알맞게 먹이자.
  - 일정한 장소에서 먹입니다.

- 쫓아다니며 억지로 먹이지 않습니다.
- 한꺼번에 많이 먹이지 않습니다.

• 곡류, 과일, 채소, 생선, 고기, 유제품 등 다양한 식품을 먹이자.
- 과일, 채소, 우유 및 유제품 등의 간식을 매일 2~3회 규칙적으로 먹입니다.
- 유아 음식은 싱겁고, 담백하게 조리합니다.
- 유아 음식은 씹을 수 있는 크기와 형태로 조리합니다.

2 어린이를 위한 식생활 지침

• 음식은 다양하게 골고루.
- 편식하지 않고 골고루 먹습니다.
- 끼니마다 다양한 채소 반찬을 먹습니다.
- 생선, 살코기, 콩제품, 계란 등 단백질 식품을 매일 1회 이상 먹습니다.
- 우유를 매일 2컵 정도 마십니다.

• 많이 움직이고, 먹는 양은 알맞게.
- 매일 1시간 이상 신체활동을 적극적으로 합니다.
- 나이에 맞는 키와 몸무게를 알아서, 표준체형을 유지합니다.
- TV 시청과 컴퓨터 게임 등을 모두 합해서 하루에 2시간 이내로 제한합니다.
- 식사와 간식은 적당한 양을 규칙적으로 먹습니다.

• 식사는 제때에, 싱겁게.
- 아침 식사는 꼭 먹습니다.
- 음식은 천천히 꼭꼭 씹어 먹습니다.
- 짠 음식, 단 음식, 기름진 음식을 적게 먹습니다.

• 간식은 안전하고, 슬기롭게.
- 간식으로 신선한 과일과 우유 등을 먹습니다.
- 과자나 탄산음료, 패스트푸드를 자주 먹지 않습니다.

- 불량식품을 구별할 줄 알고, 먹지 않으려고 노력합니다.
- 식품의 영양표시와 유통기한을 확인하고 선택합니다.

• 식사는 가족과 함께 예의 바르게.
- 가족과 함께 식사하도록 노력합니다.
- 음식을 먹기 전에 반드시 손을 씻습니다.
- 음식은 바른 자세로 앉아서 감사한 마음으로 먹습니다.
- 음식은 먹을 만큼 담아서 먹고, 남기지 않습니다.

3 청소년을 위한 식생활 지침

• 각 식품군을 매일, 골고루 먹자.
- 밥과 다양한 채소, 생선, 육류를 포함하는 반찬을 골고루 매일 먹습니다.
- 간식으로 신선한 과일을 주로 먹습니다.
- 우유를 매일 2컵 이상 마십니다.

• 짠 음식과 기름진 음식을 적게 먹자.
- 짠 음식, 짠 국물을 적게 먹습니다.
- 인스턴트 음식을 적게 먹습니다.
- 튀긴 음식과 패스트푸드를 적게 먹습니다.

• 건강 체중을 바로 알고, 알맞게 먹자.
- 내 키에 따른 건강 체중을 알아봅니다.
- 매일 1시간 이상의 신체활동을 적극적으로 합니다.
- 무리한 다이어트를 하지 않습니다.
- TV 시청과 컴퓨터 게임 등을 모두 합해서 하루에 2시간 이내로 제한합니다.

• 물이 아닌 음료를 적게 마시자.
- 물을 자주, 충분히 마십니다.

- 탄산음료, 가당 음료를 적게 마십니다.
- 술을 절대 마시지 않습니다.

• 식사를 거르거나 과식하지 말자.
- 아침 식사를 거르지 않습니다.
- 식사는 제시간에 천천히 먹습니다.
- 배가 고프더라도 한꺼번에 많이 먹지 않습니다.

• 위생적인 음식을 선택하자.
- 불량식품을 먹지 않습니다.
- 식품의 영양표시와 유통기한을 확인하고 선택합니다.

4 임신, 수유부를 위한 식생활 지침

• 우유 제품을 매일 3회 이상 먹자.
- 우유를 매일 3컵 이상 마십니다.
- 요구르트, 치즈, 뼈째 먹는 생선 등을 자주 먹습니다.

• 고기나 생선, 채소, 과일을 매일 먹자.
- 다양한 채소와 과일을 매일 먹습니다.
- 생선, 살코기, 콩제품, 계란 등 단백질 식품을 매일 1회 이상 먹습니다.

• 청결한 음식을 알맞은 양으로 먹자.
- 끼니를 거르지 않고 식사를 규칙적으로 합니다.
- 음식을 만들 때는 식품을 위생적으로 다루고, 먹을 만큼만 준비합니다.
- 살코기, 생선 등은 충분히 익혀 먹습니다.
- 보관했던 음식은 충분히 가열한 후 먹습니다.
- 식품을 구매하거나 외식할 때 청결한 것을 선택합니다.

• 짠 음식을 피하고, 싱겁게 먹자.
- 음식을 만들거나 먹을 때는 소금, 간장, 된장 등의 양념을 보다 적게 사용합니다.

- 나트륨 섭취량을 줄이기 위해 국물은 싱겁게 만들어 적게 먹습니다.
- 김치는 싱겁게 만들어 먹습니다.

• 술은 절대로 마시지 말자.
- 술은 절대로 마시지 않습니다.
- 커피, 콜라, 녹차, 홍차, 초콜릿 등 카페인 함유식품을 적게 먹습니다.
- 물을 충분히 마십니다.

• 활발한 신체활동을 유지하자.
- 임신부는 적절한 체중증가를 위해 알맞게 먹고, 활발한 신체활동을 규칙적으로 합니다.
- 산후 체중조절을 위해 가벼운 운동으로 시작하여 점차 운동량을 늘려갑니다.
- 모유 수유는 산후 체중조절에도 도움이 됩니다.

5 성인을 위한 식생활 지침

• 각 식품군을 매일 골고루 먹자.
- 곡류는 다양하게 먹고 전곡을 많이 먹습니다.
- 여러 가지 색깔의 채소를 매일 먹습니다.
- 다양한 제철과일을 매일 먹습니다.
- 간식으로 우유, 요구르트, 치즈와 같은 유제품을 먹습니다.
- 가임기 여성은 기름기 적은 붉은 살코기를 적절히 먹습니다.

• 활동량을 늘리고 건강 체중을 유지하자.
- 일상생활에서 많이 움직입니다.
- 매일 30분 이상 운동을 합니다.
- 건강 체중을 유지합니다.
- 활동량에 맞추어 에너지 섭취량을 조절합니다.

- 청결한 음식을 알맞게 먹자.
  - 식품을 구매하거나 외식을 할 때 청결한 것으로 선택합니다.
  - 음식은 먹을 만큼만 만들고, 먹을 만큼만 주문합니다.
  - 음식을 만들 때는 식품을 위생적으로 다룹니다.
  - 매일 세 끼 식사를 규칙적으로 합니다.
  - 밥과 다양한 반찬으로 균형 잡힌 식생활을 합니다.
- 짠 음식을 피하고 싱겁게 먹자.
  - 음식을 만들 때는 소금, 간장 등을 보다 적게 사용합니다.
  - 국물을 짜지 않게 만들고, 적게 먹습니다.
  - 음식을 먹을 때 소금, 간장을 더 넣지 않습니다.
  - 김치는 덜 짜게 만들어 먹습니다.
- 지방이 많은 고기나 튀긴 음식을 적게 먹자.
  - 고기는 기름을 떼어내고 먹습니다.
  - 튀긴 음식을 적게 먹습니다.
  - 음식을 만들 때, 기름을 적게 사용합니다.
- 술을 마실 때는 그 양을 제한하자.
  - 남자는 하루 2잔, 여자는 1잔 이상 마시지 않습니다.
  - 임신부는 절대로 술을 마시지 않습니다.

6 어르신을 위한 식생활 지침

- 각 식품군을 매일 골고루 먹자.
  - 고기, 생선, 계란, 콩 등의 반찬을 매일 먹습니다.
  - 다양한 채소 반찬을 매끼 먹습니다.
  - 다양한 우유 제품이나 두유를 매일 먹습니다.
  - 신선한 제철과일을 매일 먹습니다.

- 짠 음식을 피하고 싱겁게 먹자.
  - 음식을 싱겁게 먹습니다.
  - 국과 찌개의 국물을 적게 먹습니다.
  - 식사할 때 소금이나 간장을 더 넣지 않습니다.
- 식사는 규칙적이고 안전하게 하자.
  - 세 끼 식사를 꼭 합니다.
  - 외식할 때는 영양과 위생을 고려하여 선택합니다.
  - 오래된 음식은 먹지 않고, 신선하고 청결한 음식을 먹습니다.
  - 식사로 건강을 지키고 식이보충제가 필요한 경우는 신중히 선택합니다.
- 물은 많이 마시고 술은 적게 마시자.
  - 목이 마르지 않더라도 물을 자주 충분히 마십니다.
  - 술은 하루 1잔을 넘기지 않습니다.
  - 술을 마실 때에는 반드시 다른 음식과 같이 먹습니다.
- 활동량을 늘리고 건강한 체중을 갖자.
  - 앉아 있는 시간을 줄이고 가능한 한 많이 움직입니다.
  - 나를 위한 건강 체중을 알고, 이를 갖도록 노력합니다.
  - 매일 최소 30분 이상 숨이 찰 정도로 유산소 운동을 합니다.
  - 일주일에 최소 2회, 20분 이상 힘이 들 정도로 근육 운동을 합니다.

2) 미국의 식생활 지침(2015~2020년)

① 적정한 칼로리 내에서 다양한 식품을 섭취하기 위해 건강한 식이 패턴을 추구

② 건강한 식이 패턴을 위해 섭취를 권장하는 식품

- 다양한 채소

- 과일, 특히 무첨가 과일(whole fruits)
- 곡류, 적어도 곡류 섭취의 50%는 전곡류(whole grains)
- 무지방 혹은 저지방 유제품
- 해조류와 살코기, 계란, 콩류, 견과류, 씨앗, 콩 가공식품을 포함한 다양한 단백질 식품
- 액상 유지

③ 건강한 식이 패턴을 위해 섭취를 제한하는 식품

- 포화지방 혹은 트랜스지방, 첨가당, 나트륨

④ 첨가당 섭취를 하루 권장 칼로리의 10% 이하로 제한

⑤ 포화지방 섭취를 하루 권장 칼로리의 10% 이하로 제한

⑥ 하루 나트륨 섭취량을 2,300mg 이하로 제한

⑦ 주류를 섭취할 경우 적정한 양을 섭취해야 함: 성인만 주류를 섭취하고, 여성은 한 잔, 남성은 두 잔으로 제한

3) 일본 식생활 지침(2000년 → 2014년 개정 진행 중)

① 식사를 즐기자.

② 규칙적인 식사를 통해 건강한 생활리듬을 갖자.

③ 주식, 주채, 부채를 기본으로 하여 균형식을 먹자.

④ 밥 등 곡류를 충분히 먹자.

⑤ 식사에서 채소, 과일, 우유, 유제품, 콩, 생선 등을 골고루 먹자.

⑥ 소금과 지방은 적게 섭취하자.

⑦ 건강 체중을 알고, 섭취량과 운동량의 균형을 이루자.

⑧ 식문화와 지역 산물의 장점을 활용하고, 때로는 새로운 요리도 실천하자.

⑨ 조리나 보관을 잘하여 음식물 쓰레기를 줄이자.

⑩ 자신의 식생활을 되돌아보자.

4) 중국 식생활 지침(2007년 개정)

① 다양한 식품을 곡물 주식의 식사에 잘 배합하자.
② 채소, 과일과 감자, 고구마류를 많이 먹자.
③ 매일 우유를 마시고, 대두 혹은 두류 제품을 먹자.
④ 항상 적당량의 고기, 조류, 계란 그리고 살코기를 먹자.
⑤ 기름을 이용한 볶음음식과 소금의 섭취를 줄이며 담백하게 먹자.
⑥ 매일 운동을 하며 건강과 체중을 유지한다.
⑦ 세끼 음식을 합리적으로 먹고, 간식을 알맞게 먹는다.
⑧ 매일 충분한 양의 물을 마시고, 합리적으로 음료를 선택한다.
⑨ 술은 적당량을 제한하여 마신다.
⑩ 신선하고 위생적인 식품을 먹는다.

3 식품구성

1) 여섯 가지 식품군

우리가 섭취하고 있는 식품들의 종류와 영양소 함량에 따라 기능이 비슷한 것끼리 묶어 보면 곡류, 고기 · 생선 · 계란 · 콩류, 채소류, 과일류, 우유 · 유제품류, 유지 · 당류의 여섯 가지 식품군으로 구분할 수 있다.

① 곡류: 탄수화물 등
② 고기 · 생선 · 계란 · 콩류: 질 좋은 단백질 등
③ 채소류: 비타민, 무기질 등
④ 과일류: 비타민, 무기질, 당분 등
⑤ 우유 · 유제품류: 칼슘 등
⑥ 유지 · 당류: 지방, 당분 등

2) 식품구성자전거

우리가 섭취하는 여섯 가지 식품군에서 과잉섭취를 주의해야 하는 유지・당류를 제외한 다섯 가지 식품군을 매일 골고루 필요한 만큼 먹어 균형 잡힌 식사를 해야 한다는 의미를 전달하고 있는 식품구성자전거는 다섯 가지 식품군의 권장섭취 횟수와 분량에 따라 자전거 바퀴의 면적을 배분하여 나타냄으로써 균형 잡힌 식사의 중요성을 나타낸다. 앞바퀴의 물컵은 수분 섭취의 중요성을 나타내므로 균형 잡힌 식사와 함께 적절한 운동을 통한 비만 예방을 강조함을 의미하고, 뒷바퀴의 곡류는 매일 2~4회, 고기・생선・계란・콩류는 매일 3~4회, 채소류는 매 끼니 두 가지 이상, 과일류는 매일 1~2개, 우유・유제품은 매일 1~2잔 섭취하는 것을 표현하고 있다. 유지・당류는 조리 시 조금씩 사용하는 것을 권장하여 2015년 3차 개정에는 포함하지 않았다. 물론, 각 개인의 하루 필요량에 따라 식품의 양과 종류를 조정할 수 있으며, 식사 구성안(권장식사 패턴)을 이용하면 편리하게 하루에 필요한 식품군의 섭취 횟수를 정할 수 있다. 식품구성자전거의 다섯 가지 식품군의 특징, 주요 영양소, 해당 식품은 다음과 같다.

(1) 곡류

1 특징

식품구성자전거에서 가장 큰 비중을 차지하는 식품군으로, 주황색 영역으로 표시하고 주식으로 많이 섭취되며, 에너지를 공급하기 위한 식품군이다.

2 주요 영양소

탄수화물을 주로 공급하며, 현미 등 도정하지 않은 곡류와 잡곡에는 티아민과 식이섬유소를 많이 포함하고 있다.

3 해당 식품

밥류(쌀, 보리쌀), 면류(국수, 라면), 빵류, 떡류, 묵류, 과자류, 감자류(감자, 고구마), 밤, 시리얼 등

(2) 고기 · 생선 · 계란 · 콩류

1 특징

반찬으로 많이 섭취되는 동물성 식품군으로, 보라색 영역으로 표시하고 근육과 골격발달에 중요한 기능을 하므로, 성장기 어린이나 청소년은 충분히 섭취해야 하는 식품군이다.

2 주요 영양소

필수아미노산이 골고루 함유된 질 좋은 단백질이 많이 들어 있으며, 철, 지방 등도 들어 있다.

3 해당 식품

- 육류: 쇠고기, 돼지고기, 닭고기, 햄 등
- 생선류: 고등어, 조기, 오징어, 멸치, 새우, 모시조개 등
- 알류: 계란, 메추리알 등
- 콩류: 대두, 두부, 된장, 두유 등
- 견과류: 땅콩, 깨, 호두 등

(3) 채소류

1 특징

우리나라 국민의 식사에서 양적으로 많이 섭취되는 식물성 식품군으로, 초록색 영역으로 표시하고 김치와 나물로 많이 섭취하는 식품군이다.

2 주요 영양소

비타민, 무기질 등이 풍부하며, 특히 아스코르브산, 카로틴, 식이섬유소가 풍부하다. 해조류에는 철, 요오드가 많이 들어 있다.

3 해당 식품

- 채소류: 시금치, 오이, 고추, 당근, 무, 배추 등
- 해조류: 김, 미역, 다시마 등
- 버섯류: 표고버섯, 느타리버섯, 양송이버섯, 팽이버섯 등

(4) 과일류

1 특징

후식, 또는 간식으로 섭취되는 식품군으로, 빨간색 영역으로 표시한다.

2 주요 영양소

비타민, 무기질, 당분 등을 포함한다.

3 해당 식품

딸기, 수박, 포도, 복숭아, 참외, 귤, 사과, 배, 과일주스 등

(5) 우유 · 유제품류

1 특징

섭취량은 적으나, 칼슘 섭취가 부족한 우리나라 사람들에게 매우 중요한 식품군으로 파란(하늘)색 영역으로 표시한다.

2 주요 영양소

칼슘의 급원이며, 단백질, 리보플라빈, 비타민 A, 비타민 D 등도 들어 있다.

3 해당 식품

우유, 치즈, 요구르트, 아이스크림 등

[그림 3-2] 식품구성자전거

출처: 보건복지부 · 한국영양학회(2015). 2015 한국인 영양소 섭취기준.

4 식품 영양소- 탄수화물, 단백질, 지방

영양소(nutrient)란 우리가 건강을 유지하고 살아가기 위하여 외부로부터 섭취해야 하는 물질로서 당질, 지질, 단백질, 비타민, 무기질, 물로 눌 수 있다. 당질, 지질, 단백질은 우리 몸의 에너지원이 되고, 비타민, 무기질, 물 등은 신체 조절 기능의 보조인자로 작용한다. 이러한 영양소의 체내 기능은 우리 몸을 만들고, 에너지를 제공하며, 몸의 기능을 조절한다.

첫째, 영양소는 몸을 구성하는 물질을 공급한다. 자동차의 몸체, 유리, 바퀴, 타이어 등을 만드는 물질들이 모두 준비되어야 훌륭한 자동차의 차체를 만들 수 있는 것과 같이 우리 몸 역시 영양소에 의해 만들어지며, 그 영양소는 우리가 매끼 먹는 음식물에서 얻을 수 있다. 사람은 정자와 난자가 만나서 생성된 수정란이 분열 · 증식하여 형성된 것이지만, 사람 몸의 조성과 체격은 수정란 형성 시 유전인자와 성장과정에서의 영양상태에 의해 좌우된다.

둘째, 영양소는 몸에 에너지를 공급한다. 자동차는 휘발유가 연소할 때 내는 힘으로 움직인다. 이와 같은 이치로 영양소 중에서 유기물질은 우리 몸에서 연소하여 에너지를 발생한다. 당질, 단백질, 지질은 유기물질로서 우리 몸 안에서 아주 서서히 연소하여 열을 발생하기 때문에 이를 '열량소'라고도 말하며, 당질, 단백질은 각 1g이 4kcal, 지질은 9kcal의 에너지를 발생한다. 이 에너지는 활동 에너지와 체온 유지를 위한 열에너지로 사용된다. 또한, 전기에너지로 일부 전환되어 뇌와 신경의 활동을 원활하게 하고 기계 에너지(근육의 수축 · 이완 작용), 전기화학 에너지(삼투압 조절), 전자 및 빛 에너지(시력의 명암 조절) 등으로 전환되어 각기 일을 할 수 있도록 한다.

셋째, 영양소는 신체 내에서 생리적 기능을 조절한다. 자동차의 엔진이 잘 움직이려면 좋은 윤활유를 가끔 넣어 주는 것이 필요하듯이, 우리 몸도 기능이 원활하지 않거나 병이 나는 경우처럼 생리적 조절작용을 하는 영양소가 부족할 경우가 많다. 즉, 비타민이나 무기질과 같은 영양소 결핍으로 인하여 열량소가 우리 몸 안에서 완전연소하지 못하고 불완전연소하거나, 영양소들이 제대로 잘 이용되지 못하면 건강에 지장이 오는 것이다. 따라서 우리가 양호한 건강을 유지하려면 누구든지, 남녀노소를 막론하고 생을 통하여 같은 영양소, 즉, 여섯 가지 영양소를 전부 필요로 한다. 그러나 각자의 신체조건, 건강 상태에 따라 하루에 필요로 하는 양은 다르다.

〈표 3-4〉 식품 속 6대 영양소의 신체 내 기능에 따른 분류

영양소 기능	다량영양소				미량영양소	
	탄수화물	단백질	지방	물	비타민	무기질
에너지 제공	○	○	○			
신체 성장발달 및 유지		○	○	○	○	○
신체 생리 기능 유지 조절		○	○	○	○	○

일부 영양소는 중복 기능을 가지지만 에너지를 제공하는 영양소인 탄수화물, 단백질, 지방 및 물이 가장 큰 비율을 차지하여 다량영양소로, 비타민과 무기질은 적은 양이 필요하므로 미량영양소로 분류하여 불린다.

1) 한국인 영양소 섭취기준

(1) 영양소의 종류

1 에너지영양소

- 당질(4kcal/g): 신체의 주 에너지원으로 체온 유지 및 활동 에너지 공급 → 밥, 빵, 국수, 감자류, 옥수수
- 지질(9kcal/g): 신체의 에너지원 → 참기름, 옥수수기름, 콩기름, 버터, 마요네즈
- 단백질(4kcal/g): 신체구성 물질로 근육조직, 피부, 혈액 등을 조성 → 쇠고기, 돼지고기, 생선류, 두부, 계란 등

2 조절영양소

가. 비타민

- 수용성 비타민: 티아민, 리보플라빈, 니아신, 판토텐산, 비오틴, 비타민 B_6, 비타민 B_{12}, 엽산, 비타민 C
- 지용성 비타민: 비타민 A, D, E, K

나. 무기질

- 다량 무기질: 칼슘, 염소, 마그네슘, 인, 칼륨, 나트륨, 황
- 미량 무기질: 크롬, 구리, 불소, 요오드, 철, 망간, 몰리브덴, 셀레늄, 아연

다. 물

〈표 3-5〉 한국인 영양소 섭취기준

성별		남자			여자		
연령(세)		15~18	19~29	30~49	15~18	19~29	30~49
체위기준치	신장(cm)	173.3	174.8	172.0	160.9	161.5	159
	체중(kg)	63.1	68.7	66.6	53.1	56.1	54.4
에너지(kcal)	필요추정량	2,700	2,600	2,400	2,000	2,100	1,900
단백질(g)	권장섭취량	65	65	60	50	55	50
식이섬유(g)	충분섭취량	25	25	25	20	20	20
수분(mL)	충분섭취량	2,600	2,600	2,500	2,000	2,100	2,000
비타민 A(μg RE)	권장섭취량	850	800	750	600	650	650
비타민 D(μg)	충분섭취량	10	10	10	10	10	10
비타민 E(mg α-TE)	충분섭취량	11	12	12	11	12	12
비타민 K(μg)	충분섭취량	80	75	75	65	65	65
비타민 C(mg)	권장섭취량	105	100	100	95	100	100
티아민(mg)	권장섭취량	1.3	1.2	1.2	1.2	1.1	1.1
리보플라빈(mg)	권장섭취량	1.7	1.5	1.5	1.2	1.2	1.2
니아신(mg NE)	권장섭취량	17	16	16	14	14	14
비타민 B_6(mg)	권장섭취량	1.5	1.5	1.5	1.4	1.4	1.4
엽산(μg DFE)	권장섭취량	400	400	400	400	400	400
비타민 B_{12}(μg)	권장섭취량	2.7	2.4	2.4	2.4	2.4	2.4
파토텐산(mg)	충분섭취량	5	5	5	5	5	5
비오틴(μg)	충분섭취량	30	30	30	30	30	30
칼슘(mg)	권장섭취량	900	800	800	800	700	700
인(mg)	권장섭취량	1,200	700	700	1,200	700	700
나트륨(g)	충분섭취량	1.5	1.5	1.5	1.5	1.5	1.5
염소(g)	충분섭취량	2.3	2.3	2.3	2.3	2.3	2.3

성별		남자			여자		
연령(세)		15~18	19~29	30~49	15~18	19~29	30~49
칼륨(g)	충분섭취량	3.5	3.5	3.5	3.5	3.5	3.5
마그네슘(mg)	권장섭취량	400	350	370	340	280	280
철(mg)	권장섭취량	14	10	10	14	14	14
아연(mg)	권장섭취량	10	10	10	9	8	8
구리(μg)	권장섭취량	840	800	800	840	800	800
불소(mg)	충분섭취량	3.0	3.5	3.0	2.5	3.0	2.5
망간(mg)	충분섭취량	4.0	4.0	4.0	3.5	3.5	3.5
요오드(μg)	권장섭취량	130	150	150	130	150	150
셀레늄(μg)	권장섭취량	65	60	60	65	60	60
몰리브덴(μg)	상한섭취량	500	550	550	400	450	450
크롬(μg)	충분섭취량	40	35	35	25	25	25

출처: 한국영양학회(2015). 2015 한국인 영양소 섭취기준.

2) 영양소의 분류

(1) 탄수화물

탄수화물은 단순당질과 복합당질로 나눌 수 있다. 단순당질에는 포도당, 과당 등의 단당류와 설탕, 맥아당, 유당 등의 이당류가 포함되며, 복합당질에는 전분과 섬유질 중 비전분 다당류가 포함된다. 당질은 주된 에너지원(4kcal/g)으로서 정상적인 에너지 대사에 필수적이지만, 당질 자체의 최소 필요량이나 적정 섭취량에 대한 관심보다는 당질의 섭취 감소가 지방 섭취량의 증가를 초래하는 측면에서 주로 논의되어 왔다. 최근에는 만성퇴행성 질환(성인병)의 예방적 차원에서 식이섬유의 생체 내 기능, 필요량, 그리고 올리고당에 대한 관심이 증가하고 있다.

비교적 활동적인 성인의 경우 정상적인 뇌 활동과 근육 기능을 유지하기 위하여 하루에 적어도 200g의 당질을 섭취하거나 섭취 에너지의 50%는 당질에서 섭취해야 한다고 보고하고 있다. 한편, 우리나라는 2014년 국민영양조사

결과(보건복지부)에 의하면 한국인의 하루 탄수화물 섭취량은 308.0g을 섭취하며, 주로 곡류, 서류, 과일류, 당류 등을 통해 섭취한다. 한국인 영양섭취기준(한국영양학회, 2015)에 따르면 적정 에너지비율은 55~65%이며, 대부분을 복합당질에서 섭취하도록 권장한다. 이를 열량 2,000kcal 기준으로 보면 275~325g으로 적정 섭취 범위를 보인다.

식이 당질이 지나치게 부족하거나 기아 상태에는 체내에 저장된 글리코겐이 고갈되고 체내 중성지방(체지방)이 분해되면서 지방산의 산화가 증가되어 케톤체가 축적되며, 하루 50g 이하의 당질을 섭취하는 저당질식이나 단식은 체단백질 분해, 나트륨 손실, 탈수를 가속화시킨다.

한편, 고당질 식이는 혈청 콜레스테롤과 LDL-콜레스테롤 농도를 다소 감소시키지만, HDL-콜레스테롤 농도를 감소시키고 중성지방 농도는 증가시킨다. 이러한 현상은 노인, 비만인, 운동이 부족한 사람, 당뇨병 환자, 고콜레스테롤혈증 환자에서 두드러지고, 질병이 없는 건강한 사람에서도 보여진다.

우리나라 사람들은 고콜레스테롤혈증보다는 고중성지방혈증이 더 많다는 보고를 함께 고려할 때, 지나친 당질 위주의 식사도 바람직하지 않다. 그러나 고당질 식이가 지질대사에 미치는 영향은 식이섬유를 충분히 섭취하거나 활동량을 증가하면 최소화할 수 있기 때문에 세계보건기구(WHO)는 총열량의 50~70%는 복합당질에서 섭취할 것을 제안하고 있다. 이러한 제안은 복합당질이 체중의 과다한 증가를 방지하고 고지혈증과 당뇨병을 관리하는 데 효과적이며, 암의 발병을 낮추는 데 유용하기 때문이다. 또한, 복합당질의 급원인 식물성 식품을 섭취하면 필수지방산, 칼슘, 아연, 철분과 다양한 수용성 비타민을 동시에 섭취할 수 있는 장점이 있다.

단순당류 식품의 가장 큰 단점은 열량 이외의 영양소 밀도가 낮다는 점이다. 즉, 비타민, 무기질, 단백질 등을 공급하지 못하므로 영양이 풍부한 식품을 단순당으로 대체하면 비타민과 무기질 등의 결핍이 생길 수 있다. 그러나 단지 열량 보충만이 필요할 때는 매우 유용할 수 있다.

1 탄수화물의 분류

탄수화물은 가수분해에 의해 생성되는 당분자의 수에 따라 단당류, 이당류 및 다당류로 분류된다.

가. 단당류(Monosaccharide)

단당류는 산이나 알칼리, 효소 등에 의해 더이상 가수분해되지 않는 당으로 오탄당과 육탄당이 주류를 이룬다.

오탄당에는 자일로오스, 아라비노오스, 리보오스와 디옥시리보오스 등이 있다. 육탄당은 식품 중에 널리 분포하는 중요 성분으로 포도당(glucose), 과당(fructose), 갈락토오스(galactose) 등이 있다. 포도당은 자연계에 널리 분포하고, 사람의 혈액 중에는 0.1% 농도를 유지하고 있어 혈당(blood sugar)이라고도 한다. 포도당은 체내에서 에너지로 우선 사용되며, 여분은 간과 근육에 글리코겐(glycogen) 형태로 저장되거나 지방으로 저장된다. 가장 단맛을 내는 과당은 설당과 전화당의 구성단위로 과일과 꿀에 많이 함유되어 있고 수분 흡수력이 강하여 흔히 액체로 존재한다. 갈락토오스는 수유동물의 젖에만 존재하는 유당의 가수분해에 의해 얻어지므로 단당류의 형태로는 천연에 존재하지 않는다.

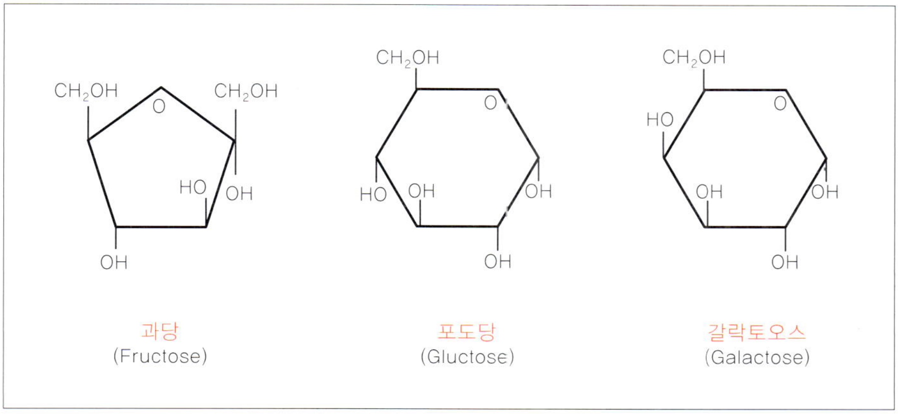

[그림 3-3] 육탄당인 포도당, 과당, 갈락토오스의 환상구조

나. 이당류(Disaccharide)

식이에서 달콤한 맛을 내는 이당류는 두 개의 단당류가 결합된 것으로 자당(sugar), 유당(lactose), 맥아당(maltose)이 있다.

과일이나 야채의 단맛을 내는 자당(설탕, 서당)은 포도당과 과당으로 결합되어 있고 자연계에 널리 분포하며, 묽은 산과 알칼리, 효소 등에 의해 가수분해되며, 특히 사탕수수와 사탕무에 많이 들어 있다. 유당은 포유동물의 유즙에만 존재하며, 소화가 되는 동안 포도당과 갈락토오스로 분해된다. 엿기름이나 꿀 같은 몇몇 식품에 함유되어 있는 맥아당은 전분의 구성단위로서 2분자의 포도당으로 결합되어 있으며, 그 자체로는 자연계에 존재하지 않고 고분자 다당류의 소화과정 중에 분해되어 생성된다.

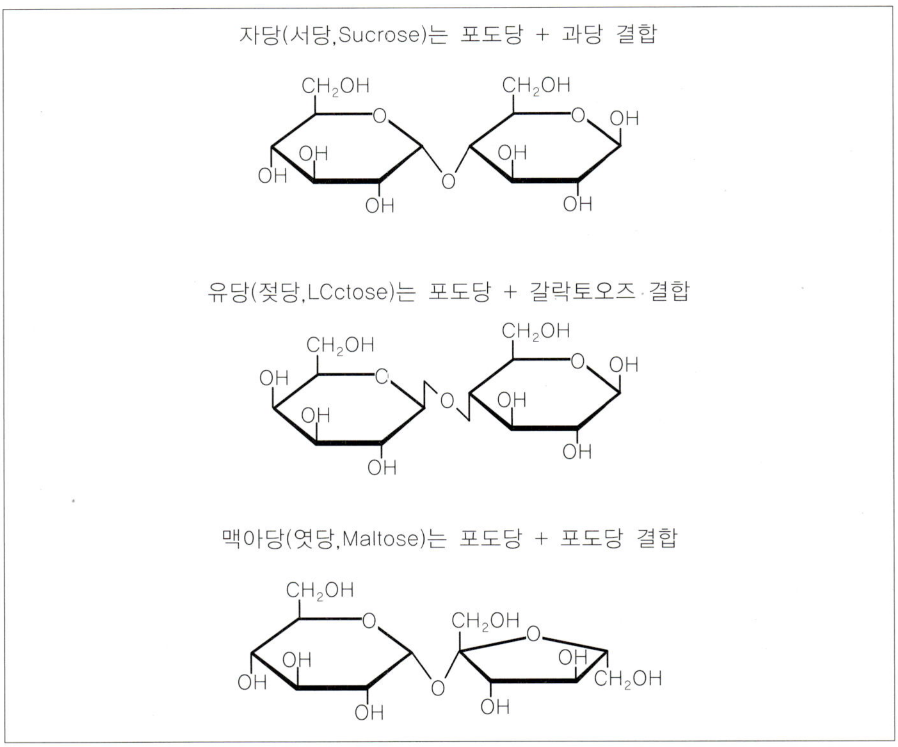

[그림 3-4] 이당류의 종류

다. 올리고당(Oligosaccharide)

올리고당은 단당류가 3~10개 정도 중합되어 이루어지며, 식품 중에 많이 존재하지는 않고 탄수화물의 소화과정 중에서 주로 이루어진다. 올리고당은 물에 잘 녹고 포도당보다 감미도가 낮아 저감미료로 사용된다.

라. 다당류(Polysaccharide)

다당류에는 전분, 셀룰로오스, 펙틴, 글리코겐 등이 있으며, 이들은 가수분해되어 많은 수의 단당류가 형성된다. 자연계에 널리 다량으로 분포되어 있으며, 분자의 크기가 매우 크다. 글리코겐은 동물에서, 전분은 식물에서 대표적인 저장고 역할을 한다.

전분은 포도당이 α-결합으로 연결된 중합체로 아밀로오스와 분지가 많은 아밀로펙틴의 두 종류로 이루어져 있다. 셀룰로오즈는 식물의 세포막을 구성하는 다당류로서 포도당의 β-결합으로 이루어져 있어 인체의 소화효소에 의해 분해되지 않는 식이섬유로 분류된다. 펙틴은 세포막과 세포막 사이에 주로 존재하며, 설탕과 산 존재 시 잼이나 젤리를 만드는 데 중요한 역할을 한다.

동물성 전분이라 불리는 글리코겐은 동물의 간과 근육에 주로 저장되는 탄수화물의 형태로 식물성 식품에는 존재하지 않는다. 근육에 있는 325g 정도의 글리코겐은 운동할 때 필요한 에너지를 제공하며, 간 속에 저장된 100g 정도는 혈당이 저하되거나 유사시에 분해되어 포도당으로 사용된다.

마. 식이섬유소(Dietary fiber)

식이섬유는 불소화성이고 배변에 도움을 준다는 정도로 이해되어 왔고, 에너지원이 아니며, 영양성분의 이용 효율을 저하시키는 성분으로 경시되어 왔다. 그러나 1972년 트로웰(Trowell) 박사에 의해 식이섬유 섭취량이 높은 아프리카인은 고혈압이나 동맥경화 등의 질병 발생률이 구미에 비해 현저히 낮다는 역학조사에서 '섬유소 가설'이 성립되었고 비로소 식이섬유의 정의가 정립되었다. 그 후 식이섬유의 인체 효용이나 질병예방 효과 등이 연구되어 식이섬유는 새로운 식품성분으로 등장하였으며, 식이섬유 공급원인 곡류, 채소류, 해조류 등이 다시 새로운 식품소재로 각광받게 되었다.

미국의 제약회사 화이자(Pfizer)가 저칼로리 식품소재로써 폴리덱스트로오스(polydextrose)를 개발하여 우유에 첨가한 '섬유소 우유'가 TV에 등장하게 되었고, 매상은 천문학적 수치로 늘어났다. 이어서 식품회사마다 식이섬유 음료수 제품을 내놓았다. 곡류(보리, 밀기울), 해조류(홍조류, 갈조류), 대두류, 과일, 키틴 등의 합성다당류를 첨가한 요구르트, 마가린, 빵, 비스킷, 아이스크림 등 식이섬유 식품의 이용은 계속 확산되고 있다. 식이섬유의 분류 및 급원식품은 〈표 3-6〉과 같다.

〈표 3-6〉 식이섬유의 분류 및 급원식품

기원	분류	급원식품
세포벽 구성물질 (불용성 식이섬유)	• Cellulose • Hemicellulose • Protopectin • Lignin • Chitin	• 곡류(현미, 라이맥, 통밀), 대두, 야채류 • 밀배아, 야채류 • 감귤류, 사과 등의 과일, 줄기 • 당근, 우엉, 산채류 • 게, 새우
비구조물질 (수용성 식이섬유)	• Pectin • 식물 gum 점질물질 • 해조다당류 • 화학적 합성다당류	• 감귤류, 사과 • 구아검 • 미역, 다시마, 알긴산, 카라기난, 한천 • CMC polydextrose

출처: 정용진(2007). 웰빙 식품이야기.

■ 식이섬유의 생리작용

식이섬유는 물을 흡수해서 팽창하여 소화관의 운동을 활발히 촉진하며, 장내에 유해성분을 흡착해서 변량을 증가시켜 변비를 억제할 뿐만 아니라 흡수성과 점도가 강해서 당, 지방의 흡수를 지연시켜 혈당의 상승을 억제한다. 그리고 식이섬유소는 열량이 없으면서 팽창하여 포만감을 주어 비만과 당뇨병 예방 및 치료에 좋은 식품이며, 담즙산과 콜레스테롤을 흡착해서 배출함으로써 혈중에 콜레스테롤 함량이 떨어져 동맥경화증과 담석을 예방한다. 또한, 위와 십이지장의 점막을 보호하고 위궤양을 예방한다.

■ 식이섬유와 질병과의 상관성

- 식이섬유와 비만: 체중을 줄이기 위해서는 섭취 에너지의 열량을 제한하고 식사의 양을 줄이는 방법으로 칼로리가 적고 공복감을 없애는 고단위 식이섬유를 선택하는 것이 필요하다. 식이섬유가 많은 곡류를 섭취하면 씹는 횟수가 많아 급하게 빨리 먹는 습관을 고칠 수 있는 동시에 포만감을 가져와 식욕을 억제하는 이중효과가 있어 쉽게 체중을 줄일 수 있다.
- 식이섬유와 당뇨: 식후 및 식전에 식이섬유소를 섭취하면 당질흡수를 억제하는 동시에 혈당을 떨어뜨릴 수 있다. 또한, 단순정제 당질이 아닌 복합당질의 높은 섭취가 혈당조절을 크게 개선할 뿐만 아니라 인슐린의 요구량이 낮아지며 혈청 콜레스테롤 농도가 감소된다.
  - 식이섬유의 섭취가 당뇨병 환자의 당대사에 미치는 영향으로는 위 배출시간의 지연으로 인한 공복감 지연, 소화흡수 속도의 변화, 혈당대사의 식후 조절에 관련되는 장 호르몬의 분비 조절, 말초조직의 수용체 증가나 인슐린의 민감성을 조절할 수 있다. 이상과 같이 식이섬유소의 섭취는 당뇨병으로 인한 식후 혈당의 급격한 상승으로 고혈당증의 발생과 만성합병증의 방지에 효과적인 영향을 미칠 수 있다.
  - 식이섬유에 의한 혈당상승 억제작용: 수용성 식이섬유는 겔(gel)을 형성하는 능력이 있어 포도당의 확산을 저해시켜 준다. 포도당 확산이 저해되는 것은 장에서 흡수를 지연하고 포도당 섭취 후에 혈당상승을 억제한다.
  - 식이섬유는 소화관의 호르몬 분비를 변화시켜 췌장의 분비 및 당질 소화흡수를 억제한다. 즉, 식이섬유는 섭취한 음식이 위에서 십이지장으로 옮겨진 것을 억제할 수 있으므로 당의 소화흡수를 감소시켜 식후 혈당조절에 영향을 미친다.

- 식이섬유와 변비 및 장질환: 식이섬유는 장과 담즙산 수분을 흡수해서 팽윤하고 부드러운 음식물의 형태로 바꾸어 장관을 자극하여 호흡시킬 수 있는 작용을 한다. 따라서 변의 양이 증가하고 장의 내압을 떨어뜨려 더 빨리 통변을 기대하여 변비를 치료하고 담즙산 속에 있는 유기물이나 유해물질 등을 흡착시킨다.
  - 식이섬유가 대장암을 예방하는 기전은 식이섬유의 섭취량을 증가시켜 변의 양을 늘리며, 장내에서 생성된 유해물질을 희석하고 장의 요동을 촉진시키게 한다. 섬유질은 장벽과 발암성 물질의 접촉시간을 단축함으로써 대장암의 위험도를 떨어뜨릴 수 있다. 즉, 식이섬유 섭취는 장통과 시간의 단축, 분변 배설량의 증가, 변 중의 조지방 배설량의 증가 등 장 기능 개선효과를 나타내어 정제가공식품의 다량 섭취와 절대적 활동량 부족으로 인한 장 기능 저하 개선에 영향을 미친다.
- 콜레스테롤 대사와 식이섬유: 콜레스테롤의 대사산물은 담즙산에 의해서 합성 및 이화하는 데 영향을 주며, 담석은 콜레스테롤과 담즙산의 상호작용과 밀접한 관련이 있다. 식이섬유에 의해서 증가된 소장 내용물은 다당류와 겔(gel) 사이에 담즙산을 유착하고 장 통과 시간을 단축하여 흡수접촉을 떨어뜨려 담즙산의 재흡수를 억제한다.

이상과 같이 많은 질환과의 깊은 상관성을 알아본 바 이러한 질환의 개선과 예방 · 치료를 위해 식이섬유소를 보다 많이 섭취하는 방법으로는 정제된 곡류보다는 전곡류로, 주스나 통조림보다는 생과일로, 어육류군보다는 콩류로 먹도록 한다. 그리고 익힌 채소류보다는 생채소로 섭취한다.

2 탄수화물의 기능

당질의 가장 중요한 기능은 인체의 에너지 공급 기능으로 1g당 4kcal의 열량을 내며, 총섭취열량의 55~65%로 권장(2015년 3차 개정)하고 이에 해당하는 대부분을 복합당질에서 취하도록 한다. 신체의 모든 세포가 포도당을 에너지원으로 하지만, 특히 뇌세포와 신경조직은 포도당만을 유일한 에너지원으로 사용한다.

그 외에 단맛을 제공하여 기호성을 증대시키며, 단백질 절약작용, 지방 합성 및 아미노산 합성 등의 역할을 한다. 또한, 식이섬유소를 제공하여 장내 운동성을 증가시켜 정장작용 기능을 수행하기도 한다. 식이섬유소 권장량은 1,000kcal당 10g에 기준하여 1일 20~25g을 권장한다.

탄수화물의 주요 기능 정리

① 에너지원
② 단백질 절약작용
③ 지방 합성과 지방대사 조절
④ 항케톤체 생성효과
⑤ 식이섬유소를 제공하여 장운동성을 증가시키며, 정장작용을 함
⑥ 기호성 증진

(2) 지질

1 지질의 역할과 종류

우리나라는 최근 10여 년 동안 식생활이 급격히 서구화되었다. 2015년 국민영양조사 결과 우리 국민의 총에너지에 대한 지질비율은 서구인에 비하면 아직 낮은 편이나 꾸준히 증가하고 있는 추세이다. 1인당 지방 섭취량은 2005년 45.2g에서 2015년도 51.1g으로 증가하였고 고콜레스테롤 혈증 유병률 증가와 더불어 비만 유병률이 2005년 31.3%에서 2015년도 33.2%로 증가하였다. 여성의 경우는 27.3%에서 26%로 감소하였지만 남성의 경우 34.7%에서 39.7%로 현저한 증가를 나타내었다.

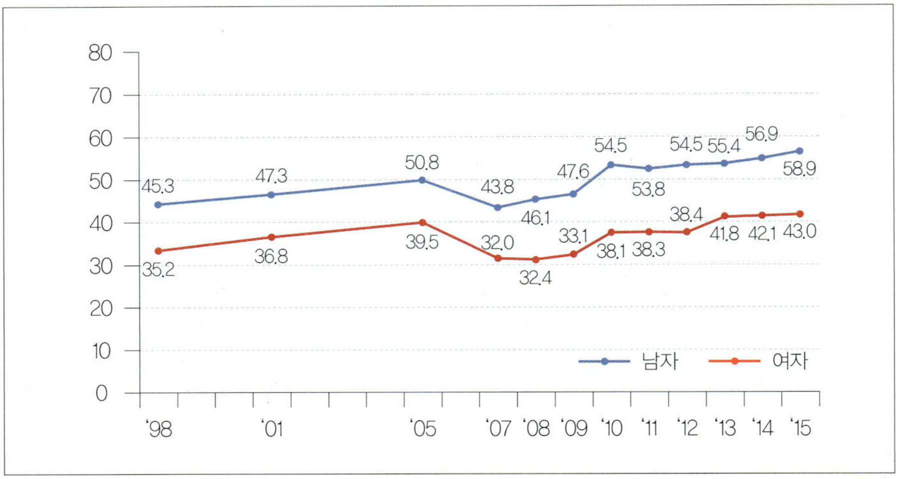

[그림 3-5] 성별에 따른 지방 섭취의 변화 추이

출처: 질병관리본부(2017). 우리 국민의 지방 섭취 현황.

지질은 물에 쉽게 용해되지 않는 유기화합물로서, 주로 지방산의 에스터 형태인 비극성 지질과 양친매성의 극성 지질로 분류된다.

비극성 지질은 글리세롤과 지방산이 결합된 중성지방과 콜레스테롤과 지방산이 결합된 콜레스테롤 에스터가 있다. 중성지방은 식이지질의 주된 성분으로서 열량영양소 중에서 가장 농축된 에너지 급원(9kcal/g)이고 지용성 비타민의 소화흡수를 용이하게 하고, 식품의 풍미를 증가시켜 미각을 증가시킨다.

극성 지질은 인지질, 당지질, 스핑고지질 및 콜레스테롤 등으로 세포막을 구성하고 모든 식품에 존재하지만 식이지질에 기여하는 정도는 미약하다.

지질을 구성하는 대표적인 성분인 지방산은 탄소수 4~26개로 구성되며, 식품 급원에 따라 탄소수와 불포화 정도가 다르다. 포화 및 단일불포화지방산은 생체 내에서 acetyl CoA로부터 쉽게 합성되므로 필수적인 식이성분은 아니며, 주로 동물성 식품에 함량이 높다. 불포화지방산은 메틸기에서 가장 가까운 첫 번째 이중결합의 위치가 생체 내 대사과정에서 변하지 않음에 근거하며 n-3, n-6, n-7, n-9 지방산 계열로 분류되기도 한다. n-7와 n-9계 지방산은 내인성으로 생체 내에서 합성이 가능한 반면에, n-6의 n-3계 지방산은 외인성으로서 식품에서 섭취하거나 전구체에서 생합성된다.

다가불포화지방산(polyunsaturation fatty acid: PUFA) 중에서 탄소수가 20개 이상이며, 3개 이상의 불포화결합을 가진 지방산 dihomo γ-linolenic acid(20:3, n-6), arachidonic acid(20:4, n-6), eicosapentaenoic acid(20:5, n-3: EPA)는 생체 조절물질인 eicosanoid(prostaglandins, thromboxanes, leukotrienes)의 직접적인 전구체이다.

콜레스테롤은 모든 세포막과 신경조직의 미엘린(myelin)의 성분이며, 부신피질과 고환 및 난소에서 생성되는 스테로이드 호르몬과 간에서 생성되는 담즙산의 전구체이다. 콜레스테롤은 동물성 식품을 통하여 섭취되거나 체내에서 acetyl CoA로부터 합성되어 체내에서 항상성을 유지한다.

2 식이지질의 섭취 형태 및 권장량

지질은 3대 주요 식이인자 중 하나이다. 우리 인체는 수많은 세포로 구성되어 있고 세포는 인지질의 이중막으로 싸여 있으며, 세포 내 소기관들도 각각의 특성에 맞게 지질로 둘러싸여 있다. 따라서 지질은 인체 내에 있으면서 에너지 대사, 신호전달계, 유전자 발현, 그리고 세포 내의 물질 유입 및 배출과정에도 관여한다. 과잉의 지질 섭취로 지질대사와 관련된 질병과 사망률의 증가로 주목받지만 적절한 식이지질의 섭취는 반드시 필요하다.

우리나라의 적절한 지질 섭취 권장량은 총에너지 섭취량 중 15~30% 범위에서의 섭취를 권장하며, 지질 중에서도 콩과 견과류에 많은 오메가-6 지방산의 적정비율을 8%에서 10%로 올렸다. 반면 아동 · 청소년(3~18세)의 포화지방산 및 트랜스지방산의 에너지 섭취비율은 각각 8% 미만과 1% 미만으로 새롭게 제정했다.

식품에 존재하는 지질은 포화지방산과 불포화지방산의 형태로 구분된다.

포화지방산은 혈중 콜레스테롤의 수치를 높이고 심장이나 뇌혈관에 콜레스테롤을 축적시켜 심혈관계 질환과 뇌혈관계 질환의 발병률을 증가시킨다. 대표적인 포화지질 함유식품으로는 쇠고기, 돼지고기 등 동물성 지질, 버터, 열대 식물기름은 야자유, 코코넛유 등이 있다.

불포화지방산은 정어리, 연어, 고등어 등의 등푸른 생선, 닭고기나 콩기름, 올리브유, 카놀라유, 낙화생유, 아보카도유 등 식물성 기름에 존재하며, 혈중 콜레스테롤 축적을 방지하여 수치를 낮춘다. 그러나 불포화지방산도 과잉섭취하면 체중을 증가시킨다. 한국영양학회에서는 생선이나 녹색 채소에 풍부한 오메가-3 지방산과 씨앗, 곡류, 견과류에 풍부한 오메가-6 지방산의 섭취비율을 1:4~1:10의 비율로 섭취하는 것을 권장한다. 심장병, 당뇨병, 비만이 많은 미국인의 경우 오메가-3와 오메가-6의 섭취비율은 1:20으로, 일본과 지중해의 1:2와는 큰 차이를 보여 오메가-3 지방산의 섭취가 상대적으로 낮은 것이 원인이라는 분석도 있다(표 3-7).

따라서 최근 우리나라도 간편식 섭취 및 외식의 증가로 지질 불균형이 유발될 수 있으므로 오메가-3 지방산이 많이 함유되어 있는 생선류, 콩류, 해조류 및 채소의 섭취를 권장하는 영양교육이 필요하다.

〈표 3-7〉 식품의 오메가-6와 오메가-3 지방산함량(g/100g 식품)

식품명	linoleic acid (오메가-6)	linoenic acid (오메가-3)	식품명	EPA (오메가-3)	DHA (오메가-3)
홍화유	73.0	0.5	고등어	1.45	2.16
옥수수유	53.0	1.0	청어	1.05	1.29
현미유	36.6	1.6	꽁치	0.50	0.80
참기름	40.0	0.5	연어	0.25	0.73
호도기름	55.0	10.4	송어	0.12	0.5
콩기름	51.0	7.0	넙치	0.16	0.22
들기름	14.0	60.0	대구	0.08	0.23
아마유	15.0	53.3	오징어	0.27	0.64
평자씨유	12.7	11.1	새우	0.28	0.16
			가재	0.24	0.12
			굴	0.11	0.09

3 지질의 기능

지질은 다른 열량소에 비해 9kcal/g의 열량을 내는 효율적인 농축 에너지 공급원이며, 세포막을 구성하는 중요한 구성성분이다. 이러한 지질세포는 여러 조직을 지지, 절연하며 완충 기능을 한다. 지질은 호르몬, 비타민 D, 담즙산 합성 등에 필요한 전구체로 작용하고 지용성 비타민의 운반 및 저장에 관여한다.

식품 내 존재하는 지질은 조리 시 음식의 맛과 풍미를 좋게 하여 식욕을 증가시키고 천천히 소화되어 포만감을 오랫동안 지속시킨다. 지질의 권장량은 총섭취 에너지의 20%를 권장한다.

지방의 주요 기능 정리

① 농축 에너지원
② 체구성: 생체 세포막, 뇌, 신경조직 등의 구성 성분
③ 필수 지방산 공급 및 지용성 비타민 흡수
④ 호르몬, 담즙 합성 전구물질
⑤ 체온조절과 체내 장기 보호
⑥ 기호성 부여

4 콜레스테롤에 대한 진실

콜레스테롤은 동물성 식품에 존재하는 스테롤로 동물성 식품을 섭취함으로써 20%의 콜레스테롤이 흡수되고 생체 내 간 조직에서 acetyl CoA로부터 혈중에 존재하는 콜레스테롤의 80%가 합성된다. 모든 세포막과 뇌 조직, 신경섬유 수초의 성분이며, 부신피질과 고환 및 난소에서 생성되는 스테로이드 호르몬과 간에서 생성되는 담즙산의 전구체로서의 기능을 가지는 인간의 생명 유지에 필수적인 물질이다. 그러나 혈중 농도가 지나치게 높으면 혈관 내벽에 침착되어 동맥경화를 일으키는 위험한 원인물질이 될 수도 있다.

세계보건기구(WHO) 보고서에 따르면 관상동맥 심장질환 예방을 위해서는 하루에 300mg 미만으로 섭취할 것을 권장한다. 우리나라는 현재 하루에 200mg 정도를 섭취하는 것으로 보고되어 현재는 높지 않지만 동물성 지질 섭취의 증가가 예측되는 만큼 과잉섭취는 피하는 것이 좋다. 콜레스테롤이 많이 함유된 식품은 간, 신장 및 뇌 같은 기관 종류와 육류 및 새우, 가재 같은 해산물, 가금류 등의 알류 등이다. 그러나 아무리 식품을 신중히 선택해서 섭취하더라도 유전적 형질이나 생활습관으로 인해 고콜레스테롤혈증이 생길 수 있으며, 흡연, 식이, 비활동적인 생활습관은 높은 혈중 콜레스테롤을 유지시키고 높은 콜레스테롤을 일으키는 원인이 되어 관상동맥경화의 위험에 노출된다.

이러한 여러 요인 중 흡연, 고혈압, 운동부족, 과체중으로 인한 비만, 당뇨병 등이 있는 경우는 스스로의 노력이나 적절한 약물요법으로 혈중 콜레스테롤 수치를 낮출 수 있다. 하지만 노화로 인한 콜레스테롤 증가는 스스로의 노력으로도 바꿀 수 없는 인자인다. 45세까지는 남성의 경우 일반적으로 여성보다 높은 콜레스테롤 수치를 가지며, 여성의 경우는 폐경 이후 콜레스테롤 수치가 증가한다. 그리고 가족 중 누군가 비정상적인 지질수치를 가졌거나 심혈관질환의 문제가 있다면 이러한 위험요인이 증가하므로 주의를 요해야 한다.

따라서 고콜레스테롤혈증 개선에 대한 최선의 방법은 식이변화로 총지방 섭취량을 하루 총열량의 20% 이하로 섭취하여 체중을 감소시키며, 섭취지질의 1/3 이상이 포화지방을 섭취하지 않도록 한다. 그리고 식이로 섭취하는 콜레스테롤의 양은 300mg을 넘지 않게 하여 체중감소는 물론이고 혈중 지질 수준을 개선시킨다. 저지방, 저콜레스테롤 식이와 함께 계단 걷기, 조깅, 자전거 타기, 스키 등의 유산소 운동을 통해 체중감량을 증가시킬 수 있다(표 3-8).

〈표 3-8〉 식품 내 함유 콜레스테롤 함량(mg/100g)

식품명	함량	식품명	함량	식품명	함량
쇠고기	55~75	우유	11	가다랑어	65
쇠간	240	인유	15	갈치	80
돼지고기	55~65	요구르트	11	고등어	55
돼지 간	250	유산균 음료	1	방어	70
닭고기	70~110	전지분유	95	복어	60
닭 간	370	탈지분유	25	붕장어	160
양고기	75	조제분유	28	잉어	75
오리고기	80	대두유	1	장어	200
토끼고기	65	해바라기유	0	전갱이	70
계란: 전란	470	참기름	0	굴	50
난백	1	마가린	1	전복	140
난황	1300	버터	100	문어	90
소시지	60	치즈	80	새우	130
베이컨	60	쇠기름	100	오징어	300
햄	40	돼지기름	100		

운동은 일주일에 적어도 3번, 30~45분 정도 규칙적으로 하며, 생활 속에서도 활동량을 증가시킨다. 그리고 꾸준히 재미있게 할 수 있도록 활기를 가지는 것이 중요하다.

콜레스테롤은 심혈관계 건강에 위험한 요인 중 하나이지만 우리가 살아가는데 없어서는 안 되는 물질이기도 하다. 그리고 스스로의 노력으로 여러 위험요인을 줄여 나간다면 좋은 것은 높아지고 나쁜 것은 줄일 수 있을 것이다.

(3) 단백질

단백질의 주된 영양학적 기능은 조직단백질의 합성을 위해 필요한 아미노산을 공급하고 생물체의 정상적인 성장과 유지 및 기능에 필수적인 질소화합물을 공급해 준다. 단백질은 근육, 결합조직 등 신체조직을 구성할 뿐만 아니라 효소, 항체, 호르몬 등을 합성하고 체내 필수물질의 운반과 저장, 체액과 산-염기 균형 유지 등 중요한 기능을 담당한다. 단백질은 신체의 에너지원으로도 이용되며, 필요한 경우 포도당을 합성한다. 체내에서 단백질이 효율적으로 이용되려면 에너지 섭취도 충분해야 한다. 그렇지 않으면 단백질이 고유한 기능을 수행하기보다는 아미노산으로 분해되어 에너지를 제공하는 데 사용된다.

1 단백질의 기능

단백질은 체내에 중요한 필수아미노산을 공급하는 영양학적인 면 이외에도 체액을 비롯한 모든 세포에 존재하며, 근육, 머리카락 등의 신체조직을 형성·유지하는 작용을 한다. 이외에도 체내의 생화학반응 촉매 기능을 하는 모든 효소와 다수의 호르몬과 성장인자, 항체, 혈액응고인자, 혈류를 통한 기질수송 운반체를 형성한다. 또한, 체액의 산-알칼리 균형을 유지시키며, 권장량은 총 섭취 에너지의 15% 정도를 권장한다.

단백질의 주요 기능 정리

① 신체 조직의 성장과 유지 작용
② 영양적으로 필수아미노산 공급
③ 생화학반응의 촉매작용
④ 혈청 단백질, 효소, 호르몬과 면역 항체 등의 형성
⑤ 체액의 산-알칼리 균형 유지

2 단백질의 질

세포 내에서 단백질 합성이 원활하게 이루어지기 위해서는 모든 필수아미노산(essential amino acid: 체내에서 합성이 불가능한 아미노산)이 필요한 비율로 골고루 존재해야 한다. 만약, 필수아미노산 중 하나라도 없거나 부족하면

그 순간의 단백질 합성은 가장 부족한 필수아미노산(단백질 합성에 제한을 주기 때문에 제한아미노산(limiting amino acid)이라 함) 함량에 비례해서 일어난다. 이때 다른 필수아미노산을 충분히 공급하여도 대신 사용될 수 없으며, 가장 부족한 아미노산의 함량만큼만 단백질 합성이 일어나며, 나머지는 필수아미노산 또한 단백질 합성에 사용될 수 없다. 역으로 하나의 아미노산이 과잉섭취되어 높은 수준으로 존재하여도 독성이 있어서 성장이 지연되는 결과를 초래한다. 예를 들어, 저단백 식사에 어떤 단일 필수아미노산을 첨가하여 보충하면 오히려 아미노산의 불균형을 초래할 가능성이 커진다.

식품의 종류에 따라 단백질을 구성하고 있는 아미노산의 종류와 함량은 다르다. 동물성 단백질은 보통 필수아미노산이 충분히 함유되어 있지만 식물성 단백질은 대부분 한 개 이상의 필수아미노산이 부족하게 함유되어 있다. 어떤 식품의 단백질이 모든 필수아미노산을 우리 몸이 필요로 하는 정도로 골고루 적당 비율로 함유하고 있으면 이 단백질을 완전단백질이라 한다. 예를 들어, 우유의 카세인, 계란 등의 동물성 단백질이 이에 속한다.

불완전단백질의 질을 영양학적으로 향상시키기 위하여 두 개의 식물성 단백질을 섭취하거나 소량의 동물성 단백질을 첨가하여 완전단백질로 만들 수 있다. 예를 들어, 라이신이 부족한 곡류나 메티오닌이 부족한 콩류에 완전 단백질을 함유한 우유를 첨가함으로써, 즉 빵과 우유, 밥과 육류, 밥과 두부 등과 같이 골고루 식사를 하면 자연히 필수아미노산의 불균형이 해결되며, 이를 단백질의 상호보완작용이라고 한다.

3 단백질 결핍

전 세계적으로 저개발국가나 개발도상국가에서는 아직도 에너지와 단백질의 섭취가 낮은 지역이 있다. 단백질이 결핍되면 성장저해가 오고 질병에 대한 민감도가 증가한다.

단백질 결핍증을 '콰시오커(kwashiorkor)'라고 부르며, 이 증상은 대개 1~4세까지의 어린이에게 이유 뒤의 영양이 부족하거나 급속한 성장에 필요한 영양의 섭취가 부족할 때 잘 나타난다.

단백질과 함께 에너지의 섭취가 제한되면 흔히 PEM(protein-energy malnutrition) 혹은 PCM(protein-calorie malnutrition)이라고 부르는 '마라스무스(marasmus)'가 나타난다. WHO 통계에 의하면 선진국에서 PEM은 주로 입원환자 또는 암, AIDS, 결핵, 흡수불량증, 신장과 간질환, 식욕감퇴증 등 같은 질병의 2차 증상으로 존재한다.

〈표 3-9〉 마라스무스와 콰시오커의 특징 비교

항목	마라스무스	콰시오커
골격근육	심각한 손실	거의 손실 없음
혈청 단백질	비교적 정상	심각한 감소
지방조직	심각한 손실	보존됨
체중	심각한 감소	비교적 정상
부종	없음	흔한 증상
가능 원인	기아, 에너지와 단백질의 동시 결핍	에너지는 충분하나 단백질 결핍

(4) 비타민

비타민이 발견되기 이전부터 고대 중국, 그리스, 로마, 이집트에서는 어떤 물질의 중요성이 인정되어 왔다. 당시의 의사나 치료사는 야맹증, 괴혈병, 구루병, 펠라그라, 신경이상 등의 증세에 대해 기록하였으며, 그들의 치료 중 어떤 처방은 성공하기도 하였다. 예를 들면, 고대 그리스에서는 야맹증 환자에게 간을 익혀 짠 즙을 눈에 넣어줌으로써 그 병을 치료하기도 하였다. 그 당시 그리스 사람들은 그 성공의 원인을 몰랐지만 우리는 지금 간에 함유된 비타민 A가 야맹증을 치료하는 기능을 가졌다는 것을 알고 있다.

다른 예로써 괴혈병의 치료를 들 수 있다. 괴혈병은 군인들의 장기훈련이나 항해 도중에 싱싱한 과일을 섭취하지 못하고 비타민 C가 결핍된 식사를 하면 나타나는 증세이다. 유명한 해양탐험가인 바스쿠 다 가마(Vasco da Gama)

는 아프리카 남단을 돌아 인도(India)로 가는 2년간의 긴 항해 동안 그의 선원 가운데 반을 괴혈병으로 잃었다. 그 후 다른 항해사인 쟈크 카르티에(Jacqes Cartier)는 다행스럽게도 그의 선원들이 소나무 잎을 삶은 물을 마심으로 회복되는 것을 경험하였다.

몇 세기 후인 1742년, 영국 의사인 제임스 린드(James Lind)는 괴혈병 치료를 규명하기 위한 실험에서 괴혈병에 걸린 선원에게 과일과 레몬주스를 보충하였는데, 과일과 레몬주스를 먹지 못한 선원들은 괴혈병을 앓다가 사망하였다. 린드가 괴혈병이 감귤류로 치료된다고 밝힌 몇 년 후, 영국 해군에서는 배에 충분한 감귤류(lime)와 주스를 싣도록 요구하였다. 이러한 이유로 영국해군을 'Limey'로 불렀고 오늘날에는 미국인이 영국인을 조롱하는 말로 이어지고 있다. 그러나 비타민 C를 화학적으로 규명하고 오렌지와 양배추, 주스로부터 추출한 것은 한참 뒤인 1928년의 일이다. 영국의 생화학자인 프레더릭 홉킨스(Frederid Hopkins) 경이 식품에는 당질, 지질, 단백질 이외에 어떤 다른 요소가 있음을 밝혔다.

1911년 폴란드 생화학자인 카지미르 풍크(Casimir Funk)는 처음으로 쌀겨에서 추출한 아민(amine) 성분(질소를 포함하는 유기물질)이 퇴행성 신경질환인 각기병을 치료한다는 것을 알았다. 이 수용성 물질이 생명에 필수라는 것을 알았기 때문에 풍크는 이 물질을 'vitamine(vita는 생명력이라는 뜻)'이라 명명하였다. 그 후 모든 비타민이 아민이 아닌 것이 밝혀져 'vitamine'에서 마지막 e를 제거하여 'vitamin'으로 쓰게 되었다. 항각기 물질(지금은 티아민이라 함)이 발견된 지 10년 후 4개의 비타민이 추가로 더 발견되었으며, 마지막으로 1941년에 엽산(folic acid)이 발견되었다.

1 비타민의 분류

가. 수용성 비타민

체내의 수용성 매개체를 통해 운반되는 비타민은 수용성으로 분류되며, 수용성 비타민은 체내 조직에 저장되지 않는다. 식사를 통해 섭취된 과량의 수용성 비타민은 신장을 통해 소변으로 방출되므로 정규적으로 매일 혹은 수일 이내 섭취해야 한다.

9개의 수용성 비타민은 비타민 C(ascorbic acid)와 티아민(비타민 B_1), 리보플라빈(비타민 B_2), 나이아신, 피리독신(비타민 B_6), 코발아민(비타민 B_{12}), 판토텐산, 엽산, 그리고 비오틴 등 비타민 B 복합체들이다.

수용성 비타민은 지용성 비타민과 구조가 다르며, 탄소, 수소, 이외에 질소(티아민, 리보플라빈, 비타민 B_6, 비타민 B_{12}, 엽산), 유황(티아민과 비오틴), 그리고 코발트(비타민 B_{12})를 함유하고 있다. 〈표 3-10〉에 수용성 비타민의 체내 주요 기능과 결핍증을 요약하였다.

〈표 3-10〉 수용성 비타민의 기능 및 결핍증

비타민	체내 주요 기능	결핍증
비타민 B_1 (thiamin)	에너지 대사에 관련, 이산화탄소 제거 반응의 조효소(TPP)	각기병, 말초신경염, 부종, 식욕부진, 허약, 심장비대
비타민 B_2	조효소의 구성물질	구순구각염, 눈병
Niacin	에너지 대사에 관여, 산화환원작용에 관여	펠라그라(pellagra)
비타민 B_6 (pyridoxine)	단백질 대사에 관여, 적혈구 형성에 관여	피로, 우울증, 불면증, 피부질환, 면역기능 저하, 설염
비타민 B_{12} (cobalamin)	DNA 합성에 관여	악성 빈혈, 신경장애, 부정맥
엽산	핵산대사에 관여	거대 적혈구성 빈혈, 위장장애, 설사
Pantothenic acid	조효소 A의 구성물질	피로, 복부경련, 구토, 손과 발의 감각이상
Biotin	지질, 단백질, 글리코겐 합성에 관여	피부염, 피로, 탈모
비타민 C	콜라겐 합성에 관여	괴혈병, 근육쇠약

나. 지용성 비타민

지용성 비타민은 비타민 A, D, E, K로 유기용매에 녹으며, 간이나 지방조직 세포, 주로 피하지방조직에 저장되고 대체로 조직에 오랫동안 보유된다. 그러므로 지용성 비타민 결핍증 증상이 나타나기까지는 수년이 걸린다. 그러나 지용성 비타민은 주로 식품 중의 지질과 같이 섭취되어 소화되기 때문에 지질이 없는 식사를 하거나 지질 소화에 문제가 생기면 이들 비타민의 결핍증상이 나타날 수 있다. 반면, 지나친 과잉섭취는 체내에서 축적성 지질 화학물질로 작용하므로 독성을 유발할 가능성이 있다. 탄소, 수소, 산소로 구성되어 있는 4개의 지용성 비타민은 서로 다른 화학적 구조와 특별한 기능이 있다. 〈표 3-11〉에 지용성 비타민의 체내 주요 기능, 결핍증 및 과잉증을 요약하였다.

〈표 3-11〉 지용성 비타민의 기능 및 결핍증과 과잉증

비타민	체내 주요 기능	결핍증	과잉증
비타민 A (retinol)	시홍의 구성체, 상피세포 보호, 뼈의 건강	야맹증, 시력 상실, 안구 건조증	두통, 구토, 식욕 감퇴, 근육과 뼈의 통증
비타민 D (calciferol)	뼈의 성장과 석회화 촉진, 칼슘의 흡수를 증진	구루병(어린이), 골다공증(성인)	구토, 설사, 체중감소, 신장 손상
비타민 E (tocopherol)	세포손상을 막는 항산화제	적혈구 용혈 빈혈	거의 무독성
비타민 K (phylloquinon)	혈액응고	출혈(내출혈)	거의 무독성

(5) 무기질

우리 신체는 적어도 31가지의 화학원소로 구성되어 있으며, 그중 24가지가 생명 유지를 위한 필수성분이다. 이 필수원소들은 다양한 방법으로 결합되어 신체의 여러 조직을 구성하고 있다.

이들 중 가장 많은 양의 비금속원소는 산소로서 체중의 65%를 차지하고 있고, 탄소(10%), 수소(10%), 질소(3%) 등이 체중의 1%를 차지한다.

신체의 나머지 부분은 '무기질'이라고 불리는 원소로 구성되어 있으며, 체내의 무기질량은 비록 소량이지만 세포가 적절한 기능을 수행하는 데 필수적이다. 대부분의 무기질은 세포 안에서 발견되며, 효소나 호르몬, 비타민 등을 구성하고 있다. 또한, 무기질은 뼈에 있는 칼슘 인산염(calcium phosphate)처럼 어떤 특정한 물질과 결합하여 존재하거나, 세포내액에 있는 칼슘 이온(Ca^{++})과 나트륨 이온(Na^{+})처럼 단독으로도 존재한다.

체내 무기질은 다량원소(하루 100mg 이상 필요한 무기질)와 미량원소(하루 필요량이 100mg 미만인 무기질)로 분류될 수 있으며, 체내에 있는 미량원소의 총량은 15g이다.

1 무기질의 체내 유용성

무기질의 유용성(bioavailability)이란 특정한 무기질이 체내에서 얼마나 잘 흡수되어 생화학적 기능에 유효한지를 나타내는 것이다. 한 종류의 무기질을 과잉섭취하는 것은 다른 무기질 흡수에 영향을 미칠 수 있다. 왜냐하면, 몇몇 무기질은 상호작용하며 경쟁하기 때문이다. 예를 들어, 아연의 과도한 섭취는 구리의 흡수를 감소시킬 수 있다.

한편, 어떤 무기질과 비타민을 같이 섭취하면 상승작용이 생길 수 있는데, 이것을 비타민-무기질 상호작용이라 한다. 예를 들면, 철분 흡수는 비타민 C에 의해 증가되고, 비타민 D와 칼슘의 유용성은 섬유소-무기질 상호작용에 의해서도 영향을 받을 수 있는데, 곡류에 들어 있는 섬유소나 커피에 들어 있는 피트산(phytate)과 시금치, 차 등에 들어 있는 수산(oxalate)에 의해 흡수율이 감소한다. 실제로 너무 많은(매일 35g 이상) 섬유소를 섭취하면 칼슘, 아연, 마그네슘과 철분의 흡수율이 떨어지는데, 이것은 무기질들이 피트산이나 수산과 결합하여 대변으로 배출되기 때문이다.

2 무기질의 기능

무기질은 체내 여러 물질의 구성 요소가 되며, 생리현상을 조절하기도 한다. 반면, 비타민은 대사과정의 촉매로 생성물의 한 부분이 되지 않으면서 화학반응을 활성화시킨다. 무기질은 체내에서 크게 세 가지 역할을 한다.

① 무기질은 골격과 치아조직 등 체조직의 구조적 형성에 관여한다.
② 무기질은 정상적인 심장박동, 근육의 수축성 조절, 신경의 자극전달, 체액의 산-알칼리 평형에 관여한다.
③ 무기질은 대사작용의 조절 기능을 하며, 세포활동에 관여하는 효소나 호르몬의 중요한 구성 요소이다.

무기질은 당질, 지질, 단백질의 분해과정 중 에너지를 내는 반응을 활성화시키는 데에 중요한 역할을 할 뿐만 아니라 포도당으로부터 글리코겐을, 지방산과 글리세롤로부터 지질을, 그리고 아미노산으로부터 단백질을 합성하는 데 있어서도 필수적인 역할을 한다. 또한, 무기질은 호르몬의 중요한 구성 요소이기도 하다. 식이 중 요오드의 결핍으로 생기는 티록신의 부족은 신체의 기초대사율(basic metabolism)를 저하시킨다. 세포 내에서 포도당을 이용할 수 있도록 도와주는 호르몬인 인슐린의 합성에는 아연(Zr.)이 필요하고, 소화에 중요한 역할을 담당하는 위산은 염소(Cl)로부터 생성된다.

〈표 3-11〉 및 〈표 3-12〉는 미량 및 다량 무기질의 급원식품, 체내 주요 기능 결핍증 및 1일 권장량을 요약하였다. 비타민과 마찬가지로 대부분의 무기질은 음식과 물로 쉽게 얻을 수 있기 때문에 일반적으로 무기질을 약제로 복용하는 것은 필요하지 않다.

〈표 3-12〉 미량 무기질 급원식품, 기능, 결핍증

미량 무기질	급원식품	체내 주요 기능	결핍증
철(Fe)	간, 귤, 육류, 난황, 녹색 잎 채소	산소이동, 효소의 보조인자, 면역기능 유지, 골수에서 조혈작용, 신경전달물질합성 관여	빈혈, 허약, 면역 저하
아연(Zn)	식품 중에 널리 분포, 간, 해조류	여러 효소활동에 관여	신체 및 성적 성장 저해, 미각감퇴증
구리(Cu)	간, 귤, 코코아, 견과류, 해조류	헤모글로빈 합성, 뼈의 석회화	빈혈
셀레늄(Se)	해조류, 고기, 곡류	항산화제 역할, 세포막 유지	매우 드뭄
불소(F)	불소첨가음료, 해조류	골격형성, 충치의 예방	충치
요오드(I)	해조류	갑상선호르몬의 구성성분, 기초대사율 조절	갑상선종, 크레틴종

〈표 3-13〉 미량 무기질 급원식품, 기능, 결핍증

다량 무기질	급원식품	체내 주요 기능	결핍증
칼슘(Ca)	우유, 치즈, 말린 콩, 녹황색 채소	뼈, 치아 형성, 혈액응고, 근육수축, 신경자극 전달	구루병, 골다공증, 성장위축
인(P)	우유 및 유제품, 곡류, 어육류, 견과류	뼈, 치아 형성, 산-염기 균형	식욕부진, 칼슘 손실, 근육 약화
칼륨(K)	녹황색 채소, 콩류, 바나나, 우유	신경자극 전달, 산-염기 균형	근육경련, 식욕저하, 불규칙한 심박동
유황(S)	육류, 계란, 콩류, 조개, 밀의 배아	산-염기 균형, 해독작용, 세포단백질의 구성	보고된 바 없음
나트륨(Na)	소금, 육류, 베이킹소다, 우유 및 유제품, 화학조미료(MSG)	산-염기 균형, 물의 균형, 신경자극 전달	구토, 근육경련, 현기증, 식욕감소
염소(Cl)	소금, 야채, 과일	물의 균형, 삼투압조절, 산-염기 균형, 위산 생성	구토, 설사
마그네슘(Mg)	전곡, 견과류, 녹색 잎 채소	단백질합성, 효소활성화, 신경 및 심장 기능	성장저해, 행동장애, 식욕부진

(6) 물

1 물의 중요성

물은 영양소의 하나로서 체중의 55~60%를 차지하며, 인체에 가장 중요한 물질이다. 사람은 체내의 지질과 단백질의 절반을 잃고도 생명을 유지할 수 있지만, 체내 수분의 10%만 잃어도 생명을 유지할 수 없다. 즉, 성인의 체중을 60kg으로 볼 때 약 36L(60%)의 물이 우리 몸 안에 들어 있다. 이 중에서 0.6L만 없어져도 인간은 갈증을 느끼게 되고, 3.0L가 없어지면 혼수상태에 이르며, 6.0L 정도를 잃으면 사망한다.

따라서 우리의 몸은 수분 배설량과 섭취량의 균형을 이루어 체내에 항상 일정량의 수분을 보유해야 한다. 성인은 하루에 호흡, 땀, 대소변을 통해서 약 2,500cc의 물을 배출하므로 식생활을 통해서 2~2.5L의 수분을 매일 섭취해야 한다.

대사수(metabolic water)는 우리 몸 안에서 유기 영양소의 산화에 의해서 생성되는 물이다. 예를 들어, 포도당(glucose)이 체내에서 산화되어 에너지를 생산할 경우 다음과 같이 이산화탄소(CO_2)와 물이 생성된다.

- $C_6H_{12}O_6 + 6O_2 \longrightarrow 6CO_2 + 6H_2O +$ 에너지
  포도당 산소 탄산가스 물

이때 포도당의 60%((6×18/180)×100)에 해당되는 양의 수분이 생성되고, 지질의 경우 108%, 단백질의 경우 42%의 수분이 생성된다.

〈표 3-14〉 한국인 1일 수분 섭취기준

성별	연령	수분(mL/일)					
		음식	물	음료	상한섭취량		상한 섭취량
					액체	총수분	
영아	0~5(개월)				700	700	
	6~11	300			500	800	
유아	1~2(세)	300	538	0	800	1,100	
	3~5	400	587	0	1,100	1,500	
남자	6~8(세)	900	705	0	900	1,800	
	9~11	1,100	749	0	1,000	2,100	
	12~14	1,300	756	0	1,000	2,300	
	15~18	1,400	891	0	1,200	2,600	
	19~29	1,400	975	34	1,200	2,600	
	30~49	1,300	1,017	105	1,200	2,500	
	50~64	1,200	929	44	1,000	2,200	
	65~74	1,100	746	24	1,000	2,100	
	75 이상	1,100	517	11	1,000	2,100	
여자	6~8(세)	800	636	0	900	1,700	
	9~11	1,000	643	0	900	1,900	
	12~14	1,100	684	0	900	2,000	
	15~18	1,100	651	0	900	2,000	
	19~29	1,100	766	24	1,000	2,100	
	30~49	1,000	779	15	1,000	2,000	
	50~64	1,000	764	12	900	1,900	
	65~74	900	506	3	900	1,800	
	75 이상	900	398	0	900	1,800	
임신부	+0					+200	
수유부	+340				+500	+700	

출처: 한국영양학회(2015). 2015 한국인 영양소 섭취기준 3차 개정.

2 물의 체내 기능

가. 체내 영양소의 공급과 노폐물 제거

수분은 여러 가지 생리 기능을 담당하는 용매로서 여러 영양소를 체내에서 운반하고 또 조직으로부터의 노폐물을 제거한다. 소화기관 내의 물은 소화물질의 매개체로서 대사 폐기물을 배출하고, 수분은 피부와 호흡기로부터 증발되므로 체온조절 기능을 한다.

인간의 신장은 수분조절 기능을 지니고 있어 물의 섭취량이 부족하면 소변으로 배설되는 양을 줄이고 반대로 물의 섭취량이 많으면 소변 배설량을 증가시키므로 체내 수분의 항상성 조절이 이루어진다.

몸으로부터 약간의 수분이 손실되어도 사람은 심한 갈증을 느끼는데 이것은 체내의 신진대사과정에서 생성되는 노폐물인 암모니아 농도의 증가 때문이다. 특히, 암모니아는 독성이 강하기 때문에 이를 간에서 독성이 약한 요소(urea)로 전환시켜 소변으로 배설시킨다.

나. 체온조절의 기능

당질, 지질, 단백질의 대사과정에서 과량으로 생성되는 열은 체표면의 수분이 발산될 때 소모되는 기화열로 사용되고 체온조절이 이루어진다. 물은 체내 화학반응에 관여하는 효소작용의 최적 온도인 36.5℃를 유지하기 위하여 하루에 1kg의 수분으로 증발된다.

다. 체조직의 구성성분

각 세포와 조직의 수분 함량은 차이가 있지만 지질은 20~25%, 골격에는 10~25%, 근육에는 75%로 가장 많으며, 글리코겐(glycogen)이 저장될 때 반드시 수분을 함유한다.

라. 식품 섭취량에 영향

인체 내의 수분은 독성물질을 배출시키는 희석제 역할을 하며, 수분이 약간만 부족해도 혈중 독성 농도가 높아져 갈증을 느끼도록 한다. 혈장 수분이

10% 감소하면(짠 음식 섭취 시) 갈증을 느끼면서 입이 마르고 시상하부의 갈증 센터(hypothalamic thirst center)를 자극하게 된다.

입이 마르는 것은 혈장의 삼투압이 증가하여 혈장 내의 수분이 이동할 수 없게 되어 이로 인해 침의 생성량이 감소하기 때문이다. 이와 같이 심하게 갈증이 난 상태는 식품 섭취량이 감소되어 영양 섭취에도 영향을 준다.

마. 기타

그 외에도 소화액은 소화효소의 작용을 돕고, 배설물의 유동을 원활하게 하여 변비 증세를 막으며, 관절 혈액과 양수는 외부의 충격 완화 역할을 한다.

3) 채식

최근 우리나라는 경제성장으로 생활 수준이 향상되고 외국과의 빈번한 문화교류로 식생활에 많은 변화가 있었다. 우리나라의 국민식생활 변천을 보면 식물성 식품 섭취비율은 감소하는 반면에 육류, 알류, 어류를 포함하는 동물성 식품은 현저히 증가하고 있는 추세이다. 또한, 지질의 에너지 섭취비율이 7.2%에서 18.2%로 증가하였다.

이처럼 우리나라의 식생활 형태가 점점 서구화되어 동물성 식품의 섭취가 증가하였을 뿐만 아니라 생활양식의 간편화로 활동량은 감소하고 에너지와 영양의 과잉섭취로 인해 이전에는 서구의 여러 나라 문제로만 여겨왔던 비만, 당뇨병, 고혈압, 심혈관질환 등의 만성퇴행성 질환의 발병이 우리나라에서도 점차 늘어나고 있는 추세이다.

인간이 병에 걸리지 않고 건강을 유지하며 살기 위한 가장 기본적인 요인은 올바른 식생활의 영위이다. 식습관은 사람의 건강, 생활양식, 행동양식과 관련이 있는데, 특히 최근의 동물성 식품과 정제가공된 식품의 사용 증가로 여러 가지 질병의 발생률이 높아지고 있음은 주목할 만한 사실이다.

수 세기 동안 세계의 많은 인구가 경제적인 이유로 채식에 가까운 식사를 해왔으며, 지금과 같은 퇴행성 질환의 발생률도 낮았다. 그러나 오늘날에는 식품이 풍부한 부유한 사회에서 더 많은 퇴행성 질환이 발생하고 있다.

최근 미국에서는 젊은 성인들 사이에서 스스로 건강을 유지하기 위해 그들의 전통적인 서구식 식사로부터 채식으로 바꾸는 'New vegetarians'이 증가하고 있다.

(1) 채식주의

근대 채식주의의 시작은 1847년 영국에서 채식주의자 협회(vegetarian society)가 결성된 후 미국을 비롯한 각국에서 건강과 채식에 관한 관심이 일기 시작했다. 예전의 채식 동기는 종교, 철학, 문화적 요인으로 인하여 채식을 하는 사람들이 있었으나 근래에는 자신의 건강을 유지하면서 장수하려는 욕구 때문에 채식을 하는 사람이 늘어나기 시작하였다.

2002년 『*Time*』 조사에서 미국의 성인 남녀 1만여 명을 대상으로 한 설문조사에 따르면 스스로 채식주의자라고 생각하는 사람은 약 4%(400여 명)로 미국 내에는 1,000만 명의 채식주의자가 있다. 국내 채식 인구의 비율은 이보다 적은 1%(약 45만 명)를 차지하며, 그 숫자는 지속적으로 증가하는 추세이다. 채식 인구가 증가하는 요인 중 가장 큰 비중은 건강 때문이다. 여러 연구결과 채식인이 비채식인에 비해 고혈압을 비롯한 심혈관질환, 비만, 당뇨병, 각종 암 및 기타 성인병 발생위험이 현저히 낮다는 연구보고가 있다.

채식 위주의 식단이 건강에 도움이 되는 것은 분명한 사실이지만 획일적으로 모든 사람에게 채식이 유리하지는 않으며, 연령, 성별과 개인의 건강 상태에 따라 다양한 종류의 채식을 선택할 필요가 있다고 영양학자들은 이야기한다.

(2) 채식주의 분류

채식인 중에는 동물성 식품을 일체 먹지 않는 채식주의자인 Vegan과 계란과 우유는 섭취하는 채식주의자인 Lacto-ovo-vegetarian으로 구분한다. 세계적인 채식인 집단은 Hinduism, Brahamanism, Buddhism Trappistmonk, Latter Day Saint, Seventh Day Adventist(SDA) 등이 있다.

완전채식가(Vegans)의 식사는 지방 함량과 비타민, 무기질의 양이 매우 낮은 편으로 완전한 단백질이 함유된 단백질 공급원이 필요하다. 이러한 채식가의 완전단백질의 공급원으로는 곡류와 두류를 혼합한 식사가 있다. 이 식품은 서로 다른 식품에서 결핍된 아미노산을 보완해 주어 육류와 같은 단백질원을 공급받을 수 있으며, 이들을 섭취 시에는 두 가지 식품을 동시에 먹는 것이 좋다.

우유/계란 채식가(Lacto-ovo-vegetarian)는 우유/계란을 섭취하여 완전한 단백질을 공급받지만 포화지방산도 많이 섭취하게 된다. 이들 중 약 30% 정도는 일주일, 한 달, 혹은 1년에 간혹 한 번씩 육류를 섭취하며, 그래도 스스로 채식주의자라고 한다.

채식인의 영양섭취 실태조사 결과 육류, 생선, 계란을 섭취하지 않아도 영양소의 부족을 보이지 않는다는 연구보고는 채식인이 비채식인에 비해 식사 시 더 많은 영양의 균형과 영양지식을 고려한 식사를 할 뿐만 아니라 콩 및 콩 제품과 녹황색 야채, 해조류, 구근류 등의 다양한 식품의 섭취빈도가 높다는 것을 알려 준다.

최근 많은 사람은 채식과 육식에 대한 서로 다른 주장과 장단점에 대한 수많은 정보로 인해 혼란에 빠지기도 하고 상업주의에 편승한 TV에 나오거나 잡지 내용이 무조건 진실이라고 믿는다. 따라서 영양을 올바르게 이해하여 식품과 영양에 대한 모든 주장을 올바르게 분별하고 평가할 수 있어야 한다.

채식주의를 지향하는 사람도 영양뿐만 아니라 현대의 공업화와 산업화로 인한 환경오염, 즉 수질, 공기, 토양의 오염과 화학비료, 농약의 무절제한 사용에 대해 인식하고 감안하여 건강을 위해 채식주의를 선택하는 모든 사람이 현대사회의 오염의 심각성까지도 고려한 식품의 현명한 선택으로 건강을 위한 올바른 식생활을 영위할 수 있었으면 한다.

쉬어가기 (Green foods & 영양과 효능)

- Green foods: 오이, 깻잎, 시금치, 브로콜리, 상추, 녹차, 부추, 키위, 쑥, 매실 등

① 녹색 채소 및 과일에 함유된 대표 영양성분: 클로로필(chlorophyll), 루테인(lutein), 지아잔틴(zeaxanthin), 이소플라본(isoflavone), 카테킨(catechine, EGCG) 등의 생리활성 물질 함유

② 기능: 녹색 식품은 신진대사 활성, 피로회복, 혈중 콜레스테롤 저하

- 클로로필: 유해물질 배출, 콜레스테롤 저하, 신진대사 원활, 피로 회복, 세포 재생, 항노화, 항암 효과
- 루테인, 지아잔틴: 노화로 인한 시력 감퇴 예방, 노화 관련 질병 발병률 억제
- 이소플라본: 여성호르몬의 대표주자인 유사 에스트로겐 작용으로 여성 건강 증진 효과
- 카테킨(EGCG): 녹차의 대표성분인 폴리페놀 화합물로 치매의 일종인 알츠하이머(Alzheimer), 폐암, 유방암 억제 효과 보고

Chapter 4

영양상태 평가

영양평가는 현재의 영양상태를 확인하는 과정으로 영양섭취 상태와 건강 상태에 대하여 진단 · 평가하여 문제점을 조사 · 분석하여 영양 및 건강 상태 증진을 그 목적으로 한다. 영양상태 평가는 아래 4가지의 영어 알파벳 첫 자를 따서 ABCD 영양판정 방법으로 알아본다.

① 신체계측 방법(Anthropometric assessment: A)
② 생화학적 검사 방법(Biochemical assessment: B)
③ 임상조사 방법(Clinical assessment: C)
④ 식사섭취조사 방법(Dietary assessment: D)

영양상태의 진행 정도에 따라 각기 다른 영양판정 방법을 사용하며, 그 방법은 다음과 같다.

① 부적절한 식사로 인한 일차적 영양결핍: 식이조사법
② 영양소의 흡수, 이동, 운반장애의 이차적 영양결핍
- 조직의 영양소량 감소: 생화학적 검사 방법
- 조직의 생화학적 손상: 생화학적 검사 방법
- 신체의 해부학적 손상: 신체계측 방법, 임상조사 방법

1 신체계측

신체는 영양상태에 따라 신체구성, 즉 성장 정도, 신체 조성이 달라진다. 특히, 성장기의 신체성장은 영양적 요인의 영향을 크게 받으므로 과거 장기간에 걸친 만성적인 영양불량을 조사하여 표준치와 비교하여 영양상태를 평가하는 방법이다. 신체계측법은 측정 방법이 비교적 쉽고 안전하며, 조사대상자의 부

담이 적고 재현성이 높으며, 비용이 저렴하다. 그러나 단기간 영양상태 판정과 특정 영양소의 결핍 규명에 어려운 점이 있다.

성장 측정을 위한 신체계측 항목은 신장, 체중이고, 2세 이하 영유아의 뇌 성장과 발달을 반영하는 항목은 머리둘레, 가슴둘레이며, 신체 골격 크기를 반영하는 항목은 팔꿈치 넓이, 손목둘레이다.

신장과 체중의 신체계측을 통한 간단한 비만 판정 지수인 체질량지수(Body Mass Index: BMI)는 체중(kg)을 신장(m)의 제곱으로 나누어 계산하며, 가장 널리 사용되는 신장-체중 지수로 체지방량과 높은 상관관계를 나타내므로 신뢰도 있는 비만판정 지수로 활용된다. 한편, 체질량지수와 사망률과의 관계는 정의 상관관계를 보이지 않고 'J' 자 곡선을 특징적으로 보인다. 즉, 낮은 체질량지수는 사망률을 높인다. 신체조성 측정방법으로는 캘리퍼를 이용한 피부두겹집기, 줄자를 활용한 상완둘레, 허리둘레, 허리-엉덩이둘레비 등이 있다. 바람직한 체지방 수준은 정상 성인(18~30세) 여자는 16~19%, 남자는 11~14%이다. 비만은 체지방 수준이 여자 ≥ 30, 남자 ≥ 25인 경우이다. 체지방의 분포가 내장지방형인 복부비만에서 비만 관련 질병의 발생위험이 증가한다. 간단하고 비교적 정확한 체지방 분포양상 측정방법은 허리둘레, 허리-엉덩이둘레비로, 허리둘레가 남자 90cm 이상, 여자 80cm 이상, 허리-엉덩이 둘레비가 남자 0.95 이상, 여자 0.85 이상인 경우 복부비판으로 판단하며, 이는 비만 관련 동반질환의 위험도가 증가함을 의미한다.

〈표 4-1〉 신체계측의 종류

구분	종류
성장의 측정	• 신장, 체중, 가슴둘레, 머리둘레, 팔꿈치넓이, 손목둘레 • 비만도, 체질량지수, 폰더릴지수 뢰러지수, 카우프지수
신체조성의 측정	• 피부두겹두께, 허리둘레, 허리–엉덩이둘레비 • 상완둘레, 상완근육둘레, 상완근육면적, 장딴지둘레, 허벅지둘레 • 수중체중법, 생체전기저항측정법, 총체수분량 측정법, 총칼륨량 측정법 • 컴퓨터단층촬영법, 자기공명영상법, 이중에너지방사선흡수계측법

〈표 4-2〉 신장-체중 지수

종류	계산식
상대체중	실제체중 / 표준체중 x 100
체질량지수	체중(kg) / 신장$(m)^2$
폰더럴지수	신장(inch) / 체중$(lb)^{1/3}$
뢰러지수	체중(kg) / 신장$(cm)^3$ x 10^7
카우프지수	체중(g) / 신장$(cm)^2$ x 10

※ 폰더럴지수: 수치가 높을수록 마른 것을 나타냄 / 뢰러지수: 학령기 어린이의 영양상태 판정 / 카우프지수: 영유아(5세 미만 유아 중 특히 2세 미만)의 비만판정

〈표 4-3〉 연령별 권장되는 신체계측 항목

생애주기	항목
신생아, 영유아	체중, 누운 키, 머리둘레, 가슴둘레, 삼두근, 피부두겹두께
학령전 어린이	체중, 키, 머리둘레, 가슴둘레, 삼두근, 피부두겹두께, 상완둘레
학령기 어린이	체중, 키, 삼두근, 피부두겹두께, 상완둘레
성인, 노인	체중, 키, 삼두근, 피부두겹두께, 견갑골하부, 피부두겹두께, 상완둘레

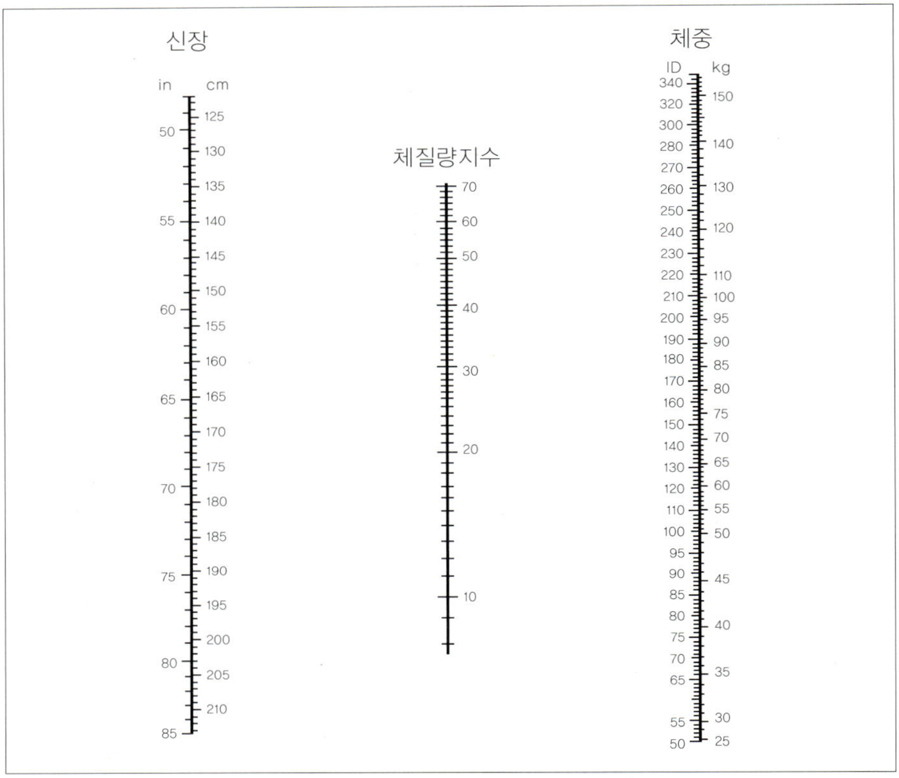

[그림 4-1] 체질량지수를 산정하는 계산도표

〈표 4-4〉 체질량지수(BMI)에 의한 비만판정

BMI(kg/m²)		분류
WHO	대한비만학회	
18.5~24.9	18.5~22.9	정상
25.0~29.9	23.0~24.9	과체중
30.0~34.9	25.0~29.9	경도 비만
35.0~39.9	30.0~34.9	중등도 비만
≥ 40.0	≥ 35.0	고도 비만

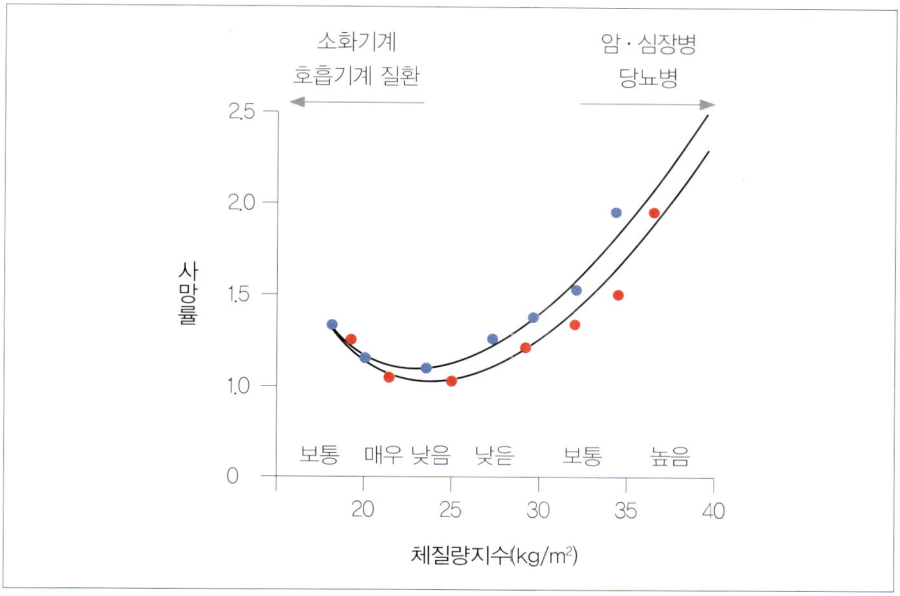

[그림 4-2] 체질량지수와 사망률과의 관계

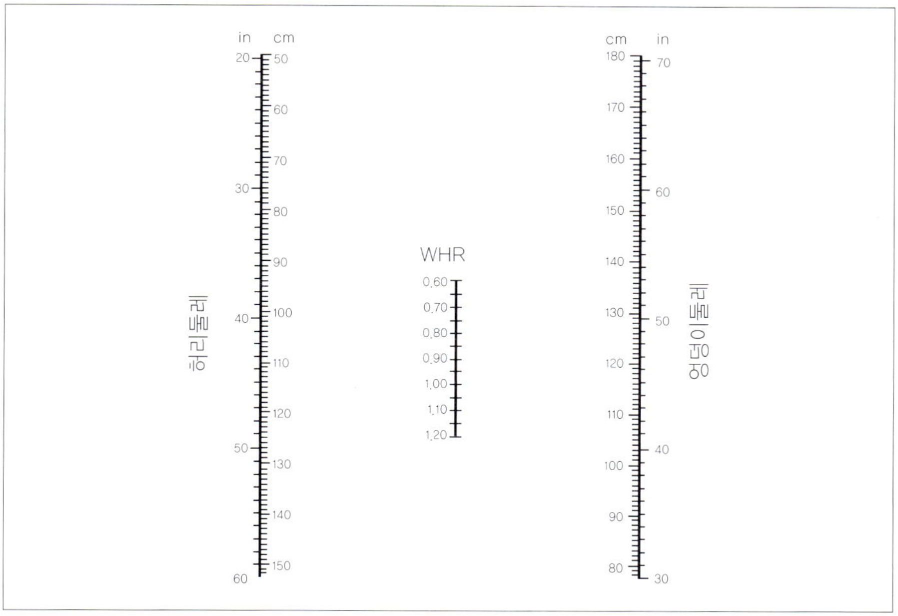

[그림 4-3] 허리-엉덩이 둘레ㅂ 구하는 계산도표

2 생화학적 검사

영양판정 방법 중에 가장 객관적이며, 정량적 자료를 제시할 수 있고 신체계측의 변화와 임상적 증세가 나타나기 전에 영양상태를 감지할 수 있어 영양결핍 상태를 조기에 발견할 수 있다. 생화학 검사는 가장 기본적인 시료로 소변, 혈액, 조직 등의 시료를 중심으로 특정 성분을 분석하여 장기의 대사활성 및 기능 파악, 영양소의 과부족으로 인한 대사이상을 파악하여 영양상태를 평가한다. 단백질 영양상태를 판정하는 가장 보편적인 방법으로는 측정 방법이 비교적 간단하며, 정확도가 높은 총단백질량, 혈청 알부민 등을 측정한다. 흔히 발견되는 영양문제인 빈혈은 철분, 엽산, 비타민 B_{12} 등의 영양소와 관련이 있고 헤모글로빈, 헤마토크리트 검사로 판정한다. 체내 지질 검사를 위한 총콜레스테롤, 중성지방 검사, 간 기능 검사, 신장 기능 검사 등은 영양과 관련된 기본 생화학 검사 항목이다. 생화학적 검사 방법은 신체계측치의 변화나 임상증세가 나타나기 전의 영양상태 감지가 가능하므로 영양결핍 상태의 조기 발견에 이용할 수 있다. 그러나 영양 외적인 다른 요인(신체적 요인, 방법적 요인)에 의하여 측정하는 영양소나 기능에 영향을 줄 수 있다. 그러므로 식이 조사, 신체계측 및 임상 조사 방법의 보완적 역할이 필요한 경우에 선별적으로 사용함으로써 명확한 영양상태 평가가 이루어진다.

생화학적 검사결과에 영향을 미치는 영양 외적 요인

- 신체적 요인: 성별, 연령, 인종, 운동, 주야의 변화, 약물복용, 질병 및 감염, 스트레스, 용혈, 체중감소, 호르몬 상태
- 방법적 요인: 시료 수집방법, 분석방법의 타당성, 측정의 정확도

〈표 4-5〉 혈액의 생화학적 임상검사 항목 및 정상참고범위

검사종목	정상 참고범위	진단에 이용되는 사항 및 특징
SGOT	7～27IU/L	• 심근경색, 골격근, 급성간염, 췌장염 시 상승
SGPT	8～30IU/L	• 간염, 간경화, 담관폐쇄, 기타 간 손상 시 상승 • 심질환 시 다소 상승, 신장투석 시 감소
ALP	13～39IU/L	• 간, 뼈, 태반, 장의 질환상태 진단 • 부갑상선 항진증, 골수암 시 상승
LDH	45～90IU/L	• 심근경색, 간염, 암, 신질환, 화상 및 외상 시 상승 • 이소형태 효소분포가 진단에 필수
빌리루빈	0.2～1.5mg/100mL	• 황달 진단: 총빌리루빈 상승은 분비장애, 담관 이상 유리빌리루빈 상승은 용혈성 빈혈, 신생아 간기능장애
BUN	10～18mg/L	• 신부전, 탈수, 자출혈, 심부전, 뇨도 폐쇄증 시 상승 • 간질환, 수분과잉, 영양실조, 스테로이드 복용 시 감소
Creatinine	0.6～1.2mg/100mL	• 신장기능 조사: 사구체 손상 시 상승
Na	135～145mmol/L	• 탈수, 설사, 구토, 발한, 화상 시 증가 • 울혈성 심부전, 신장질환 시 감소
K	3.5～5.5mmol/L	• 신부전증, 에디슨병, 부신질환, 화상, 외상 시 상승 • 이뇨제 복용, 수액 주입, 구토, 설사 시 감소
Cl	98～106mmol/L	• 신장질환, 갑상선 항진증, 빈혈, 심장병 시 증가 • 저칼륨혈증, 알칼리혈증 시 감소
Ca	9～11mg/L	• 뼈 · 부갑상선 · 신장 이상, 암 발생 시 변화
P	3.0～4.5mg/100mL	• 신부전, 부갑상선 저하증, 갑상선 항진증, 하제 복용 시 증가 • 부갑상선 기능항진증, 골연화증, 제산제 복용 시 감소
CO_2	24～32mEq/L	• 알칼리혈증에서 증가, 산성혈증에서 감소
Glucose	60～115mg/100mL	• 당뇨 진단
Cholesterol	200mg/100mL 미만	• 고지혈증, 동맥경화
TG	150mg/100mL 미만	• 정맥영양 이용도 및 고지혈증 지표 • 간질환, 당뇨, 췌장염, 십이지장염, 갑상선 기능 저하 시 상승 • 영양불량 시 감소

3 임상조사

영양소의 과부족과 관련된 것으로 여겨지는 영양상태의 변화에 의하여 나타나는 신체 증후의 유무 정도를 조사하는 것이다. 각 개인이나 지역사회의 영양상태를 판정하기 위해 광범위하게 사용되는 실질적이고 직접적인 방법으로 영양상황이 심각하게 비정상적인 지역사회의 연구에 매우 유용한 평가자료로 활용한다. 그러나 특정의 한 영양소만 전적으로 결핍된 상태는 매우 드물고 영양과 관계없는 원인에 의해서도 유사한 증상이 발생하기도 하며, 무엇보다 영양불량이 심각한 단계에 도달해야만 판정이 가능하여 치유가 어려운 단점이 있어 여러 다른 조사방법과 병행하여 실시하여 종합적으로 판단한다.

임상증상을 통한 영양판정에서 가장 많이 발생하는 영양불량은 열량영양소 섭취 불량이다. 대표적인 예가 마라스무스와 콰시오커이며, 식품섭취의 심각한 부족으로 저개발국가의 어린이에게서 주로 발견된다.

〈표 4-6〉 영양상태를 나타내는 대표적 신체 증후

신체부위	영양이 좋은 상태	영양불량상태
머리카락	윤기가 흐르고 단단하며 쉽게 뽑히지 않음	윤기가 없고 건조해 보임. 쉽게 빠지고 색깔이 변함. 숱이 적음
얼굴	피부색이 균일하고 건강해 보이며, 붓지 않음	안색이 변해 있으며 피부가 벗겨지기 쉬움. 부스럼 있음
눈	밝고 맑음. 눈가가 붓지 않고 핏발이 없음. 점액은 물기가 있음	눈점막이 창백하고, 눈가에 핏발이 섰으며, 건조하고 염증이 있음. 점막 건조
입술	부드럽고 터지거나 붓지 않았으며 촉촉함. 색깔이 좋음	입안의 점막이 붓고 푸석푸석하며 피가 잘 남. 건조하여 껍질이 벗겨짐
혀	분홍색이며, 붓거나 너무 반반하지 않음. 표면이 오돌오돌함	부어 있고 주황색이 나는 붉은색이며 혀의 돌기가 충혈되어 있음
치아	충치가 없고 통증이 없으며, 아래턱이 반듯함. 색깔이 변해 있지 않음	충치, 빠진 이가 있으며, 표면이 닳았고 치아가 고르지 않음. 반점이 있음
잇몸	출혈이 없고 부어 있지 않음	피가 잘 나며, 염증이 있고 잇몸이 가라앉아 있음

신체부위	영양이 좋은 상태	영양불량상태
피부	반점이나 부종이 없고 피부색이 좋음	거칠고 말랐으며, 각질화되었음. 창백하고 염증이 있음. 멍과 염증이 있음
손톱	단단하고 분홍색임	손톱이 휨. 잘 부러지며 울퉁불퉁함
근육 · 골격	근육이 잘 발달되어 있으며, 단단함, 고통 없이 걷고 뜀	근육이 연약하고 무기력함. 근육활동이 좋지 않음
심혈관계	정상적인 심장박동 리듬, 부정맥이 없고 혈압이 정상임	비정상적인 맥박, 비대한 심장, 고혈압
소화기계	식욕과 소화 기능이 좋고 규칙적인 배변이 있음	식욕감퇴, 소화불량, 변비, 간 비대
신경계	정상적으로 안정된 상태, 정상적인 반사를 보임	주의가 산만, 손발의 지각 이상으로 감각의 위치를 분별 못 함, 비반사 작용을 보임

〈표 4-7〉 비타민 영양불량에 따른 증상

비타민	결핍 증세	과잉 증세
비타민 A	야맹증, 결막 · 각막 건조증, 각막연화증, 상피조직 퇴화, 비토반점	두통, 만성적인 구토, 설사, 간 독성, 체중감소, 자연유산, 기형아 출산
비타민 D	구루병, 골연화증, 저칼슘증	구토, 체중감소, 고칼슘혈증, 과칼슘뇨증, 석회화로 인한 신장과 심장혈관계 손상
비타민 E	저체중아, 용혈성 빈혈, 미숙아	두통, 설사, 빠른 맥박, 심한 피로, 지방간, 고지혈증
비타민 K	혈액 응고시간 지연, 신생아 출혈	과잉 수준은 알려져 있지 않음: 항응고제 섭취 시 주의
비타민 C	괴혈병, 빈혈, 정상 출혈, 권태감	구토, 설사, 복통, 통풍
비타민 B_1	식욕감퇴, 각기병, 신경장애, 심장 기능장애	과잉 수준이 알려져 있지 않음
비타민 B_2	구각염, 구순염, 피부염, 설염	과잉 수준이 알려져 있지 않음
니아신	펠라그라, 소화기관 장애, 피부염, 설사	혈관 확장, 피부 충혈, 고혈당증, 간 손상, 빠른 심장 박동
비타민 B_6	빈혈, 체중감소, 우울증	운동실조, 지각신경 장애
엽산	거대적아구성 빈혈, 위장염, 구강염, 뇌신경관 손상 신생아 출산	악성 빈혈증세, 신장 비대
비타민 B_{12}	대적혈구 빈혈, 거대적아구성 빈혈, 식욕감퇴, 체중감소, 신경계 손상	다혈구혈증, 여드름성 발진

〈표 4-8〉 무기질 영양불량에 따른 증상

무기질	결핍 증세	과잉 증세
철	철결핍성 빈혈(소아구성, 저혈색소성 빈혈)	혈색소증
칼슘	골다공증, 골연화증	신결석 발생
요오드	갑상선종, 크레틴병	흡수불량 손실 증가
셀레늄	근육통, 심장근병, 성장 지연	복통, 오심, 구토, 혼수, 간세포 손상
아연	상처 회복지연, 미각 저하, 탈모증, 피부염, 면역성 저하, 소아구성 빈혈	경련, 구토, 복통, 현기증, 혼수, 면역기능 억제, 간세포 손상
구리	면역성 저하, 적혈구의 감소, 성장 장애, 당 내성 저하	윌슨병
불소	충치	치아 반점

4 식사섭취조사

개인이나 집단의 영양소 섭취 상태 평가 시 가장 중심이 되는 수단으로 음식 섭취와 식습관에 관한 조사를 통하여 영양소 섭취량을 산출하여 영양불량 여부를 평가하는 방법이다. 식사섭취 조사 방법에는 몇 가지 방법이 있다.

특정일 하루 동안 식품 섭취량을 조사하는 24시간 회상법, 기록법, 실측법과 비교적 장기간 동안의 일상적 식품섭취 상태를 조사하는 식품섭취빈도법, 식사력조사법 등이 있다.

1) 24시간 회상법

숙련된 조사원에 의해 조사 전날 하루 동안 섭취한 식품의 종류와 양을 기억해 내도록 하여 영양소 섭취량을 추정하는 방법이다. 조사내용은 섭취한 모든 종류의 음식, 음료수, 간식, 영양보충제 등의 재료, 조리방법, 섭취량, 상표명, 섭취 장소 및 시간까지 기록한다.

〈표 4-9〉 24시간 회상법

식사	언제	어디서	누구랑	음식	재료명	분량
아침	8:30	집	언니	밥	쌀	½공기
				두부된장국	두부	3쪽
					양파	3쪽
					멸치	5개
					된장	½큰술
				장조림	쇠고기	각설탕 크기 5점
					간장	1½큰술
				숙주나물	숙주나물	⅓접시
					참기름	1작은술
				김치	배추김치	5쪽
점심						

2) 식사기록법

조사대상자가 섭취한 식품의 종류와 양을 스스로 기록하는 방법이다. 보통 3일(~7일) 동안 기록하는데 구성은 주중 이틀, 주말 하루로 하며, 가급적 식사 직후에 모든 음식의 종류, 양을 상세히 기록하는 식사일지 형태이다.

〈표 4-10〉 식사기록법

식사	음식명	섭취량(목측량)	재료명	실제량	식사한 곳
아침	팥밥	1공기	쌀		집
			팥		
	근대된장국	1대접	근대		
			된장		
			조갯살		
	계란부침	1개(중간 크기)	계란		
			식용유		
	김치	반 접시	배추김치		

3) 식품섭취 빈도 조사법

특정 영양소의 섭취 패턴을 조사하기 위하여 해당 영양소의 주요공급원인 식품 목록을 작성한 설문지를 이용하여 장기간에 걸친 평소의 식사섭취 패턴을 조사하는 질적 조사방법으로 영양소 섭취정보를 얻는다.

〈표 4-11〉 식품섭취 빈도 조사법

음식명		분량	거의 안 먹음	월	주		일	
				1~3회	1~3회	4~6회	1~2회	3~4회
곡류	쌀밥	1공기						
	잡곡밥	1공기						
	국수	1그릇						
	빵	1쪽						
	떡류	3쪽						
두류, 서류	된장	1큰술						
	두부	⅕모						
	콩류	2큰술						
	감자	1개						
	고구마	1개						

4) 식사력조사법

장기간 또는 과거의 식이섭취 형태를 파악하기 위한 방법으로 개인의 지난 1개월 또는 1년간의 식사상태를 조사하는 것이다.

5) 실측법

실제로 섭취한 음식의 식품재료별 분량을 저울로 직접 측정하여 실질적인 1일 영양소 섭취량을 계산한다.

(1) 나의 식생활 진단

〈표 4-12〉 식품섭취 다양성 평가표

– 오늘의 식단은 몇 점이나 될까?

영양소	식품류	식품	배점		득점		
			균형식	식품	아침	점심	저녁
단백질	고기류 생선류	닭고기, 돼지고기, 쇠고기, 오리고기, 소시지, 햄, 생선, 국, 조개, 어묵	10	5			
	알류	계란, 메추리알		5			
	콩류	콩, 두부, 두류, 된장, 청국장		4			
칼슘	우유류	우유, 분유, 치즈, 요구르트	10	5			
	뼈째 먹는 생선	멸치, 뱅어포, 잔새우, 미꾸라지		4			
비타민·무기질	녹황색 채소류 해조류	시금치, 당근, 깻잎, 고추, 미나리, 상추, 쑥갓, 무청, 열무, 미역, 김, 다시마, 파래	10	5			
	담색 채소류, 버섯류	무, 배추, 양배추, 오이, 호박, 파, 양파, 콩나물, 고구마 줄기, 도라지, 버섯		2			
	과일류	사과, 감, 배, 복숭아, 포도, 참외, 수박, 딸기		4			
당질	쌀	쌀, 찹쌀	10	3			
	잡곡류	보리쌀, 밀가루, 옥수수, 조, 국수, 빵, 떡, 라면		3			
	감자류	감자, 고구마, 당면, 토란, 도토리		3			
지방	기름류	참기름, 들기름, 채종유, 쇼트닝, 마요네즈, 마가린, 버터	10	4			
	종실류	참깨, 들깨, 호두, 잣, 땅콩		3			
합계			100				

※ 득점란에는 식품별로 사용한 식품이 있을 때 ㅇ표를 한다.
배점란의 균형식 점수는 영양소별로 ㅇ표가 있을 때 해당 점수를 득점한다.
합계란에는 균형식 점수와 식품 점수를 합하여, 이를 평가기준과 비교한다.
평가기준: 75점 이상은 훌륭합니다. / 74~50점은 개선할 필요가 있습니다. / 49점 이하는 많이 개선해야 합니다.

출처: 이미숙 외(2011). 리빙토픽 영양과 식생활.

〈표 4-13〉 건강을 위한 식생활 진단

이름: 나이: 세 성별: 남 / 여 특이사항(앓고 있는 질환) :			
나의 체중은 ? 키: cm 체중: kg			
나의 식생활은 ?	예 (5점)	가끔 (3점)	아니오 (1점)
1. 규칙적인 식생활			
– 하루에 세 끼 식사를 한다.			
– 아침 식사를 제대로 한다.			
– 정해진 시간에 식사를 한다.			
– 여유 있게 천천히 식사한다.			
– 과식을 하지 않는다.			
2. 균형 잡힌 식생활			
– 곡류 음식을 매끼 먹는다(밥, 빵류, 면류, 감자, 고구마 등).			
– 육류 반찬을 매끼 먹는다(어류, 계란, 두류, 두부 등).			
– 채소 반찬을 매끼 먹는다(김치 제외).			
– 기름을 넣어 조리한 음식을 매끼 먹는다.			
– 우유를 매일 마신다.			
– 과일을 매일 먹는다.			
– 매끼 골고루 식사한다(곡류+육류+채소류).			
3. 식생활과 건강			
– 가공식품을 자주 먹지 않는다.			
– 단 음식을 많이 먹지 않는다.			
– 싱겁게 먹는다.			
– 동물성 기름을 자주 먹지 않는다(삼겹살, 갈비 포함).			
– 외식을 자주 하지 않는다.			
– 과음 및 잦은 음주는 피한다.			
– 운동을 매일 한다(1시간 이상).			
– 영양지식을 실생활에 활용한다.			
총점			

평가: 70점 이상: 양호. 69~30점: 보통 · 개선 바람직. 30점 미만: 개선 필수.
출처: 부산시 사하구 보건소.

쉬어가기 (White foods & 영양과 효능)

■ White foods: 감자, 마늘, 양파, 도라지, 연근, 배, 우엉, 양배추, 율무, 무 등

① 흰색 채소 및 과일에 함유된 대표 영양성분: 퀼세틴(quercetin), 알리신(allicin)

② 기능: 혈관과 심장 건강 유지, 항노화, 콜레스테롤 억제

- 퀼세틴: 사과와 양파에 들어 있는 강력한 항산화 물질로 C형 간염 바이러스 감염, 항암효과와 면역력 향상
- 알리신: 양파와 마늘의 매운맛의 황화합물로 심장을 튼튼하게 하고 혈중 LDL 콜레스테롤과 혈압상승 억제를 식품의약안전처와 다수의 국내 연구진 보고
- 미국 UCLA 의대 연구팀은 흡연자의 과일, 채소 섭취는 퀼세틴 같은 플라보노이드 섭취로 폐암세포의 성장 억제 보고

Chapter 5

식생활 계획 및 식단작성

1 식단계획 시 고려사항

식사계획은 개인이나 집단에 적절한 영양소를 공급하여 영양소의 부족 또는 과잉 문제를 최소화하는 식사를 제공하고자 하는 것이다. 개인의 식사계획은 권장섭취량이나 충분섭취량에 가까운 수준으로 영양목표를 설정한다. 집단의 식사계획은 평균섭취량이나 상한섭취량을 기준으로 하며, 집단의 섭취 분포를 고려하여 영양소 부족 또는 과잉의 위험이 적도록 목표를 설정한다. 식단은 한 사람 분량을 기준으로, 한 가족, 단체급식 등 분량을 늘려 계산하며, 여섯 가지 기초식품을 기본 분량으로 기입하여 각각의 열량과 단백질량을 계산한다.

① 경제적인 면을 고려하여 가격이 저렴하고 영양가가 높은 여섯 가지 기초식품을 다양하게 선택한다.
② 가족의 연령과 직업, 활동 정도를 고려하여 식단을 작성한다.
③ 가족 중 노약자나 어린이가 있으면 이들의 건강 상태를 먼저 고려하여 식단을 작성한다.
④ 가족의 기호도를 고려하여 식단을 구성하며, 계절에 맞고 같은 식품이라도 다양한 조리법으로 식사의 즐거움을 고려한 식단을 작성한다.
⑤ 식품을 구매하기 전에 식단을 작성하여 식품 구입 시 충분히 반영한다.
⑥ 조리 시 영양소 손실을 최소화하고 구매가 어려운 식품이나 수입식품의 사용을 지향하고 지역 농산물을 구매한다.

이상의 식생활 관리의 중요 요소인 식단작성 시 필요한 기본지식을 간추려 보면 다음과 같이 정리할 수 있다.

① 영양필요량: 식사 제공 대상자의 생애주기별 특성에 따른 영양소 기준은 다르다.
② 식습관과 기호도
③ 식품배합과 조리기술
④ 식품비 예산 결정
⑤ 조리자의 조리 숙련도
⑥ 조리 시설 및 설비 상태
⑦ 식품의 안전성과 위생
⑧ 식품의 목측량과 음식 종류별 식재료 분량
⑨ 식품별 가식부율 및 건물의 팽창률
⑩ 다양한 계절식품과 대체식품의 활용

2 식단작성

1) 식사 구성안 이용

식사 구성안은 일반인이 복잡하게 영양가 계산을 하지 않고도 영양소 섭취기준을 충족할 수 있도록 식품군별 대표 식품과 섭취 횟수를 이용하여 식사의 기본 구성 개념을 설명한 것이다. 식사 구성안의 영양적 목표는 한국인의 영양소 섭취기준을 바탕으로 설정하였다. 에너지, 비타민, 무기질, 식이섬유는 섭취 필요량의 100%를 충족하며, 탄수화물, 단백질, 지방의 에너지 비율은 각각 55~65%, 7~20%, 15~30% 정도를 유지하고, 설탕이나 물엿과 같은 첨가당 및 소금은 되도록 적게 섭취하도록 구성하였다. 식품군은 곡류, 고기 · 생선 · 계란 · 콩류, 채소류, 과일류, 우유 · 유제품류, 유지 · 당류 6개로 결정하였다. 식품군별 대표 식품은 국민건강영양조사 최근 5년 치 자료, 즉 국민건강영양조사 제4기 3차 년도(2009년), 제5기 1차 년도(2010년), 2차 년도(2011년), 3차 년도(2012년), 제6기 1차 년도(2013년) 자료를 통합 분석하여 도출하였다(질병관리본부, 2009~2013). 대표 식품의 1인 1회 분량은 동일한 국민건강영양조사 자료를 통합 분석하여 설정하였으며, 일반인이 쉽게 인지하고 이해할 수 있도록 식품의 분량을 고려하여 에너지를 기준으로 정하였다. 정리하면 아래와 같다.

(1) 영양적으로 균형 잡힌 식사

필요한 영양소를 필요한 양만큼 골고루 함유하고 있는 식사로서, 그 기준은 한국인 영양섭취기준이다.

(2) 식사 구성안의 제정 취지

한국인 영양섭취기준은 너무 전문적이어서 일반 사람이 손쉽게 활용할 수 없으므로, 우리나라 국민이 식사구성을 올바르고 쉽게 할 수 있도록 만들어진 것이다. 일반인에게 영양적으로 만족할 식사 제공을 위한 식품군별 대표 식품과 섭취 횟수를 이용하여 식사의 기본 구성 개념을 설명하였다.

(3) 식사 구성안의 영양적 목표

식사 구성안의 영양적 목표는 한국인 영양섭취기준과 한국인 식생활 지침을 기본으로 설정된 것이다. 따라서 식사 구성안의 내용은 여러 가지 식품을 여섯 가지 식품군으로 나누고, 각 식품군에서 우리 국민이 주로 섭취하는 대표 식품들을 중심으로 한 번에 섭취하는 1인 1회 분량을 설정한다. 연령별 대상 집단에 대하여 1인 1회 분량을 단위로 한 여섯 가지 식품군별 1일 권장섭취 횟수를 제시한다.

(4) 식사 구성안의 활용

식사 구성안은 건강하고 특별히 식사를 조절할 필요가 없는 사람들을 위한 것이다. 따라서 질병이 있거나 운동선수들과 같이 특별히 식사 조절이 필요한 경우에는 영양사의 지도를 따라야 한다.

〈표 5-1〉 식사 구성안의 영양목표

1. 적절한 섭취	
에너지	100% 에너지 필요추정량
단백질	총에너지의 15% 정도
비타민	100% 권장섭취량 또는 충분섭취량, 상한섭취량 미만
무기질	100% 권장섭취량 또는 충분섭취량, 상한섭취량 미만
식이섬유	100% 충분섭취량
2. 섭취의 절제	
지방	총에너지의 15~25% 정도
나트륨	소금 5g 이하
당류	설탕, 물엿 등의 첨가당은 되도록 적게 섭취

※ 성인기준이며, 유아·아동 및 청소년의 경우 15~30%이다.

(5) 식단과정 작성

식사 구성안을 활용한 식단작성 과정을 정리하면 다음과 같다.

① 구성원의 일일 에너지 필요량을 산출한다.

② 식품군별 권장섭취 횟수를 결정하고 이때 구성원의 일일 에너지 필요량에 해당하는 권장식사 패턴을 기준으로 결정한다.

③ 식품군별 섭취 횟수를 세 끼 식사와 간식으로 분배한다. 일반적으로 아침:점심:저녁을 1:1:1의 비율로 적용하며, 개인의 다양한 특수성(직업 종류, 노동의 강도, 시간 등)에 따라 점심 또는 저녁을 강조할 수 있고 간식의 양을 조정할 수 있다.

④ 음식명과 식재료 분량을 정한다. 순서는 주식을 가장 먼저 정하고 부식을 정하여 음식명과 식재료와 분량을 각각 정한다. 주식은 곡류로 하고, 고기 · 생선 · 계란 · 콩류와 채소류는 부식으로 하여 세 끼 식사로 나누어 각각 배분하며, 과일류와 우유 및 유제품은 간식으로 정한다. 그 구체적 결정 순서는 아래와 같다.

- 주식으로 곡류를 정하고 매끼 반드시 포함하며, 주식의 형태에 따라 부식의 구성을 결정한다.
- 부식의 재료 및 조리법은 주식에 따라 다양하게 정할 수 있다.
- 반찬 결정 시 단백질 급원(고기 · 생선 · 계란 · 콩류)에서 1~2가지, 채소류에서 2~3가지를 선택하며, 이때 녹황색 채소가 1일 2~3회 포함되도록 하며, 조리법에 변화를 주어 다양한 음식 구성을 한다.
- 주식, 국, 반찬 등의 구체적인 음식명과 식재료의 분량을 결정한다.
- 오전, 오후 간식에는 과일류와 우유 및 유제품을 적절히 배분한다.
- 식재료 분량 결정 시 식품의 폐기율, 조리 시 중량의 변화와 영양소의 변화를 미리 파악해 둔다.
- 식품 분량에 대한 대충적 목측량의 파악은 효율적 식단작성에 도움이 된다.

⑤ 식단표를 작성하며, 이것을 바탕으로 주간 및 월간 식단표를 작성한다.

〈표 5-2〉 식품군별 권장섭취 횟수의 세 끼 식사 분배의 예(1,900kcal, B타입)

		아침	점심	저녁
곡류	3회	1	1	1
고기 · 생선 · 계란 · 콩류	4회	1.5	1.5	1
채소류	7회	2	2.5	2.5

2) 권장식사 패턴

권장식사 패턴은 식사 구성안의 영양목표를 충족시키는 1일 식사구성을 제시하기 위해 구성하였다. 한국인 영양섭취기준에서 제시되고 있는 체위기준을 참조하여 성별 · 연령별 기준 에너지를 설정한 후, 생애주기별 식품군의 권장섭취 횟수가 제시된 권장식사 패턴을 제시하였다. 권장식사 패턴은 일상적인 식사섭취 패턴을 반영하도록 하였으며, 유아 1~2세, 3~5세, 소아 6~11세 남녀, 청소년 12~18세 남녀, 성인 19~64세 남녀, 그리고 노인 65세 이상 남녀, 이렇게 총 10가지 유형의 생애주기를 위한 권장 식단이 있다. 권장 식단도 국민건강영양조사의 최근 5년 치 자료를 통합 분석하여 도출해 성별 · 연령별 다빈도 음식 및 식품과 각 식품군의 대표 식품을 반영하여 구성하였다.

① 권장식사 패턴은 식사 구성안의 영양목표를 충족시키는 1일 식사구성을 제시하기 위해 개발되었다.

② 식사패턴 A는 소아와 청소년의 권장식사 패턴으로 우유 2컵을 기준으로 식품군 섭취 횟수를 배분한 것이다.

③ 식사패턴 B는 성인의 권장식사 패턴으로 우유 1컵을 기준으로 식품군 섭취 횟수를 배분한 것이다.

〈표 5-3〉 권장식사 패턴(식품군별 1일 권장섭취 횟수)의 예

	A타입					B타입			
	1,400A	1,600A	1,800A	2,000A	2,600A	1,600B	1,900B	2,000B	2,400B
적용대상 / 식품군	3~5세 유아	6~11세 여	6~11세 남	12~18세 여	12~18세 남	65세 이상 여	19~64세 여	65세 이상 남	19~64세 남
곡류	2	2.5	3	3	4	3	3	3.5	4
고기 · 생선 · 계란 · 콩류	3	3	3	4	6	2.5	4	4	5
채소류	5	5	5	7	7	5	7	7	7
과일류	1	1	1	2	2	1	2	1	3
우유 · 유제품류	2	2	2	2	2	1	1	1	1
유지 · 당류	2	3	3	4	6	3	4	4	5

출처: 한국영양학회(2015). 2015 한국인 영양섭취기준.

권장식사 패턴 조리 시 고려사항은 아래와 같다.

① 곡류: 식이섬유 섭취를 늘리기 위해 소화를 고려하여 잡곡류 섭취 권장
② 고기 · 생선 · 계란 · 콩류: 살코기 기준, 비곗살의 경우 유지류를 추가 사용하는 것으로 계산
③ 채소류: 가능한 한 싱겁게 조리(소금 5g 이하 달성)
④ 과일류: 생과일 권장(식이섬유 섭취)
⑤ 유제품류: 단순당질이 적게 함유된 식품 권장
⑥ 유지 · 당류: 섭취 횟수 범위 내에서 첨가해 조리
⑦ 나트륨: 국물 요리는 건더기 위주로 섭취
⑧ 양념류: 각 권장량 패턴에 이미 양념 사용량이 포함되어 있음. 양념이란 간장, 고추장, 된장 소금 등의 조미료류를 말하며, 50~85kcal 사용된 것으로 계산함

식사 구성안의 주요 식품별 1인 1회 분량은 다음과 같다.

〈표 5-4〉 곡류 및 전분류의 주요 식품과 1인 1회 분량

품목		식품명	분량(g)[1]	비고
곡류 및 전분류 I (300kcal)	곡류	쌀, 보리쌀	90	
		쌀밥, 보리밥	210	1공기
		삶은 면– 자장면, 칼국수용	300	1대접
	면류	건면– 국수용	100	
		냉면국수, 메밀국수	100	
	떡류	흰떡– 떡국용	130	
	빵류	식빵	100	큰 것 2쪽
곡류 및 전분류 II (100kcal)	시리얼류	콘푸레이크 등	30	
	감자류	감자	130	중 1개
		고구마	90	중 ½개
	면류	당면	30	
	묵류	메밀묵	150	
	견과류	밤	60	큰 것 3개
	떡류	절편	50	

※ 곡류 및 전분류 II는 I과 다르므로 식단작성 시 감안할 것 / 1) 분량(g): 가식부 무게임

〈표 5-5〉 고기 · 생선 · 계란 · 콩류의 주요 식품과 1인 1회 분량

품목		식품명	분량(g)[1]	비고
고기 · 생선 · 계란 · 콩류 (80kcal)	육류	쇠고기[2]	60	1접시
		돼지고기[3]	60	1접시
		닭고기	60	1조각
		햄	60	
	어패류	갈치, 삼치, 꽁치, 고등어, 동태, 가자미, 조기, 넙치, 참치, 참치 통조림, 어묵, 오징어, 낙지, 새우, 미꾸라지, 민물장어	50	작은 것 1토막
		생굴, 조갯살, 꽃게	80	
		건멸치, 건조기, 건오징어, 명태	15	
	알류	계란, 메추리알	60	계란 중 1개
		검은콩, 대두	20	
	콩류	두부	80	2조각
		두유	200	

※ 1) 분량(g): 가식부 조리 전 무게임 / 2) 한우 등심(살코기 기준) / 3) 한돈(살코기 기준)

〈표 5-6〉 채소류의 주요 식품과 1인 1회 분량

품목		식품명	분량(g)[1]	비고
채소류 (15kcal)	채소류	고구마줄기, 고사리, 풋고추, 깻잎, 근대, 취나물, 아욱, 시금치, 쑥갓, 부추, 들미나리, 무청, 상추, 애호박, 오이, 콩나물, 숙주, 무, 배추, 양배추, 양파, 가지, 당근, 늙은 호박, 토마토	70	1접시
		나박김치, 오이소박이	60	
		갓김치, 깍두기, 배추김치, 열무김치	40	
		우엉, 도라지, 파, 파김치	25	
		마늘	10	
		토마토주스	100	
	해조류	다시다, 미역, 파래(생것)	30	
		김	2	1장
	버섯류	느타리, 양송이, 팽이, 표고(생것)	30	

※ 1) 분량(g): 가식부 조리 전 무게임

〈표 5-7〉 과일류의 주요 식품과 1인 1회 분량

품목		식품명	분량(g)[1]	비고
과일류 (50kcal)	과일류	딸기, 수박, 참외	200	딸기 10개
		감, 귤, 바나나, 배, 사과, 복숭아, 오렌지, 포도	100	귤 중 1개, 사과 중 ½개, 포도 중 15알
	주스류	오렌지주스	100	½컵

※ 1) 분량(g): 가식부 조리 전 무게임

〈표 5-8〉 우유 및 유제품의 주요 식품과 1인 1회 분량

품목		식품명	분량(g)[1]	비고
우유 및 유제품 (125kcal)	우유	우유	200	1컵
	유제품	치즈	20	1장
		요구르트(호상)	110	½컵
		요구르트(액상)	150	¾컵
		아이스크림	100	½컵

※ 1) 치즈의 열량은 우유의 1회 분량 열량의 ½임

〈표 5-9〉 유지, 견과 및 당류의 주요 식품과 1인 1회 분량

품목		식품명	분량(g)	비고
유지, 견과 및 당류 (45kcal)	유지류	버터, 마요네즈, 옥수수기름, 참기름, 콩기름, 들기름, 커피프림	5	1작은술
		깨, 깨소금	8	
	견과류	땅콩	10	
	당류	꿀, 설탕, 당밀 / 시럽, 사탕	10	

3) 식품교환표 이용

식품교환표는 만성질환이 있거나 영양소·에너지 제한을 해야 할 때 영양가가 같은 식품을 상호 교환해서 활용할 수 있으며, 일상적인 식단에 변화를 주어 식사요법을 오래 지속시키는 효과가 크다. 주로 당뇨병, 신장병 등을 위한 식품교환표가 작성되고 있다. 식품들을 영양소 구성이 비슷한 것끼리 6가지 식품군으로 나누어 곡류군, 어육류군, 채소군, 지방군, 우유군, 과일군을 말하며, 같은 군내에서는 자유롭게 바꿔 먹을 수 있도록 1교환단위로 설정되어 있다. 에너지 필요량에 따른 식품군별 권장교환 단위수를 활용하여 식단을 작성할 수 있다.

〈표 5-10〉 각 식품군별 1교환단위당 영양성분

식품교환군		에너지(kcal)	당질(g)	단백질(g)	지방(g)
곡류군		100	23	2	–
어육류군	저지방	50	–	8	2
	중지방	75	–	8	5
	고지방	100	–	8	8
채소군		20	3	2	–
지방군		45	–	–	5
우유군	일반우유	125	10	6	7
	저지방우유	80	10	6	2
과일군		50	12	–	–

〈표 5-11〉 곡류군의 식품과 1교환단위량

구분	식품명	목측량	무게
밥	쌀밥	⅓공기 (소)	70
	보리밥	⅓공기 (소)	70
	현미밥	⅓공기 (소)	70
	쌀죽	⅔공기 (소)	140
알곡류 및 가루제품	기장		30
	녹두		70
	녹말가루	5큰술	30
	미숫가루	¼컵(소)	30
	밀가루	5큰술	30
	백미	3큰술(= ⅕쌀컵)	30
	보리(쌀보리)	3큰술	30
	완두콩	½컵(소)	70
	율무	3큰술	30
	차수수	3큰술	30
	차조	3큰술	30
	찹쌀	3큰술	30
	팥(붉은 것)	3큰술	30
	현미	3큰술	30
떡류	가래떡	썬 것 11~12개	50
	백설기		50
	송편(깨)		50
	시루떡		50
	인절미	3거	50
	절편	1개(5.5×5×1.5cm)	50
	증편		50
빵류	식빵	1쪽(11×10×1.5cm)	35
	모닝빵	1개(중)	35
	바게트빵	2쪽(중)	35

구분	식품명	목측량	무게
국수류	냉면(건조)		30
	당면		30
	마른 국수		30
	메밀국수(건조)		30
	메밀국수(생것)		40
	삶은 국수	½공기	90
	스파게티(건조)		30
	스파게티(삶은 것)		90
	쌀국수(건조)		30
	쌀국수(조리된 것)		90
	우동(생면)		70
	쫄면(건조)		30
	칼국수류(건조)		30
감자류 및 전분류	감자	1개(중)	140
	고구마	½개(중)	70
	돼지감자		140
	찰옥수수(생것)	½개	70
	토란		140
묵류	도토리묵	½모(6X7X4.5cm)	200
	녹두묵		200
	메밀묵		200
기타	강냉이(옥수수)	1.5공기(소)	30
	누룽지(건조)	지름 11.5cm	30
	마		100
	밤	3개(대)	60
	오트밀		30
	은행	⅓컵(소)	60
	콘플레이크	¾컵(소)	30
	크래커	5개	20

〈표 5-12〉 저지방 어육류군 식품과 1교환단위량

구분	식품명	목측량	무게
고기류	닭고기(껍질, 기름제거한 살코기)	1토막(소) (탁구공 크기)	40
	닭부산물(모래주머니)		40
	돼지고기(기름기 전혀 없는 살코기)	로스용 1장 (12×10.3cm)	40
	쇠간		40
	쇠고기(사태, 홍두깨 등)	로스용 1장 (12×10.3cm)	40
	오리고기		40
	육포	1장(9×6cm)	15
	칠면조		40
생선류	가자미	1토막(소)	50
	광어	1토막(소)	50
	대구	1토막(소)	50
	동태	1토막(소)	50
	미꾸라지(생것)	1토막(소)	50
	병어	1토막(소)	50
	복어	1토막(소)	50
	아귀	1토막(소)	50
	연어	1토막(소)	50
	옥돔(반건조)	1토막(소)	50
	적어	1토막(소)	50
	조기	1토막(소)	50
	참도미	1토막(소)	50
	참치	1토막(소)	50
	코다리	1토막(소)	50
	한치	1토막(소)	50
	홍어	1토막(소)	50

구분	식품명	목측량	무게
건어물류 및 가공품	건오징어채		15
	게맛살	1 ⅔개	50
	굴비	½토막	15
	멸치	잔 것 ¼컵(소)	15
	뱅어포	1장	15
	북어	½토막	15
	어묵(찐 것)	⅓개(5.5cm)	50
	쥐치포	½개(1.2X7cm)	15
젓갈류	명란젓		40
	어리굴젓		40
	창란젓		40
기타 해산물	개불		70
	굴	⅓컵(소)	70
	꼬막조개		70
	꽃게	1마리(소)	70
	낙지	½컵(소)	100
	날치알		50
	대하(생것)		50
	멍게	⅓컵(소)	70
	문어	⅓컵(소)	70
	물오징어	몸통 ⅓등분	50
	미더덕	¾컵(소)	100
	새우(깐 새우)	¼컵(소)	50
	새우(중하)	3마리	50
	전복	2개(소)	70
	조갯살	⅓컵(소)	70
	해삼	1⅓컵(소)	200
	홍합	⅓컵(소)	70

〈표 5-13〉 중지방 어육류군 식품과 1교환단위량

구분	식품명	목측량	무게
고기류	돼지고기(안심)		40
	샐러드햄		40
	소곱창		40
	쇠고기(등심, 안심)	로스용 1장 (12×10.3cm)	40
	쇠고기(양지)		40
	햄(로스)	2장(8×6×0.8cm)	40
콩류 및 가공품	검은콩	2큰술	20
	낫또	1개(작은 포장 단위)	40
	대두(노란콩)		20
	두부	⅕모(420g 포장두부)	80
	순두부	½봉(지름 5×10cm)	200
	연두부	½개	150
	콩비지	½봉, ⅔공기(소)	150
생선류	갈치	1토막(소)	50
	고등어	1토막(소)	50
	과메기(꽁치)		50
	꽁치	1토막(소)	50
	도루묵		50
	메로		50
	민어	1토막(소)	50
	삼치	1토막(소)	50
	임연수어	1토막(소)	50
	장어	1토막(소)	50
	전갱이	1토막(소)	50
	준치	1토막(소)	50
	청어	1토막(소)	50
	훈제연어		50
가공품	어묵(튀긴 것)	1장(15.5×10cm)	50
알류	계란	1개(중)	55
	메추리알	5개	40

〈표 5-14〉 고지방 어육류군 식품과 1교환단위량

구분	식품명	목측량	무게
고기류 및 가공품	개고기		40
	닭고기(껍질 포함)	닭다리 1개	40
	돼지갈비		40
	돼지족, 돼지머리		40
	런천미트	5.5X4X1.8cm	40
	베이컨	1¼장	40
	비엔나소시지	5대	40
	삼겹살		40
	소갈비	1토막(소)	40
	소꼬리		40
	프랑크소시지	1⅓개	40
생선류 및 가공품	고등어조림	⅓컵(소)	50
	꽁치통조림	⅓컵(소)	50
	뱀장어	1토막(소)	50
	유부	5장(초밥용)	30
	참치통조림	⅓컵(소)	50
	치즈	1.5장	30

〈표 5-15〉 채소군의 식품과 1교환단위량

구분	식품명	목측량	무게
채소류	가지	지름 3cm×길이 10cm	70
	고구마줄기	익혀서 ⅓컵	70
	고비		70
	고사리(삶은 것)	⅓컵	70
	고춧잎		70
	곰취		70
	근대	익혀서 ⅓컵	70
	깻잎	20장	40
	냉이		70
	늙은 호박(생것)	4×4×6cm	70
	늙은 호박 호박고지		7
	단무지		70
	단호박	⅒개(지름 10cm)	40
	달래		70
	당근	4×5cm 또는 ⅓(대)	70
	대파		40
	더덕		40
	도라지		40
	돌나물		70
	돌미나리		70
	두릅		70
	마늘		7
	마늘쫑	3개(6.5~7cm)	40
	머위		70
	무	지름 8cm×길이 1.5cm	70
	무말랭이	불려서 ⅓컵	70
	무청(삶은 것)		70
	미나리	익혀서 ⅓컵	70
	배추	알배기배추 15×6cm, 3잎(중)	70

구분	식품명	목측량	무게
채소류	부추	익혀서 ⅓컵	70
	붉은 양배추	⅕개(9X4X6cm)	70
	브로콜리		70
	상추	12장(소)	70
	샐러리	길이 6cmX6개	70
	숙주	익혀서 ⅓컵	70
	시금치	익혀서 ⅓컵	70
	쑥		40
	쑥갓	익혀서 ⅓컵	70
	아욱	잎넓이 20cm 5장 (익혀서 ⅓컵)	70
	애호박	지름 6.5cmX 두께 2.5cm, ⅓(중)	70
	양배추		70
	양상추		70
	양파		70
	연근	썬 것 5쪽	40
	열무		70
	오이	⅓개(중)	70
	우엉		70
	원추리		70
	자운영(싹)		70
	죽순(생것)		70
	죽순(통조림)		70
	참나물		70
	청경채		70
	취나물(건조)		7
	치커리		70
	케일	잎넓이 30cm 1½장	70
	콜리플라워, 꽃양배추		70
	콩나물	익혀서 ⅖컵	70

구분	식품명	목측량	무게
채소류	파프리카(녹색)	1개(대)	70
	파프리카(적색)		70
	파프리카(주황색)		70
	풋고추	7~8개(중)	70
	풋마늘		70
	피망	2개(중)	70
해조류	곤약		70
	김	1장	2
	매생이		20
	미역(생것)		70
	우뭇가사리, 우무		70
	톳(생것)		70
	파래(생것)		70
버섯류	느타리버섯(생것)	7개(8cm)	50
	만가닥버섯(건조)		50
	송이버섯(생것)	2개(소)	50
	양송이버섯(생것)	3개(지름 4.5cm)	50
	팽이버섯(생것)		70
	표고버섯(건조)		7
	표고버섯(생것)	3개(대)	50
김치류	갓김치		50
	깍두기	사방 1.5cm, 크기 10개	50
	나박김치		70
	동치미		70
	배추김치	6~7개(4.5cm)	50
	총각김치	2개	50
채소주스	당근주스	¼컵(소)	50

〈표 5-16〉 지방군의 식품과 1교환단위량

구분	식품명	목측량	무게
견과류	검정깨(건조)		8
	참깨(건조)	1큰술	8
	땅콩	8개(1큰술)	8
	아몬드	7개	8
	잣	50알(1큰술)	8
	캐슈너트(조미한 것)		8
	피스타치오	10개	8
	해바라기씨	1큰술	8
	호두	1.5개(중)	8
	호박씨(건조, 조미한 것)		8
	흰깨(건조, 볶은 것)		8
드레싱	마요네즈, 라이트마요네즈	1작은술	5
	사우전드, 이탈리안 드레싱	2작은술	10
	프렌치 드레싱	2작은술	10
식물성 기름	들기름	1작은술	5
	미강유	1작은술	5
	옥수수기름	1작은술	5
	올리브유		5
	홍화씨기름	1작은술	5
	참기름	1작은술	5
	카놀라유	1작은술	5
	콩기름	1작은술	5
	포도씨유		5
	해바라기유		5
고체성 기름	땅콩버터		8
	마가린	1작은술	5
	버터	1작은술	5
	쇼트닝	1작은술	5

〈표 5-17〉 우유군의 식품과 1교환단위량

구분	식품명	목측량	무게
일반우유	두유(무가당)	1컵(1팩)	200
	락토우유	1컵(1팩)	200
	일반우유	1컵(1팩)	200
	전지분유	5큰술	25
	조제분유	5큰술	25
저지방우유	저지방우유(2%)	1컵(1팩)	200

〈표 5-18〉 과일군의 식품과 1교환단위량

구분	식품명	목측량	무게
감	단감	⅓개(중)	50
	연시, 홍시	1개(중), ½개(대)	80
	곶감	½개(소)	15
감귤류	귤		120
	금귤	7개	60
	오렌지	½개(대)	100
	유자		100
	자몽	½개(소)	150
	한라봉		100
	귤(통조림)		70
대추	대추(생것)		50
	대추(건조)	5개	15
두리안	두리안		40
딸기	딸기	7개(중)	150
	산딸기		150
리치	리치		70
망고	망고		70
매실	매실		150
무화과	무화과(생것)		80
	무화과(건조)		15

구분	식품명	목측량	무게
멜론	멜론(머스크)		120
바나나	바나나(생것)	½개(중)	50
	바나나(건조)		10
배	배	¼개(대)	110
복숭아	복숭아(백도)	1개(소)	150
	복숭아(천도)	2개(소)	150
	복숭아(황도)	½개(중)	150
	백도(통조림), 황도(통조림)	반절 1쪽	60
사과	사과(후지)	⅓개(중)	80
살구	살구		150
석류	석류		80
블루베리	블루베리		80
	블루베리(통조림)		50
수박	수박	1쪽(중)	150
앵두	앵두		150
올리브	올리브(생것)		60
	올리브(건조)		15
자두	자두	1개(특대)	150
참외	참외	½개(중)	150
체리	체리		80
키위	키위	1개(중)	80
토마토	방울토마토	2개(소)	300
	토마토		350
파인애플	파인애플		200
	파인애플(통조림)		70
파파야	파파야		200
포도	청포도		80
	포도	19알(소)	80
	포도(거봉)	11개	80
	포도(건조)		15
프루트칵테일	프루트칵테일(통조림)		60

구분	식품명	목측량	무게
주스	배주스		80
	사과주스	½컵(소)	100
	오렌지주스(무가당)	½컵(소)	100
	토마토주스	½컵(소)	100
	포도주스		80
	파인애플주스	½컵(소)	100

〈표 5-19〉 에너지 필요량에 따른 식품군별 권장교환 단위 수

에너지 (kcal)	곡류군	육류군		채소군	지방군	우유군	과일군
		저지방	중지방				
1,000	4	1	2	7	2	1	1
1,100	5	1	2	7	2	1	1
1,200	5	1	3	7	3	1	1
1,300	6	1	3	7	3	1	1
1,400	7	1	3	7	3	1	1
1,500	7	2	3	7	4	1	1
1,600	8	2	3	7	4	1	1
1,700	8	2	3	7	4	1	2
1,800	8	2	3	7	4	2	2
1,900	9	2	3	7	4	2	2
2,000	10	2	3	7	4	2	2
2,100	10	2	4	7	4	2	2
2,200	11	2	4	7	4	2	2
2,300	11	3	4	8	5	2	2
2,400	12	3	4	8	5	2	2
2,500	13	3	4	8	5	2	2

3 컴퓨터를 이용한 식단작성 및 평가

음식 또는 식단 메뉴를 이용하여 열량 및 영양소 섭취량 분석이 가능한 웹사이트에는 건강다이어리, 농식품종합정보시스템 메뉴젠, 식품영양 · 기능성정보 영양가계산, NutriEval, NutriSonic, U-헬스케어, 아이다이어트, 재치영양사, 영양계산기, 건강관리를 위한 사이버 식생활 자가진단 시스템, WELLSPOON, 당뇨병 · 고지혈증 · 신장질환별 환자의 웹기반 식사관리 및 영양상담 프로그램이 있다. 음식 메뉴의 음식 사진 제공 및 외식 음식과 가공식품을 포함한 식품에 대한 열량 및 영양소 함량을 제공하고 있는 웹사이트에는 농식품종합정보시스템 메뉴젠, NutriEval, U-헬스케어, 아이다이어트가 있다. 식생활 및 식습관 평가 항목을 포함하고 있는 웹사이트로는 U-헬스케어, 아이다이어트, 건강관리를 위한 사이버 식생활 자가진단 시스템, WELLSPOON이 있다. 일부 웹사이트에서는 영양상담뿐만 아니라 연구용 자료로 활용할 수 있는 영양섭취평가 프로그램 외에 신체계측 및 건강 관련 설문조사를 함께 운영하고 있다. 그러나 이들 웹사이트에서 제공하고 있는 영양섭취평가 프로그램은 공통적으로 메뉴들의 음식 레시피가 고정되어 있고 섭취분량 조절도 한정되어 있어 열량 및 영양소 섭취량 추정에는 한계가 있다. 그러므로, 보다 정확한 영양상태 평가와 영양상담 및 연구용자료로서의 활용도를 높일 수 있는 영양섭취평가를 위해서는 앞에서 나열된 한계점이 보완된 영양섭취평가 프로그램의 개발이 필요하다.

① 푸드인코리아(foodinkorea.co.kr): 농림수산식품부가 식품회사와 일반인에게 다양한 식품 관련 정보(식품영양 정보, 식단구성 및 평가, 전통음식 소개, 식품 관련 정책, 식품종합 컨설팅 등)를 서비스하는 식품 포털사이트이다.

② 뉴트리이벨(nutrieval.kfda.go.kr): 식품의약품안전처에서 운영하는 식단

작성과 식단의 영양평가 기능을 제공하는 프로그램이다. 전체 식품군을 18개로 분류하여 식품영양성분을 제공하고 식단작성, 식단관리, 식품검색, 영양평가 기능을 제공한다.

③ 메뉴젠(koreanfood.rda.go.kr): 농촌진흥청에서 운영하는 식단작성 프로그램으로 식단작성, 식단진단, 음식정보 검색, 식단 검색, 식생활 정보 등이 운용되고 있다.

④ 영유아 단체급식의 표준식단(nutrition.kfda.go.kr/kidgroup): 식품의약품안전처에서 운용하는 어린이 먹거리 건강안전관리 정책의 일환으로 영유아 보육시설 단체급식의 영양개선을 위하여 개발 · 제공하는 웹사이트다. 영유아 보육시설 관리자 및 보육교사가 쉽고 유용하게 활용할 수 있도록 주간/월간 및 계절별 식단을 제공한다. 또한, 메뉴별 조리법과 1인 적정 제공량 사진, 영양소, 단가 등의 검색 및 변환 기능이 있다. 이 밖에 유아 식생활 지침, 급식관리 운영지침(영양/메뉴/위생관리), 이유식 지침 자료도 함께 제공한다.

⑤ 재치영양사(yori.c.kr): 유료로 운영되는 급식관리시스템이며, 식단작성, 레시피 작성, 소요재료 산출, 인터넷 발주, 조리계획서 출력, 추천식 재료 보기, 금식통계 및 결산 일지 관리 등의 기능을 제공한다.

⑥ 교육행정정보시스템(neis.moe.go.kr)을 이용한 학교급식 식단작성: 교육행정정보시스템에서 관리되는 급식 프로그램으로 초 · 중등학생을 위한 집단급식 프로그램이다. 각 초 · 중 · 고등학교 시기별 영양기준량 조회, 요리등록 기능으로 나만의 요리 레시피 운영, 일일식단 및 주간식단 작성이 가능하며, 식단평가 시 식단의 메뉴의 영양소 함량을 영양소 기준량과 비교 · 평가할 수 있는 기능이 있다.

⑦ 헬스푸드119(healthfood119.com): 일반인과 환자식단 작성에 이용

⑧ 한국영양학회(www.kns.or.kr)의 CAN Pro 프로그램: 개인의 영양섭취 상태를 평가하는 프로그램으로 식품과 영양 분야에 관심이 있는 일반인

에게 건강 향상을 위한 영양 관리 도구로 활용할 수 있다.

⑨ 대한영양사회(www.dietitian.or.kr)의 프로영양상담 프로그램이 있다.

4 식단평가

식단작성 후에는 식단의 목적이 적절한지 평가하며, 이때 영양성, 경제성, 기호성, 능률성, 안정성, 환경친화성 등으로 식단평가를 실시한다.

〈표 5-20〉 식단평가 체크 리스트

평가 항목		그렇다	보통이다	그렇지 않다
영양 면	• 6가지 식품군을 골고루 사용하였는가? • 영양필요량에 부족하지 않은가?			
기호 면	• 각 음식이 색, 질감, 향, 농도, 모양, 준비된 형태, 온도의 대비를 이루었는가? • 전체적으로 식사대상자에게 만족을 주었는가?			
경제 면	• 계절음식, 혹은 가격·식품 구입 면에서 효율적인 식품을 선택했는가?			
위생 면	• 위생적으로 안전한 식단이었는가? • 조리자의 개인위생은 지켜졌는가?			
능률 면	• 조리자의 작업부담을 고려하였는가?			
환경보존 면	• 근거리 농축산물을 선택하였는가? • 친환경 농산물을 선택하였는가?			

출처: 권순자 외(2014). 식생활 관리.

1) 영양성

6가지 기초식품군이 고루 배합되어 식품의 다양성을 평가하고 열량과 단백질 등 영양소 함량을 계산하여 영양소 섭취기준과 비교하여 식단을 평가한다. 조리방법에 따라 동일한 식재료라도 섭취 열량이 달라질 수 있으므로 식단작성 시 조리방법도 함께 고려하여 끼니별 식사의 영양적 균형이 되도록 배분한다.

2) 경제성

식비예산과 비교·검토하여 초과되지 않도록 한다. 충동구매, 잘못된 저장으로 식품의 폐기, 구입 장소, 식품의 질 등을 함께 고려하며, 대체식품과 계절식품을 최대한 활용한다. 대체식품은 식품 내 주된 영양소가 같은 식품으로 대체가 가능한 식품이며, 계절이나 날씨에 따른 가격 변동이 큰 경우 대체식품을 염두에 두고 식단을 작성한다. 그리고 폐기율이 적은 식품을 선택한다.

3) 기호성

식사대상자의 기호도를 고려한 식단작성을 한다. 영양적으로 완벽한 식사라도 기호에 맞지 않아 섭취율이 낮으면 충분한 영양소 섭취가 어렵다. 따라서 기호성을 고려하되 영양섭취의 불균형이 발생하지 않도록 주의해야 한다. 음식의 맛, 질감, 색깔의 조합, 온도 등을 체크하고 중복된 조리법을 사용하지 않는다. 그리고 식사 후 만족도를 평가하여 다음 식단작성에 반영을 고려한다.

〈표 5-21〉 기호도 조사표

음식명		평가항목																																		
		겉모양							온도							풍미							질감							전체적 기호도						
		①	②	③	④	⑤	⑥	⑦	①	②	③	④	⑤	⑥	⑦	①	②	③	④	⑤	⑥	⑦	①	②	③	④	⑤	⑥	⑦	①	②	③	④	⑤	⑥	⑦
밥류	흰밥																																			
	잡곡밥																																			
	볶음밥																																			
	카레																																			
국류	북어국																																			
	된장국																																			
	곰탕																																			
	해장국																																			
반찬류	갈치 조림																																			
	시금치 나물																																			
	명태전																																			
	치킨																																			

※ 평가항목

- 겉모양: ① 보기에 매우 나쁘다, ② 보기에 나쁘다, ③ 보기에 약간 나쁘다, ④ 보통이다, ⑤ 보기에 약간 좋다, ⑥ 보기에 좋다, ⑦ 보통이다.
- 온도: ① 너무 식어서 먹을 수 없다, ② 매우 식었다, ③ 약간 식었다, ④ 적당하다, ⑤ 약간 뜨겁다, ⑥ 매우 뜨겁다, ⑦ 너무 뜨거워 먹을 수 없다
- 풍미: ① 매우 나쁘다, ② 나쁘다, ③ 약간 나쁘다, ④ 보통이다, ⑤ 약간 좋다, ⑥ 좋다, ⑦ 매우 좋다
- 질감: ① 매우 나쁘다, ② 나쁘다, ③ 약간 나쁘다, ④ 보통이다, ⑤ 약간 좋다, ⑥ 좋다, ⑦ 매우 좋다
- 전체적 기호도: ① 매우 나쁘다, ② 나쁘다, ③ 약간 나쁘다, ④ 보통이다, ⑤ 약간 좋다, ⑥ 좋다, ⑦ 매우 좋다

출처: 권순자 외(2014). 식생활 관리.

4) 능률성(시간, 노력)

조리작업의 동선, 조리시간 등을 고려하여 조리자의 작업에 맞았는지 평가한다. 식사준비 시간은 조리자의 조리능력, 식단의 내용, 조리기구, 주방의 구조 및 설비에 따라 차이가 난다.

5) 안정성(위생)

가족이나 집단의 건강에 안전하고 위생적인 식품을 선택해야 하고 위생적인 식단이어야 하며, 조리자의 개인위생을 평가하여 식중독의 위험이나 건강에 나쁜 영향을 미치지 않게 한다.

〈표 5-22〉 위생관리 평가표

평가항목	매우 그렇다	보통	그렇지 않다
① 식품 구입 시 식품재료의 포장 손상 여부 및 유통기한을 반드시 확인한다.			
② 식품 구입 시 마른 식품, 채소 및 과일, 유제품, 계란, 고기, 냉동식품 순서로 구입한다.			
③ 생선 및 육류는 미생물 오염 가능성이 크므로 다른 채소와 과일 등과 접하지 않도록 따로 포장하여 장바구니에 담는다.			
④ 식자재별 보관방법을 확인 후 냉장, 냉동, 실온 저장한다. 이때 산 순서와 반대로 정리한다(냉동식품, 고기, 계란 순).			
⑤ 식재료는 조리실 바닥에 두지 않으며, 충분히 세척한다.			
⑥ 조리 시 충분히 가열한다.			
⑦ 조리된 식품은 냉장고의 선반 위, 조리 안 된 식품은 아래 선반에 보관하여 뚜껑을 덮어 놓는다.			
⑧ 남은 음식은 다시 끓여서 식힌 후 냉장고에 넣는다(2시간 이상 음식을 실온에 놓아두지 않는다.)			
⑨ 육류, 어류, 계란 등 날것 취급 시 교차오염 방지를 위해 칼, 도마를 잘 씻고 소독하며, 행주, 수세미는 매일 삶아서 사용한다.			
⑩ 조리 전, 조리 시 육류, 어류, 계란 등의 날것을 만진 후 손을 꼭 비누로 깨끗이 씻는다.			
⑪ 음식물 쓰레기를 깨끗이 처리한다.			

6) 환경친화성

식생활에서 관련하여 발생하는 여러 환경오염을 최소화할 수 있도록 노력하며, 지역 농산물, 친환경 농산물의 선택, 음식물 쓰레기 발생량을 고려한다.

쉬어가기 (Black foods & 영양과 효능)

- Black foods: 가지, 블루베리, 결명자, 검은콩, 흑미, 도토리, 복분자, 포도, 고사리, 메밀 등

① 자색 또는 검은색 채소 및 과일에 함유된 대표 영양성분: 안토시아닌(anthocyanin), 레스베라트롤(resveratrol)

② 기능: 노화방지, 심장병 예방, 항암 효과

- 안토시아닌: 블루베리, 검은콩과 같이 검은색과 자색 식품에 포함되어 있고 강력한 항산화작용으로 체내 콜레스테롤 억제, 항노화, 혈관조직 건강하게 하여 뇌졸중, 심장병 예방
- 안토시아닌은 신경전달체계 관여로 인지장애 개선 효과
- 빛을 감지하는 눈 망막의 로돕신(rhodopsin) 재합성 촉진으로 눈 건강 증진
- 레스베라트롤: 포도의 폴리페놀 성분인 천연 항산화제로 고혈압, 심부전, 심근경색, 동맥경화, 당뇨병, 비만증 예방, 심장장애 개선, 항노화 및 항암 효과 보고

Chapter 6

식품의 구매 및 저장 관리

식품의 구매 관리는 식단작성 후 필요한 식품을 구입하는 데 있어 다양한 종류의 식품 중 어떤 식품을 구입하느냐에 따라 조리된 음식의 품질에 결정적 영향을 끼친다. 따라서 식생활 관리자는 좋은 식재료의 구입을 위해 많은 정보 수집, 지식, 비용 및 시간을 들여야 한다. 이러한 식품 구매활동의 6가지 기본 요소는 다음과 같다.

① 정보에 의한 적정 공급원 확보
② 급식소가 원하는 유리한 시기
③ 적정 조건과 최상의 품질 선정
④ 구매계획에 따른 적정 구매량
⑤ 조건에 맞는 적정 가격
⑥ 구매활동에 따른 검수, 저장, 입 · 출고(재고)

개인의 식품 선택에 미치는 행동 요소

① 식품의 맛, 냄새, 질감, 오관에 대한 선호도
② 식품에 대한 접근성, 편이식품의 이용 가능성
③ 식품 마케팅, 광고효과
④ 건강과 영양에 대한 관심도, 건강에 대한 신념, 지식, 종교적 영향
⑤ 생활양식
⑥ 일상활동의 습관
⑦ 교육 수준, 직업, 수입, 건강 상태
⑧ 음식 가격
⑨ 식사 풍습과 음식문화
⑩ 가족과 친구 간의 사회적 교류, 또래집단
⑪ 사회적 · 정서적 요구

1 식품 구매 계획 및 정보

1) 식품의 구매계획

식품의 구매계획 내용에는 식품의 구매 내용, 구매 필요량, 구매 유형 및 구매 장소에 대한 결정을 포함한다. 구매 시 고려사항은 구입하고자 하는 식품과 구매 시기, 장소, 수량, 신선도, 가격, 조리 형태, 조리시간 등의 적정 여부가 사전에 검토되어야 한다.

(1) 구매 내용

구매 내용을 결정하기 위해서는 구매해야 할 식품의 종류, 분량 및 품질을 결정해야 한다. 또한, 가격 변동 요인, 수량 할인, 재료의 저장 특성, 계절 요인 등을 고려한다.

〈표 6-1〉 식품별 평균 가식부율과 폐기율

식품군	가식부율(%)	폐기율(%)	식품군	가식부율(%)	폐기율(%)
서류	90	5~10	과일류	76	22~25
버섯류	90	10	어류(생것)	70	28~35
알류	87	12~13	견과류	65	30~37
채소류	85	13~18	패류 (껍질 있는 것)	25	73~80

① 식품 구매 필요량은 각 식품의 폐기율을 고려하여 식품 구매 필요량을 환산한다.

② 재고량을 고려하여 식품 구매 필요량을 포자단위로 환산: 구매 형태와 포장규격의 파악, 식품의 부피와 무게의 관계 파악

③ 구매할 식품의 품질을 결정: 경제적 측면을 고려한 적절한 품질의 식품

구입, 계절식품과 대체식품의 활용

④ 구매식품 목록 작성: 구매할 식품 순으로 목록을 작성한다. 무거운 식품, 가볍거나 부서지기 쉬운 식품, 냉동식품, 냉장식품 순서로 작성하여 식품을 구입한다.

⑤ 구매할 식재료의 품질평가 기준: 안전성, 청결성, 완전성, 균일성, 보존성

(2) 구매 유형

구매 유형은 중앙구매, 독립구매, 공동구매, 일괄위탁구매, JIT구매가 있고 각각의 구매 방법에는 장단점이 있다.

1 중앙구매(집중구매, 본사구매)

① 구매활동의 집중화로 비용 절감

② 일관된 구매방침에 따른 구매활동 수행으로 구매집중도 향상

③ 거래처 및 품질관리 용이

④ 재고관리 용이

⑤ 전문적 구매활동으로 구매 기능 향상

⑥ 대량 구매에 따른 구매가격 인하

⑦ 복잡한 구매절차로 긴급 필요시 불리

⑧ 구매부서의 설치 운영을 위한 경비 부담 증가

2 독립구매(분산구매, 현장구매)

① 구매절차 간단

② 자주 구매 가능

③ 긴급수요의 경우 유리

④ 업자가 근거리에 있을 경우 경비 절감 및 사후 서비스 유리

⑤ 소량구매로 인한 구입단가 상승

⑥ 원거리 구매 시 불합리

3 공동구매

① 구매력을 향상시키기 위한 협력구매

② 경영자나 소유주가 서로 다른 조직체들과 공동으로 구매

③ 원가절감 효과 기대

④ 공신력 있는 공급업체 선정 가능: 공급력 개선

4 일괄위탁구매

① 구매하고자 하는 물품이 소량이면서 종류가 다양한 경우에 특정 업자에게 구입 원가를 명백히 책정한 후 일괄 위탁하여 구매

② 소규모 급식업체에서 많이 적용

③ 구매담당자가 모든 구입물품에 대한 내용을 파악하기 어려울 때 유리

④ 공급자의 신뢰성과 효율성이 가장 중요: 공급업자의 평가와 긍정적 관계 형성에 신중

5 JIT(Just-In-Time)구매(즉시구매방식)

① 특정 기간의 급식생산에 필요한 식품의 양을 정확히 파악하여 필요량만 구입

② 원가 절감: 불필요한 재고를 줄이고 공간의 효율적 사용

③ 납품업자, 급식관리자와 종사원들의 협조가 절대적

④ 특정일에 소량의 품목구매가 필요할 경우 이용

(3) 구매 시간

1 구매 빈도

구매 단위, 보관기간, 식생활 관리자의 사정 등에 의해 변화된다.

2 구매 시간의 결정

식생활 관리자의 구매 가능 시간을 고려, 특매이용이 가능한 날이나 시간 선택, 주말 오전, 충분한 시간적 여유가 있을 때, 식후 혼자 구매하는 것이 좋다.

(4) 구매 장소

구매 장소를 선택할 때는 집과 가까운 곳, 주차가 편리한 곳, 인터넷 구매가 가능한 곳이 좋다. 또한, 진열상태나 바닥이 깨끗한 곳, 청결하고 위생적인 냉장고 및 냉동고 상태가 좋은 곳, 밝은 매장, 적정 온도의 매장, 넓은 복도의 폭, 적절한 높이의 선반, 관리가 잘되어 있는 쇼핑카트 등의 환경이 중요하다. 직원의 서비스가 잘 이루어져야 하며, 고객불만 처리 제도가 잘 갖추어져야 한다. 유통기한 및 적절한 온도 유지를 통해 식품품질이 잘 관리되며, 다양한 상품을 갖춘 장소가 좋다. 구매 장소 유형은 수퍼마켓, 할인점, 재래시장, 편의점, 유기농산물 판매장, 인터넷 주문배달 등이 있다.

1 슈퍼마켓 & 할인점

슈퍼마켓은 육류, 농산물, 유제품, 냉동식품, 제과, 식료품 등의 6개 식품영역과 세탁용품, 가정용품 등 한 개 이상의 비식품영역의 다양한 제품을 원가가 낮고 마진을 낮게 한 셀프서비스 판매 형태의 소매업이다. 유통기한이 길거나 많이 소비하는 상품 구매에 유용하다.

가. 슈퍼마켓의 특징(할인점과의 비교)

- 가까운 곳에 있다.
- 생산품이 주력상품으로 가격이 저렴하고 품질도 상대적으로 우수하다.
- 서비스가 좋다(곳곳의 직원을 통해 제품 문의가 가능).
- 배달이 가능하다.
- 세일을 자주 한다.
- 낱개로 필요한 만큼 살 수 있다(할인매장은 박스나 묶음 판매가 많아서 낭비가 발생할 수 있다).
- 상품 진열이 잘 되어 있어 구매 시간을 줄일 수 있다.

나. 할인점의 특징

- 일주일 동안 개점시간이 다른 식품점보다 짧으므로 운영비를 절감할 수 있다.

- 위치가 좋지 않거나 시설이 좋지 않은 창고형이다.
- 큰 포장단위로 포장비용이 들어가지 않은 모양이나 형태를 갖추고 있는 것이 많다.
- 다양한 상표를 진열하지 않는다.
- 크기나 종류 구색이 많지 않지만 잘 팔릴 수 있는 물품이 많다.
- 유명상표 제품을 싸게 판매한다.
- 신문광고를 줄인다.

2 재래시장 특징

- 슈퍼마켓이나 대형 할인점과 비교할 때 다양한 농산물(채소류, 과일류, 곡류 등) 경우 품질의 차이가 없고 가격도 비교적 저렴하다.
- 주차시설 부족으로 이용이 불편하고 위생관리 미비로 그 이용이 떨어지지만 최근 전통시장 활성화로 환경 개선 및 시설의 현대화가 이루어지고 있다.
- 한번 산 물건의 환불과 교환이 어렵고 신용카드 사용이 미미한 수준이다. 그러나 전통시장 상품권인 온누리상품권의 개발 및 신용카드 가맹점들이 증가하고 있다.

3 편의점 특징

- 편리한 시간에 언제나 구입이 가능하지만 식품 종류에 한정이 있고 재고회전율이 매우 신속하다.
- 신선식품이 없는 편이고 24시간 영업하여 구입이 편리한 반면 가격이 비싼 편이다.
- 작은 포장단위로 소량 구매가 가능하다.

4 유기농산물 판매장

- 화학비료, 농약 및 사료 첨가제 등을 사용하지 않고 생산된 친환경농산물을 판매하는 곳으로 그 종류는 유기농산물, 무농약농산물, 무항생제, 유

기가공품으로 분류할 수 있다.

- 판매 품목은 유기 양곡, 잡곡, 신선 과채류, 친환경 육류, 수산물, 가공식품 등을 구매할 수 있다. 인터넷 온라인, 슈퍼마켓, 할인점 등에서도 구매 가능하다.

5 인터넷 배달 주문

식품 전문 인터넷 사이트나 홈쇼핑에서 반조리 식품 또는 즉석식품의 구입이 가능하며, 농산물 전자상거래로 우수농가의 홈페이지를 통한 좋은 농산물을 구입할 수 있다.

2) 식품 구매 정보

식품의 올바른 선택을 위해서 구매와 관련된 다양한 정보를 가능한 한 잘 파악하는 것이 중요하다. 즉, 단위가, 영양표시, 식품표시, 친환경 인증제도, 농산물 이력추적관리제도 등의 파악은 효율적인 식품 구매에 도움을 준다.

(1) 단위가

단위가는 효율적인 식품 구매를 위해 물품의 가격을 물품의 무게나 부피의 단위로 나눈 것이다. 식품을 g당, 100mL당, 100g당, 100mL당 가격으로 나타낸 것으로 동일한 종류이나 브랜드나 포장 단위에 따라 가격이 다를 때 서로 비교해볼 수 있는 정보를 제공한다.

(2) 바코드

영숫자나 특수글자를 기계가 읽을 수 있는 형태로 표현하기 위해 굵기가 다른 수직 막대들의 조합으로 나타내어, 광학적으로 판독이 가능하도록 한 코드이다. 상품의 포장에 인쇄되어 제품이나 가격을 표시한다.

(3) 전자테그(Radio Frequency Identification: RFID)

생산에서 판매에 이르는 전 과정의 정보를 초소형 칩(IC칩)에 내장시켜 이를 무선주파수로 추적할 수 있도록 한 기술이다. 제품에 붙이는 태그에 생산, 유통, 보관, 소비의 전 과정에 대한 정보를 담고, 판독기가 안테나를 통해서 이 정보를 읽는다. 기존의 바코드는 저장용량이 적고, 실시간 정보 파악이 불가할 뿐만 아니라 근접한 상태에서만 정보를 읽을 수 있었으나 RFID는 소비자가 이 태그를 부착한 물건을 고르고 계산대를 통과하자마자 물건값이 집계된다.

(4) 식품표시

1 유통기한

유통업자가 제품을 유통 혹은 판매할 수 있는 최종일로 식품의 품질과 안전성이 보장되는 기간이다.

2 품질유지기한

해당 식품 고유의 품질이 유지될 수 있는 기한으로 김치, 절임식품, 간장, 된장, 레토르트식품 등은 유통기한 혹은 유통기한 대신 품질유지기한으로 표시 가능하다.

〈표 6-2〉 유통기한 관련 표시방법

구분	내용
제조일자	식품이 만들어지는 날짜
포장일자	식품이 판매될 용기나 포장에 넣어지는 날짜
판매기한	최종 소비자에게 판매를 위해 제공되는 최종일자
품질유지기한	특정 품질을 유지하는 기간의 끝
유통기한	일정한 보관 조건 하에서 예측된 기간의 끝

출처: 국제식품규격위원회(Codex) 자료집.

수입식품의 유통기한 표시 이해

- 제조일자 표시
  - M(FG)22092017: 2017년 7월 22일 제조
  - PROD(DATE)29062017A: 2017년 6월 29일 제조
- 소비기한 및 품질유지기한 표시
  - EXP 11052020: 2020년 5월 11일까지 섭취할 수 있음
  - Best Before 06112018: 2018년 11월 6일까지 최상의 품질을 유지함
  - Use by 09122019: 2019년 12월 9일까지 섭취할 수 있음
- 유통기한 표시
  - Sell by 01082020: 2020년 8월 1일까지 판매할 수 있음

3 원재료 성분 표시

제조 혹은 조리가공에 사용된 원재료와 첨가물에 대해 표시해야 한다. 그리고 함량을 표시할 경우 그 함량은 백분율로 표시한다.

4 영양성분표시

- 식품표시항목 중의 하나로 가공식품의 영양학적 특성을 일정한 기준과 방법에 따라 표현하여 '영양'에 대한 적절한 정보를 소비자에게 전달해 주고 소비자가 이 식품의 영양학적 가치를 근거로 합리적인 식품을 선택할 수 있도록 돕기 위한 것이다.
- 의무표시 대상 영양성분은 명칭, 함량 및 영양소 기준치에 대한 비율(%)을 표시해야 하는데, 이 중 열량, 당, 트랜스지방은 명칭 및 함량만을 표시한다.
- 영양소 기준치에 대한 비율(%) 표시는 반올림하여 정수로 표시하며, 2% 미만은 0으로 표시 가능하다.

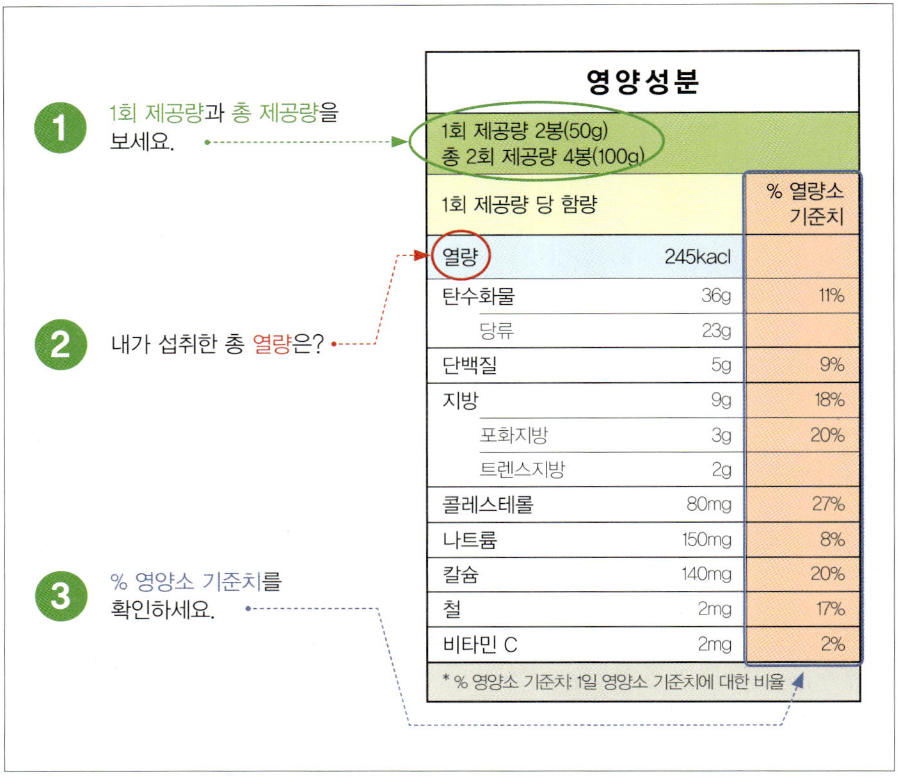

[그림 6-1] 영양표시 확인

출처: 식품의약품안전처 식품영양안전국.

(5) 상품브랜드

- PB(Private Brand 또는 Store Brand: 상점상표 또는 유통업 자상표): 제보설비를 가지지 않는 유통 전문 업체가 스스로 독자적인 상품을 기획하여 생산만 제조업체에 의뢰하는 것으로 유통업자가 상표의 소유권과 판매 책임을 갖게 된다.
- NB(National Brand: 고유상표): 원칙적으로 전국적인 규모로 판매되고 있는 제조업체 중심의 메이커 브랜드를 의미한다.

계절식품

계절에 따라 많이 나오는 식품으로 제철에 나오므로 값이 저렴할 뿐만 아니라 맛과 향이 좋고 영양이 풍부하다.

- 봄철 식품: 달래, 냉이, 쑥, 두릅 등이 대표적인 채소이며, 어패류로는 가자미, 청어, 키조개, 주꾸미, 갑오징어 등이 있다.
- 여름철 식품: 과일에는 수박, 참외, 토마토, 복숭아, 자두 등이 있고, 채소로는 열무, 가지, 깻잎, 풋고추 등이 있다. 생선 및 어패류에는 전갱이, 바지락, 다시마 등이 있다.
- 가을철 식품: 사과, 배, 포도 등의 과일과 채소로는 갓, 연근, 무, 아욱, 고구마 등이 있고 어류로는 갈치, 고등어, 꽁치 등이 있다.
- 겨울철 식품: 채소는 시금치, 연근, 양배추 등이 있고, 어패류와 해조류에는 청어, 삼치, 오징어, 굴, 꼬막, 미역, 파래 등이 있다. 과일은 감귤류가 대표적이다.

(6) 원산지 표시제도

- 국산 농산물: 국산 또는 생산한 시 · 도, 시 · 군 · 구 명을 표시한다.
- 수입 농산물 및 수입가공품: 국명 또는 국명산, 'Made in 국명' 또는 'Product of 국명'으로 표시한다.

(7) 원산지 감별

- 수입개방에 따른 값싼 외국산 농산물이 무분별하게 수입되고, 이들 농산물이 국산으로 판매되는 등 부정유통 사례의 증가로 공정거래 확립과 생산 농업인과 소비자를 보호하기 위하여 농산물 원산지표시 제도의 도입이 이루어졌다.
- 원산지란 농산물이 생산 또는 채취된 국가 또는 지역을 말한다. 국제적 무역에서 원산지는 일반적으로 그 물품이 생산된 정치적 실체를 지닌 국가를 의하고 국내적으로는 지역이나 지방을 의미한다.

〈표 6-3〉 친환경농산물의 종류 및 기준

종류	기준
유기농산물 유기축산물	• 유기농산물은 유기합성농약과 화학비료를 일체 사용하지 않고 재배(전환기간: 다년생 작물은 최소 수확 전 3년, 그 외 작물은 파종 재식 전 2년) • 유기축산물은 유기농산물의 재배 생산 기준에 맞게 생산된 '유기사료'를 급여하면서 인증기준을 지켜 생산한 축산물
무농약농산물 무항생제축산물	• 무농약농산물은 유기합성농약을 일체 사용하지 않고, 화학비료는 권장 시비량의 ⅓ 이내 사용 • 무항생제축산물은 항생제, 합성항균제, 호르몬제가 첨가되지 않은 '일반사료'를 급여하면서 인증기준을 지켜 생산한 축산물

출처: 친환경농산물정보시스템(www.enviagro.go.kr).

〈표 6-4〉 친환경농산물정보시스템

내용	로고
유기 • 유기농산물, 유기축산물, 유기재배 농산물 또는 유기농 • 기재배 ○○(○○은 농산물의 일반적인 명칭으로 한다), 유기축산 ○○, 유기 ○○	유기농 (ORGANIC) 농림축산식품부 / 유기농산물 (ORGANIC) 농림축산식품부 / 유기축산물 (ORGANIC) 농림축산식품부 / ORGANIC MAFRA KOREA
무농약 • 무농약, 무농약농산물 또는 무농약 ○○ • 무농약재배 농산물 또는 무농약재배 ○○	무농약 (NON PESTICIDE) 농림축산식품부 / NON PESTICIDE MAFRA KOREA
무항생제 • 무항생제, 무항생제축산물, 무항생제 ○○ 또는 무항생제 사육 ○○	무항생제 (NON ANTIBIOTIC) 농림축산식품부 / NON ANTIBIOTIC MAFRA KOREA
유기가공식품 • 유기가공식품, 유기농 또는 유기식품 • 유기농 ○○ 또는 유기 ○○	유기가공식품 (ORGANIC) 농림축산식품부 / ORGANIC MAFRA KOREA
저농약 • 2016년부터 인증제 폐지	저농약농산물

출처: 친환경농산물정보시스템(www.enviagro.go.kr).

〈표 6-5〉 농식품 국가인증표시

인증제도명	설명	로고
농산물 이력추적	농산물을 생산 단계부터 판매 단계까지 각 단계의 정보를 기록·관리하여 농산물의 안전성 등에 문제가 발생할 경우 해당 농산물을 추적하여 원인 규명 및 필요한 조치를 할 수 있도록 관리하는 것	TRACEABILITY 농산물이력추적관리
HACCP (위해 요소 중점관리 우수축산물)	식품의 원재료부터 제조, 가공, 보존, 유통, 조리 단계를 거쳐 최종소비자가 섭취하기 전까지의 각 단계에서 발생할 우려가 있는 위해 요소를 규명하여 식품의 안전성을 확보하기 위한 과학적인 위생관리체계	안전관리인증 HACCP 농림축산식품부
농산물우수관리 (GAP) 인증	생산 단계에서는 토양, 용수, 잔류농약, 중금속 등을 분석하고 재배하며, 수확 후 포장 단계에서는 외부에서 들어 올 수 있는 위해 요소를 관리함	GAP (우수관리인증) 농림축산식품부
전통식품 품질인증	국내산 농수산물을 주원(재)료로 하여 제조, 가공, 조리되어 우리 고유의 맛, 향, 색을 내는 우수한 전통식품에 대하여 정부가 품질을 보증하는 제도	전통식품 (TRADITIONAL FOOD) 농림축산식품부
유기가공 식품인증	농약, 비료 등 화학자재를 사용하지 않고, 재배한 유기원료(유기농산물, 유기축산물)를 유기적인 방법으로 가공한 식품	유기가공식품 (ORGANIC) 농림축산식품부
지리적 표시인증	명성, 품질 등이 특정 지역의 지리적 특성에 기인하였음을 인증하는 제도로서 국내외적으로 농산물(축산물, 임산물 포함)과 수산물 및 그 가공품의 지적 재산으로 인정되어 보호받음	지리적표시 (PGI) 농림축산식품부

출처: 친환경농산물정보시스템(www.enviagro.go.kr).

2 식품감별 및 보관

1) 식품감별

식생활 관리자는 식단계획에 따른 식품재료를 구입할 때 조리용도에 맞는 식재료를 잘 선택하여야 한다. 따라서 좋은 신선한 식재료 구입을 위해 각각의 식품의 감별 기준에 대한 지식을 갖추는 일은 중요하다.

(1) 곡류

한국인의 주식인 곡류에는 쌀을 비롯한 각종 잡곡을 포함한다. 영양학적으로 곡류는 뇌와 근육에 에너지원을 공급하는 탄수화물을 공급하는 식품이다. 최근까지 식생활에서 지속적인 탄수화물 섭취비율의 감소는 많은 문제점이 나타나고 있어 단순당의 섭취는 줄이고 복합당질 곡류의 섭취를 늘려 탄수화물뿐만 아니라 건강성분인 식이섬유를 공급하여 알찬 건강식을 제공한다.

1 곡류 감별(쌀, 보리, 통밀, 콩류)

① 도정한 쌀

- 쌀알이 광택이 나고 청결하고 투명한 것
- 쌀알이 입자가 고르고 부서지지 않은 것
- 곰팡이가 피어 적색, 흑색을 띠지 않는 것
- 쌀알을 깨물었을 때 강도가 센 것

② 보리

- 껍질이 얇고 광택이 나며 담황색인 것
- 고유한 향미가 나며 만졌을 때 부드러운 것
- 이물질이 없으며 통통하고 둥그스름한 것

③ 통밀

- 입자가 고르고 단단한 것
- 밀알이 부서지지 않고 다른 곡식이 섞이지 않은 것
- 우리 밀은 씨눈이 선명하고 단단하다.

2 두류

① 대두

- 윤기와 광택이 나고 각각 고유의 색을 가진 것
- 껍질이 깨끗하고 얇은 것으로 눈의 색이 회색, 미색, 황색을 띠는 것
- 알이 타원형으로 일정하며 병충해가 없는 것

② 팥

- 낟알이 붉은색이며 광택이 나는 것
- 낟알이 크고 흰색의 띠가 뚜렷한 것
- 낟알의 색이 일정하고 흰 가루가 붙지 않은 것

③ 녹두

- 껍질이 광택이 나지 않고 거친 것
- 진한 녹색을 띠며 크기가 작은 것

(2) 서류

과거에는 감자와 고구마는 먹을 것이 부족할 때 허기를 채우는 대표적인 구황작물이었다. 하지만, 현대에 감자는 비타민 C, 칼륨이 풍부한 식품으로, 고구마는 대표적 웰빙 성분인 베타카로틴 성분으로 주목받는 식품이다. 이 식품의 품질 감별법은 다음과 같다.

1 감자

- 씨눈이 얕게 패인 것
- 감자의 속살 색이 흰 것
- 알이 굵고 단단하며 형태가 균일한 것
- 싹이 나지 않고 껍질이 녹색이 아닌 것
- 수분이 적은 밭 감자일 것

2 고구마

- 표면이 단단하고 잔털이 없으며 매끈한 것
- 육질이 분질이며 단맛이 있는 것으로 속이 노란 것
- 알이 고르고 반점이 없으며 흠이 없는 것
- 껍질이 밝고 선명한 적자색으로 진한 것
- 타원형으로 골이 지지 않은 것

(3) 어패류

식재료로 어패류는 열량 영양소 중에서 단백질과 오메가-3 지방산의 좋은 급원이다. 특히, 어패류의 신선도는 식품위생건강과 밀접한 관계가 있으므로 식생활 관리자의 어패류 신선도 감별 기준에 대한 지식은 중요하다.

〈표 6-6〉 생선류 및 패류의 감별

<table>
<tr><th colspan="2">품명</th><th>감별 방법</th></tr>
<tr><td>생선류</td><td>고등어, 삼치, 대구, 명태(동태)</td><td>• 아가미의 색이 진홍색이고 눈이 맑은 것
• 몸의 색이 선명하고 육질이 탄력이 있는 것
• 껍질이 윤기가 나는 것
• 비늘이 있는 생선은 비늘이 살에 단단히 붙은 것
• 고등어는 등 색이 푸르게 윤택이 나고 살이 단단한 것
• 삼치는 등 쪽이 회청색이며 윤기가 흐르는 것
• 대구는 싱싱하고, 투명할 정도로 하얀 것</td></tr>
<tr><td>조개류</td><td>가리비, 굴, 조개, 패주, 소라, 홍합, 꼬막, 백합, 바지락 등</td><td>• 살아 있으며 껍질이 깨지지 않고 광택이 나고 깨끗한 것
• 패주가 풀어져 퍼지지 않은 것
• 조개껍데기가 두꺼운 것은 늙은 조개로 속 알이 적으며, 껍데기가 얇은 것이 어린 조개이다.
• 물기가 있고 입이 열리거나 굳게 닫힌 것은 죽은 것이다.
• 봄철의 조개류는 산란기이므로 맛이 나쁘며, 독성을 가질 수 있으므로 조심하고 가을, 겨울철의 것이 맛이 더 좋다.</td></tr>
<tr><td>갑각류</td><td>게, 새우, 가재, 바닷 가재 등</td><td>• 몸체가 여러 조각의 단단한 껍질의 마디로 되어 있다.
• 신선류의 가격이 더 비싸므로 냉동 보관 후 조리할 것은 굳이 신선한 것을 구입하지 않아도 된다.
• 새우는 종류에 따라 크기, 모양, 색깔이 다양하지만 열 조리 후에는 모두 분홍색을 띤다.</td></tr>
<tr><td>게</td><td>꽃게, 왕게, 닭게, 대게 등</td><td>• 게는 살아 있거나 둥근 껍질을 가진 암컷이 길쭉한 껍질을 수컷과 냉동 게보다 더 비싸다.
• 크기가 클수록 가격이 비싸다.</td></tr>
<tr><td>연체류</td><td>문어, 낙지, 꼴뚜기, 오징어, 한치, 갑오징어, 해삼 등</td><td>• 오징어는 몸이 투명하고 짙은 흑갈색이며 몸통이 원형인 것으로 탄력이 있고 단단한 것으로 껍질이 잘 벗겨지는 것
• 선도가 떨어지며 흑갈색이 흰색이 되고 더 오래되면 어두운 적갈색이 되며 탄력이 없어진다.
• 좋은 낙지는 몸이 적자색, 다리의 흡반이 크고 뚜렷하고 살아 있는 것</td></tr>
</table>

(4) 육류

우리 신체를 구성하는 수천 가지 물질이 단백질로 구성되므로 중요한 단백질 급원인 육류의 공급은 매우 중요하다. 우리 식생활에 주로 제공되는 쇠고기, 돼지고기, 닭고기의 신선한 선별 기준은 중요하고 그 내용은 다음과 같다.

〈표 6-7〉 육류 및 가금류 감별

품명	감별 방법
쇠고기	• 고기의 육질이 윤기 나는 선홍색이며 고깃결이 곱고 미세하며 탄력 있는 것 • 고기의 품질 등급은 근육 내 지방 분포(마블링, marbling)에 따라 구분 • 나이가 어린 소나 노동량이 적은 소는 고깃결이 고운 편으로 부드럽고, 색이 검고 표면이 건조하면 장기냉동된 것일 수 있다.
돼지고기	• 고기는 분홍색을 띠는 붉은색이 좋다. • 지방의 색이 희고 굳은 것이 연하고 냄새가 없다. • 결이 곱고 탄력이 있는 고기가 신선한 어린 돼지로 맛이 있다.
닭고기	• 고기 색깔이 담황색이면서 윤기가 있는 것 • 수분 함량이 높고 탄력이 있는 것 • 생후 1년 이내의 닭이 고기의 맛과 육질이 좋음

(5) 채소류

채소류는 크게 경엽채류, 과채류, 근채류로 분류할 수 있다. 경엽채류는 지상부의 줄기와 잎을 식용하는 엽채류, 지하경의 싹 또는 잎, 인경부를 식용하는 경인채류 및 초본의 꽃봉오리, 꽃잎, 꽃받침 등을 식용하는 화채류로 각각 분류한다. 과채류는 열매를 식용하는 채소이며, 근채류는 지하에 양분을 저장한 뿌리 부분을 식용하는 채소이다.

〈표 6-8〉 경엽채류

품명	좋은 농산물	좋지 않은 농산물
배추	• 모양이 좋고 알속 모양이 꽉 채워져 단단하며 겉잎 버림이 적고 신선하고 수분이 적어 보이는 것 • 짓눌림, 상처가 없는 것	• 속이 덜 채워져 가볍고 무른 것 • 줄기 부분이 억세고, 푸른 빛이 너무 강한 것
양배추	• 모양이 균일하고 묵직하고 벌레 먹은 부위가 없고 단단히 뭉친 것 • 겉잎이 깨끗하고 윤기가 나며 청색기가 많은 것	• 병충해(민달팽이)의 피해가 있는 것 • 겉잎에 상처가 있거나 시들거나 짓무른 것 • 알속이 덜 채워져 가벼운 것
상추	• 부드럽고 깨끗하며 잎의 크기가 일정하고 녹색을 띠는 것 • 줄기 부분을 잘랐을 때 우윳빛과 같은 흰 액체가 나오는 것	• 깨끗하지 못하며 잎의 크기가 고르지 않은 것 • 잎이 얇고, 누렇게 뜬 잎이 섞여 있는 것
양상추 (결구상추)	• 연한 녹색이며 두꺼운 것 • 같은 크기인 경우 무겁고 결구 상태가 좋은 것 • 잎의 주름이 일정하고 줄기가 짧은 것 • 잎의 주름이 균일하고 수가 많은 것	• 초록색 잎이 많은 것 • 잎에 상처가 있어 누렇게 된 것
시금치	• 잎이 싱싱하고 선명한 녹색띤 것 • 한 뿌리에 잎 수가 많고 두껍고 마른 잎이 없는 것 • 병충의 피해가 없고 뿌리와 줄기의 아랫부분의 붉은색이 선명한 것	• 잎과 줄기가 일정하지 않고 웃자랐거나 꽃대가 나온 것 • 줄기가 길고 뿌리를 자르지 않은 것
미나리	• 잎은 녹색으로 선명하며 윤기가 나는 것 • 잎의 길이가 비슷한 것	• 잔뿌리가 많고 길이와 굵기가 고르지 않은 것 • 줄기가 짧거나 부러진 것이 있으며 가는 것

〈표 6-9〉 화채류

품명	좋은 농산물	좋지 않은 농산물
브로콜리	• 꽃봉오리 부분이 짙은 녹색이거나 약간 보라색이 도는 것 • 봉오리가 작고 가운데가 볼록 솟아오른 것 • 꽃 덩어리가 단단하고 꽃눈이 벌어지지 않은 것	• 꽃봉오리가 노란색이거나 회색인 것
콜리플라워	• 콜리플라워를 감싼 밑부분이 빡빡하고 단단하며 무거운 것 • 색이 희고 봉오리가 동그랗게 올라온 것이 싱싱한 것	• 꽃 덩어리가 강하게 뭉쳐지지 않은 것 • 희색 반점이 있는 것

〈표 6-10〉 과채류

품명	좋은 농산물	좋지 않은 농산물
오이	• 녹색이 짙고 선명하고 가시가 있으며 굵기가 일정한 것 • 탄력과 광택이 있고 육질이 단단하면서 수분이 많고 속씨는 적으며 꽃이 붙어 있을 정도로 싱싱한 것	• 굵기가 고르지 않거나 중간 부분이 구부러진 것 • 꼭지가 말랐거나 표피에 주름이 있으며 껍질이 두껍고 억세게 보이는 것
애호박	• 껍질은 연한 녹색으로 부드러운 것 • 육질이 치밀하고 단단하며 모양은 균일하고 씨가 적은 것	• 굵기가 균일하지 않고 표면에 광택이 없는 것
가지	• 껍질이 얇고 매끈하고 진한 보라색의 광택이 나는 것으로 크기가 균일한 것 • 탄력이 있고 육질이 연하고 씨가 없는 것	• 몸통이 날씬한 것 • 색깔이 연하고 크기가 너무 큰 것
피망	• 짙은 녹색을 띠고 윤기가 나며 기형이 아닌 것 • 표피가 두껍고 씨가 적은 것	• 색이 연하며 껍질이 얇아진 것

〈표 6-11〉 근채류

품명	좋은 농산물	좋지 않은 농산물
무	• 잎이 푸르고 잔뿌리가 없는 몸통이 곱고 모양이 바르며 흠이 없고 바람이 들지 않은 것 • 육질이 단단하고 연하며 먹었을 때 매운맛이 적고 단맛이 나는 것 • 뿌리 쪽이 통통하고 잎 쪽은 파란 무가 맛있다.	• 크기와 모양이 일정하지 않은 것 • 잔뿌리가 있거나 굴곡이 심하며 껍질이 거칠어 보이는 것 • 바람이 들고 속살이 경질화되어 질기고 검은 심줄이 있는 것
양파	• 잘 마른 적황색 껍질로 덮여 있으며 중심부를 눌러 보아 단단하고 무게감이 있는 것 • 붉은빛이 도는 신선한 것	• 껍질 부분이 잘 벗겨지며 흰색 부분이 드러나 있는 것 • 약간 회색이나 어두운색을 띠는 것 • 눌러 보아 물렁물렁한 것은 심이 썩은 것
연근	• 몸통에 상처가 없고 무거우며 엷은 주황색으로 길이가 길고 굵은 것 • 모양이 균일하며 표면이 건조하지 않고 잘랐을 때 속이 희고 부드러운 것	• 표면에 상처가 있으며 휘거나 건조한 것 • 길이가 짧거나 가는 것
우엉	• 모양이 곧고 직경이 3cm 정도로 굵기가 균일한 것 • 바람이 들지 않고 건조하지 않으며, 연하고 수염뿌리, 혹이나 흠이 없는 것	• 지나치게 굵거나 가는 것 • 색상이 고르지 않은 것 • 건조하고 잘랐을 때 부드럽지 않은 것
마늘	• 마늘의 모양과 크기가 일정한 것 • 겉껍질과 속껍질이 강하게 부착된 것 • 표피가 담적색이고 크기와 모양이 균일한 육쪽마늘이 가장 좋다.	• 색깔이 변질되고 쭈글쭈글한 것 • 쪽수가 많으면서 마늘통이 작은 것 • 싹이 난 것
생강	• 크기와 모양이 일정하고 굴곡이 적고 껍질이 얇은 것 • 섬유질이 적고 연한 것 • 발이 6~7개로 굵고 황토흙에서 재배한 것으로 껍질이 잘 벗겨지는 것 • 향미가 강하면서 매운맛이 적당한 것	• 색이 어둡고 가늘며 어린뿌리가 나 있는 것 • 발이 가늘고 껍질이 잘 벗겨지지 않는 것 • 발의 개수가 많은 것

〈표 6-12〉 산채류

품명	좋은 농산물
냉이	• 잎과 줄기가 적은 것 • 녹색이 진하고 너무 피지 않은 것 • 뿌리가 너무 단단하고 질기지 않고 잔털이 없는 것 • 뿌리가 곧고 희면 신선한 것 • 향이 진한 것이 좋다.
두릅	• 두릅 순이 굵고 연하고 향기가 강하며 껍질이 마르지 않은 것 • 잎은 연두색을 띠며 완전히 피지 않은 것
고사리	• 생것은 부드럽고 연하며 대가 통통한 것 • 마른 것은 진한 밤색을 띠는 것 • 잎이 많이 피지 않은 것 • 삶은 고사리는 밝은 갈색인 것
취	• 부드러우면서 연하며 생것은 특유의 푸른색을 띠는 것 • 삶은 취는 짙은 갈색으로 질기지 않고 짓무르지 않은 것
참나물	• 줄기는 가늘고 부드러우며 향이 강한 것 • 싱싱하고 잎은 짙은 녹색을 띠는 것
고구마줄기	• 줄기가 연하고 굵으며 싱싱하고 잎이 제거된 것이 좋다.
비름나물	• 어린잎과 줄기를 식용으로 하며, 줄기는 가늘며 잎은 작고 옅은 녹색을 띠는 것이 연하다.

(6) 기타

① 우유: 약간의 단맛이 나는 것으로 생산일자를 확인하여 구입한다.

② 유제품: 연유와 분유는 이미와 이취가 없고, 버터는 곰팡이나 얼룩 혹은 흠이 없는 것이 좋다.

③ 계란: 계란 껍데기 전체의 결이 꺼칠꺼칠한 것이 신선한 것이고 윤이 나면 상대적으로 오래된 것이고 흔들어서 소리가 나지 않는 것이 좋다.

④ 과일류: 과일류의 선별은 과일의 성숙도, 색, 모양, 광택, 향기, 무게 등을 살펴본다.

〈표 6-13〉 과일류의 선별

품명	좋은 농산물	좋지 않은 농산물
사과	• 껍질에 탄력이 있고 색이 고르고 밝은 느낌이며 두드렸을 때 맑은소리가 나는 것	• 껍질이 쭈글쭈글하거나 덜 익어 외관상 푸른색이 많거나 너무 익어 색깔이 어둡고 광택이 없어 보이는 것
토마토	• 모양이 둥글고 골이 지지 않은 것이 잘 익은 것이고 꼭지가 초록색이고 시들지 않은 것 • 껍질이 윤기가 나고 색이 짙은 것, 크기가 크며, 붉은빛이 균일하고 선명한 것 • 물에 담갔을 때 가라앉는 것이 당도가 높다.	• 깨지거나 짓무르지 않고 너무 익어 물렁거리지 않는 것 • 꼭지 부근에 녹색이 남아 있지 않은 것
배	• 과피가 얇고 매끄러우며 푸른 끼가 없는 짙은 황색인 것 • 육질이 단단하고 들어 보았을 때 묵직한 것이 수분이 많고 맛있는 것	• 과실이 작으며 크기와 모양이 고르지 않은 것 • 과실 표면이 울퉁불퉁한 것 • 손가락으로 눌러봤을 때 무르다는 느낌이 드는 것
귤	• 들어 보아 크기에 비해 묵직한 느낌이 있는 것이 과즙이 풍부하다. • 중간 크기와 평평한 모양으로 껍질이 얇은 것 • 색이 선명하며 속이 꽉 차고 쭉수가 적은 것 • 껍질이 얇고 잘 벗겨지는 것	• 껍질이 두꺼우며 과육에 섬유질이 많이 붙는 것 • 겉껍질과 쪽 사이에 공간이 있으며 무르거나 썩은 것
오렌지	• 원형 또는 타원형으로 껍질에 탄력이 있고 윤기가 나며 정상부에 배꼽이 클수록 달다.	• 껍질의 수분이 부족하여 쭈글쭈글하고 두꺼운 것
한라봉	• 제주도에서 귤과 오렌지를 접목시킨 개량종으로 오렌지보다 신맛이 덜하고 순하며 단맛이 난다. • 껍질이 두꺼우며 잘 벗겨지는 것	• 껍질이 단단한 것
딸기	• 꼭지가 마르지 않고 푸른색을 띠는 것 • 굵고 크기와 모양이 균일하고 외피에 손상이 없고 적색이 짙고 선명한 것 • 과육이 단단하고 독특한 향기가 강하며 당도가 높은 것	• 낱알이 작고 모양이 고르지 않은 것 • 미숙과 또는 기형과가 혼합된 것 • 착색이 불량한 것 • 손상, 압상 등으로 부분적으로 짓물러진 것

품명	좋은 농산물	좋지 않은 농산물
복숭아	• 과실 모양과 향기가 좋으며 크기가 크고 꼭지가 달려 있고, 꼭지 반대편이 쑥 들어간 것 • 단단한 품종은 선홍색이 고르게 퍼져 있는 것이 좋고, 백도는 연둣빛이 돌지 않는 투명한 빛깔이 좋으며, 천도는 검은빛이 도는 빨간색이 꼭지까지 퍼져 있는 것이 좋다. • 좋은 복숭아는 진한 향기가 나며 잘 익은 것은 껍질이 잘 벗겨진다.	• 과실의 모양이 고르지 않고 크기가 작은 것 • 과실이 펑퍼짐하게 보이며 씨 쪼개짐이 있는 것 • 덜 익은 것으로 과실 표면에 푸른색이 많고 색깔이 선명하지 않은 것
포도	• 포도분이 많이 묻어 있고, 꼭지와 속줄기가 싱싱하며 과피는 얇고 고유의 향기가 나고 속즙이 많은 것	• 포도송이가 작고 포도알과 알 사이의 간격이 엉성한 것 • 포도송이에 청색 알과 껍질 갈아진 것이 있는 것
참외	• 골이 선명하고 껍질이 윤이 나며 색이 짙고 꽃자리 부분에서 향기로운 향이 나는 것	• 향이 너무 강하면 상한 것이다. • 육질이 무르며 껍질이 두꺼운 것
수박	• 색이 진하고 검은색 줄무늬가 선명하고 꼭지 부위의 줄기가 싱싱한 것 • 꼭지 부분이 움푹 들어간 것 • 줄기가 싱싱한 것, 두드리면 맑은소리가 나고 부피에 비하여 가벼운 느낌이 나는 것이 좋다.	• 껍질이 두꺼우며, 꼭지 부위의 줄기가 마른 것
멜론	• 찌그러지지 않고 둥글고 줄이 가지런하게 그어진 것 • 꼭지 반대편을 눌러 보았을 때 살짝 들어가며 부드러운 것	• 중간에 선이 끊어지거나 껍질에 상처가 있는 것 • 육질이 너무 단단한 것
파인애플	• 왕관 모양의 머리 부분이 녹색인 것	• 잎이 시들거나 갈색으로 변한 것 • 과육에 멍이 들거나 단단한 것
바나나	• 껍질이 적당히 푸른 빛을 띠는 것	• 껍질에 상처가 있는 것 • 후숙된 것
매실	• 색이 선명하고 알이 고르고 단단하며 껍질이 매끈한 것	• 껍질에 벌레 먹은 자국이나 상처가 있는 것
자몽	• 완전한 동그란 모양이고 무거운 것 • 껍질이 매끄럽고 담황색인 것	• 무게가 가벼운 것

⑤ 해조류 및 버섯류

- 해조류: 김은 윤이 나고 빛깔이 검은 것, 미역은 약간 푸른빛을 띠는 흑갈색, 다시마는 잎이 두껍고 흑갈색이나 흑녹색이 좋다.
- 버섯류: 독성이 있을 수 있으므로 유의해야 한다.

2) 식품보관

급식 생산 전까지 품질을 최적으로 유지하며 위생적으로 보관하기 위해서는 신속하고 올바른 식재료 보관의 기준과 절차가 필수적으로 저장기간 중 발생할 수 있는 품질 및 비용의 손실을 줄이는 결과를 가져온다. 오염방지를 위해 날음식은 냉장고 하부에, 가열조리식품은 위쪽에 보관한다. 보관 중인 재료는 덮개를 덮거나 포장하여 식재료 간의 오염이 일어나지 않도록 유의한다. 냉장고와 냉동고는 주 1회 정기청소, 냉동고는 정기적으로 성에 제거를 하고 내부 온도 유지를 확인 기록하고 이상이 있을 때는 내용물을 정상기기로 옮기고 즉시 수리를 의뢰한다.

(1) 저장 관리의 원칙

① 분류저장 체계화의 원칙

- 종류별로 그룹으로 분류하고 번호순으로 정렬
- 냄새의 방출성, 흡수성에 따라 별도 저장

② 저장위치표시의 원칙: 저장위치가 정확해야 출고 시 시간과 노력 절약

③ 품질보존의 원칙: 저장온도(냉장, 냉동 구분)와 습도 고려

④ 공간활용 극대화의 원칙: 물품 저장공간 이외에 물품운반 장비의 이동공간 필요

⑤ 선입선출의 원칙(first-in-first-out: FIFO): 뒤에 들어온 물품을 현재 보관 중인 물품의 뒤쪽에 두어 낭비 가능성을 최소화함

⑥ 안정성 확보의 원칙

조명기구에는 덮개를 설치한다.

통풍구를 설치한다.

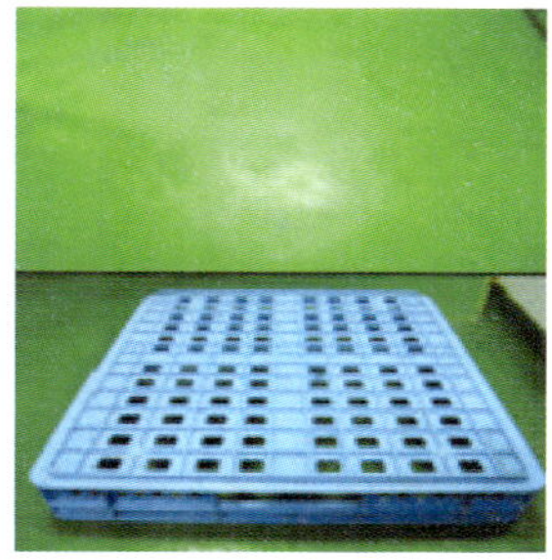

식품보관실의 바닥에는 물기가 없어야 하며, 식품의 운반과 보관은 깔판을 사용한다.

냉장·냉동고를 구비한다.

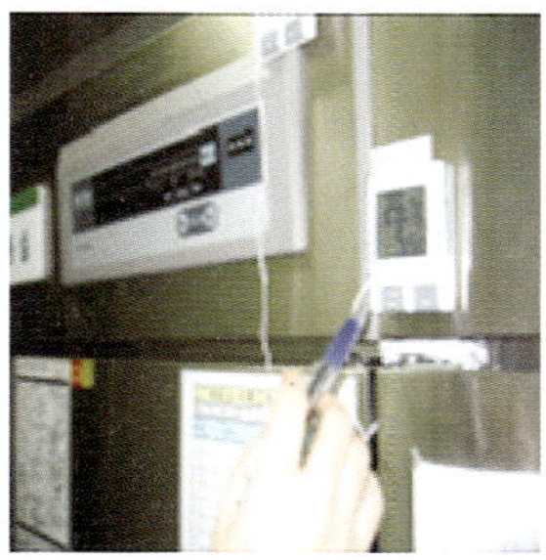

냉장·냉동고의 온도를 적정 온도로 유지한다.

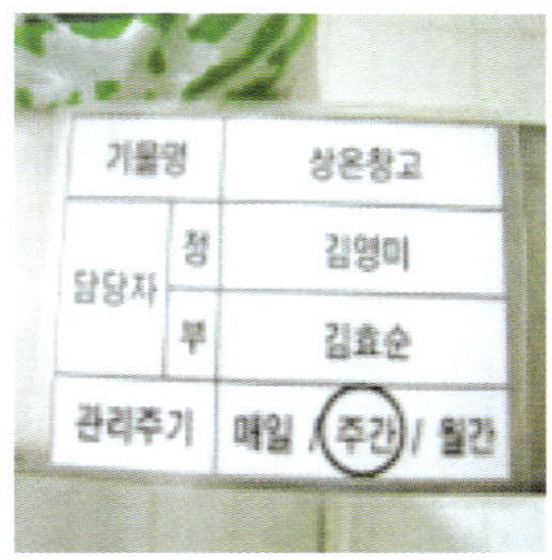

냉장·냉동고의 관리자를 지정하여 지속적으로 관리한다.

식품보관실은 항상 정돈 상태를 유지하도록 한다.

보관 상태별로 색을 달리하여 눈에 띄게 표시함으로써 보관이 용이하도록 한다.

[그림 6-2] 식재료 보관 시 기본사항

출처: 식품의약품안전처(http://www.mfds.go.kr).

(2) 보관의 유형

1 냉장

채소류, 생선류 등의 일시적 보관에 사용하고 냉장저장 식품은 입고 후 사용 직전까지 냉장고에 계속 보관하여 식품의 품질이나 영양소의 손실을 최소화한다. 냉장보관 시 미생물의 증식으로 보존기간은 1~3주가 알맞다.

〈표 6-14〉 냉장저장에서의 고려사항

고려사항	사진
냉장온도(10℃ 이하)를 유지하고 지속적으로 관리한다.	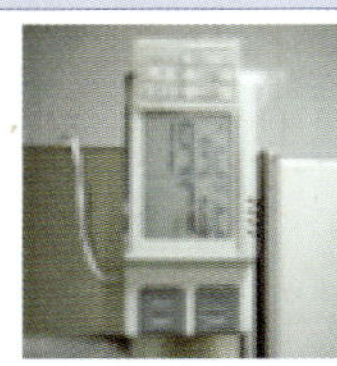 
라벨에 날짜를 표기하거나 요일별로 색깔을 다르게 한 표식(date mark)을 사용한다.	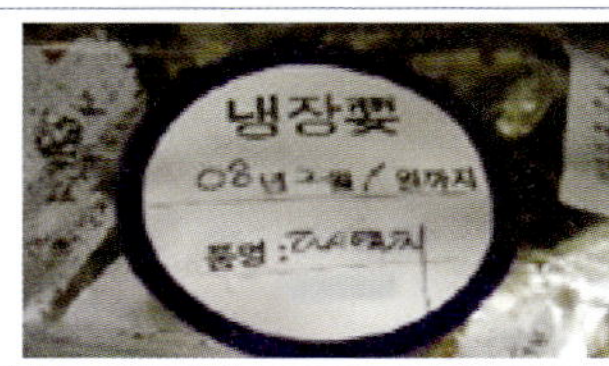
개봉하여 일부 사용한 제품류는 깨끗한 용기에 담아 표시사항(개봉한 날짜와 원산지, 제조업체 등)을 표기한 후 냉장보관한다.	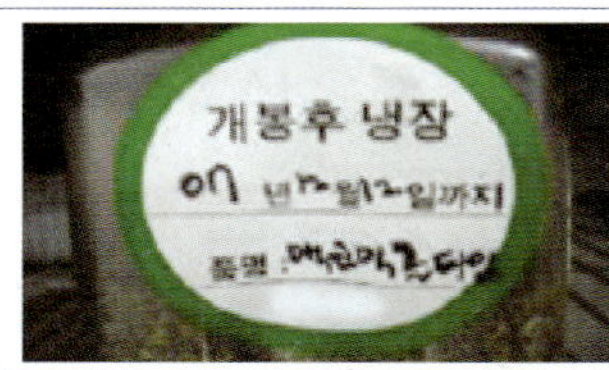
각각의 식재료 중 향이 강한 음식은 분리 저장한다.	
과일, 채소는 냉장실의 잘 보이는 곳에 보관하여 매일 상태를 체크한다.	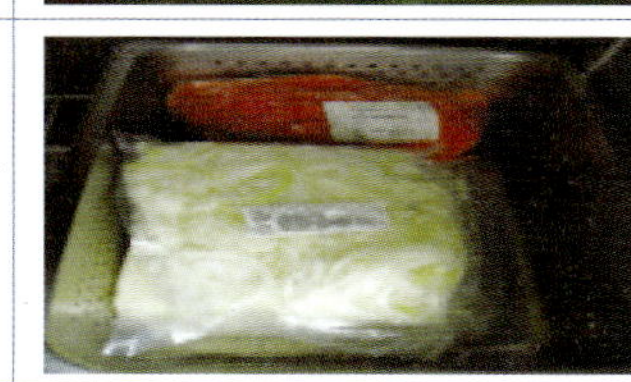

고려사항	사진
냉장고 문 앞에 물품목록표를 붙여 두고 적정보관기한을 알게 한다.	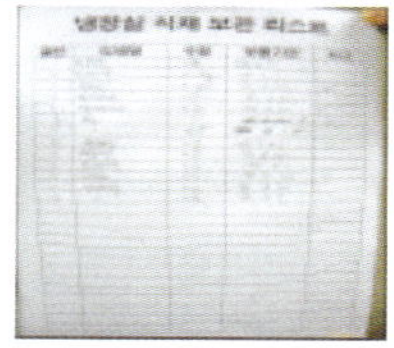

2 냉동

모든 식품의 장기보관에 유용하며, 냉동식품은 냉동상태로 납품하고, 입고 즉시 신속히 냉동고로 이동한다. 냉동고의 온도는 -18℃ 이하로 관리하며, 냉동고에 보관 시 식품의 두께를 얇게 하고, 한 번 해동한 것은 재동결하지 않는다. 뜨거운 것은 식혀서 냉장고에 넣고 수분이 많은 채소나 과일은 냉기가 나오는 쪽에 넣지 않는다. 냉동변색 방지를 위해서는 냉동실을 -18℃ 이하로 유지한다.

〈표 6-15〉 냉동저장에서의 고려사항

고려사항	사진
냉동실 내부는 항상 정리정돈하고 선반과 벽, 바닥은 항상 깨끗해야 하고, 바닥에는 물기가 없어야 한다.	
냉동고 문 앞에 물품 목록표를 붙여 두고 적정 보관기한을 넘기지 않는다.	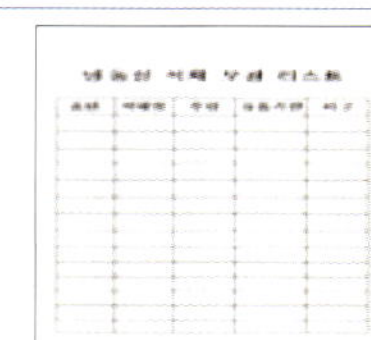
냉동식품을 완전히 해동하지 않고 조리한 경우는 품질이 현저히 떨어지므로 반드시 적절한 해동을 거쳐 사용한다.	

고려사항	사진
냉동상태 −18℃ 이하로 저장하고 항상 온도계를 점검한다.	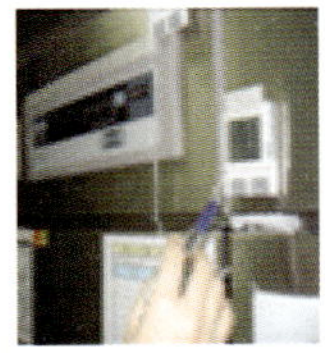 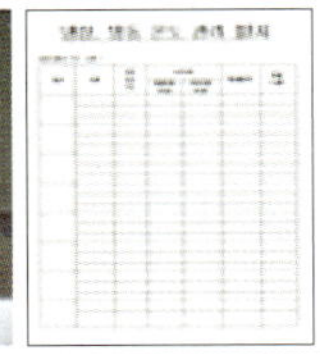
과일, 채소, 쇠고기 등은 생선, 패류, 가금류, 조리된 음식보다 저장온도 변화에 의해 영향을 더 받으므로 주의하여야 하며, 냉동손상(freezer burn)을 방지하기 위해서는 포장 상태가 좋아야 한다.	
개봉하여 일부 사용한 제품류를 다시 냉동보관 할 때에는 깨끗한 용기에 담아 표시사항(개봉한 날짜와 원산지, 제조업체 등)을 표기한 후 보관한다.	

3 건조

수분함량을 줄여 보관하는 것으로, 버섯, 고사리, 무청 시래기 등이 있다. 건조보관 창고는 환기 및 조명시설이 잘 갖춰지고 위생적이고 상대습도 범위는 50~60%를 유지한다.

4 실온 보관

곡류, 근채류, 통조림 등은 실온 보관이 가능하나 직사광선을 피하고 환기가 잘 되는 장소에 보관한다. 식품보관 선반은 바닥으로부터 15cm 이상 공간을 띄워 청소가 용이하게 한다. 감자, 고구마, 양파, 마늘은 서늘하고 바람이 잘 통하는 곳에 보관한다. 바나나, 파인애플, 망고, 멜론 같은 열대과일은 실온에 둔다.

〈표 6-16〉 건조, 실온저장에서의 고려사항

고려사항	사진
유통기한을 기준으로 정리 · 정돈하여 선입선출이 용이하도록 한다.	
식품보관 선반은 바닥으로부터 15cm 이상의 공간을 띄워 청소가 용이하도록 한다.	
개봉하여 일부 사용한 제품류는 깨끗한 용기에 담아 표시사항(개봉한 날짜와 원산지, 제조업체 등)을 표기한 후 보관한다.	

(3) 식품별 보관

1 육류

냉장온도의 경우 4℃ 이하의 유지, 장기간 저장 시에는 -18℃ 이하에서 빠르게 냉동저장(급속냉동)한다. 덩어리 고기는 두께를 가능한 한 얇게 냉동한다. 밥은 식혀서 1인분씩 나누어 냉장 혹은 냉동보관하고, 깡통식품은 개봉 후 남은 것은 다른 용기에 옮겨서 냉장보관한다.

2 채소류

흙이 묻은 채소는 씻어서 냉장보관하고 오이, 토마토 등은 비닐봉지에 담아서 보관한다.

3 계란류

저온저장이 가장 좋으며, 5℃에서 습도 80%의 조건이 가장 좋다. 계란은 수분이 많으므로 저장 중 온도의 변화를 크게 받는다. 냉장 유통되는 것을 구입하여 뾰족한 부분이 밑으로, 둥근 부분을 위로 보관한다.

〈표 6-17〉 어육류의 보관 및 저장

분류	품명	보관온도(℃)		보관기간		비고
		냉장	냉동	냉장	냉동	
육류	쇠고기	4	−12~−18	3일~5일	1개월~3개월	냉장 또는 냉동상태로 보관
	돼지고기	4	−12~−18	2일~3일	15일~1개월	
가금류	닭고기	4	−12~−18	2일~3일	15일~1개월	
생선류	생선류	4	−12~−18	1일~2일	15일~1개월	
패류	패류	4	−12~−18	1일~2일	15일~1개월	
갑각류	어묵	4	−12~−18	2일~5주	15일~1개월	냉장상태로 보관
	게, 새우		−12~−18		8일~4개월	

출처: 식품의약품안전청(2012).

〈표 6-18〉 채소류의 보관 및 저장

분류	품명	보관온도(℃)	보관기간	비고
채소류	입채류	4~6	1일	채소를 씻은 상태
		15~26	3일	채소를 씻지 않은 상태
	근채류	4~6	2일	
		15~25	3개월	무: 보관일 7일
	과채류	7~10	5일	
		15~25	3일	
	감자류, 뿌리채소류	20	7~30일	씻지 않은 상태

출처: 식품의약품안전청(2012).

〈표 6-19〉 조미료류의 보관 및 저장

분류	품명	보관온도(℃)	보관기간	비고
조미료류	간장	25	6개월(1년)	
	된장	25	1개월(6개월)	
	고추장	25	1개월(6개월)	
	고춧가루	25	1개월(6개월)	서늘하고 통풍이 양호한 곳에 보관
	식초	25	3개월(6개월)	서늘하고 직사광선을 피해서 보관
양념류	향신료	25	1년(2년)	건조저장 : 습도 50~60%
	겨자	25	6개월	
	소금	25	2~6개월	
	소스 (스테이크, 간장 등)	25	두기한	
감미료	설탕	25	1년	건조저장 : 습도 50~60%
	흑설탕	25	1년	
	시럽, 꿀	25	1년	

출처: 식품의약품안전청(2012).

〈표 6-20〉 유지류의 보관 및 저장

분류	품명	보관온도(℃)	보관기간	비고
유지류	참기름	15~25	1년(6개월)	
	들기름	15~25	15일(3개월)	
	미강유	15~25	8개월(1년)	
	옥수수기름	15~25	8개월(1년)	
	콩기름	15~25	8개월(1년)	
	마요네즈	15~25	2개월	건조저장 : 습도 50~60%
	샐러드드레싱	15~25	2개월	
	샐러드오일	15~25	6~9개월	
	채소쇼트닝	15~25	2~4개월	

출처: 식품의약품안전청(2012).

〈표 6-21〉 기타류의 보관 및 저장

분류	품명	보관온도(℃)	보관기간	비고
우유 및 유제품류	우유	10	약 7일	미개봉
	버터	10	6개월	(가염품)미개봉
	치즈	6	6~12개월	포로세스치즈, 미개봉
통조림류	과일	15~21	1년	건조저장 : 습도 50~60%
	과일주스	15~21	6~9개월	
	해산물	15~21	1년	
	수프	15~21	1년	
	채소	15~21	1년	
유제품류	무연당 연유	15~21	1년	건조저장 : 습도 50~60%
	분유	15~21	6~9개월	
	육아용 분유	15~21	12~18개월	
기타	아이스크림	−18 이하	3개월	
	과일	−18 이하	8~12개월	
	과일주스	−18 이하	8~12개월	
	채소	−18 이하	8개월	
	감자튀김	−18 이하	2~6개월	
	케이크	−18 이하	3~4개월	
	과일파이	−18 이하	3~4개월	
	베이킹파우더, 베이킹소다	15~21	8~12개월	건조저장 : 습도 50~60%
	건조된 콩	15~21	1~2년	
	과자, 크래커	15~21	1~6개월	
	건조한 과일	15~21	6~8개월	
	잼, 젤리	15~21	1년	
	피클	15~21	1년	
	옥수수녹말	15~21	2~3년	
	이스트	15~21	18개월	

출처: 식품의약품안전청(2012).

보관시설의 안전 위생관리 사항

① 냉장, 냉동 온도 유지와 지속적인 확인 관리
② 식자재 보관리스트를 활용한 보관기간 관리
③ 선입선출관리(data mark)
④ 식재료 종류별 구분 보관
⑤ 개봉한 식재 또는 소분보관 식재는 밀봉 후 표시사항 표기 후 보관(제품명, 유통기한 등)
⑥ 손상방지를 위한 적절한 포장상태 관리
⑦ 주기적인 청소관리
⑧ 식재, 비식재 구분 보관
⑨ 식자재 바닥방치 금지: 15cm 이상 높이에 보관
⑩ 적정 온도와 습도를 유지하고 매일 1회 확인(곰팡이 발생 방지)
⑪ 선입선출이 가능하게 배치
⑫ 방충, 방서 확인 후 오염제품 발견 시 즉시 폐기

쉬어가기 (계절식품)

1월

- 식재료: 감귤, 미나리, 들깨, 찹쌀, 귤, 도라지
- 김치: 명란채김치, 깍두기, 나박김치
- 수산물: 명태, 도미, 빙어

2월

- 식재료: 딸기, 봄동, 조, 시래기, 우엉
- 김치: 갈치내장김치, 봄동김치, 백김치
- 수산물: 가자미, 백합, 김, 대게, 대구

3월

- 식재료: 묵은 나물, 당면, 풋마늘, 방울토마토, 냉이, 닭가슴살
- 김치: 시금치김치, 달래김치, 얼갈이김치
- 수산물: 도다리, 조기, 바지락, 미역

4월

- 식재료: 달래, 돼지고기, 기장, 쑥, 흑미
- 김치: 풋마늘대겉절이, 깻잎김치,
- 수산물: 주꾸미, 실치, 멸치

5월

- 식재료: 토마토, 상추, 귀리, 두릅, 오리고기, 기장, 오이, 마늘
- 김치: 오이소박이, 상추겉절이, 게국지김치
- 수산물: 준치, 농어, 재첩, 꽃게, 황복, 바지락

6월

- 식재료: 가지, 보리, 닭고기, 오디, 감자, 양파
- 김치: 부추김치, 무장아찌
- 수산물: 오징어, 밴댕이, 숭어, 병어, 성게

7월

- 식재료: 인삼, 콩나물, 옥수수, 참외, 우유, 아이스크림, 보리쌀, 닭고기, 수박
- 김치: 청각김치, 박김치, 열무김치
- 수산물: 민어, 갯장어, 전복, 은어, 장어

8월

- 식재료: 메밀, 고구마순, 복숭아, 청도복숭, 대드, 풋고추
- 김치: 시금치국물김치
- 수산물: 우렁쉥이

9월

- 식재료: 수수, 쇠고기, 포도, 사과, 토란, 녹두
- 김치: 고구마줄기김치, 고춧잎김치, 고들빼기김치, 돌상갓김치
- 수산물: 대하, 새우, 낙지, 참게

10월

- 식재료: 검은콩, 배, 표고버섯, 감, 호박, 연근
- 김치: 콩잎김치, 풋고추열무김치, 장김치, 총각김치
- 수산물: 전어, 갈치, 고등어

11월

- 식재료: 유자, 청둥호박(늙은호박), 쌀, 배추, 무
- 김치: 호박김치, 가지김치, 배추김치
- 수산물: 꼬막, 미꾸라지

12월

- 식재료: 참다래, 동부, 시금치, 고구마, 쇠고기, 팥
- 김치: 섞박지, 감김치, 순무김치, 동치미
- 수산물: 도루묵, 서대, 홍어

Chapter 7

식생활 위생 관리와 안전

1 식중독 관리 및 식중독 지수

1) 식중독 정의

식중독이란 식품의 섭취로 인하여 인체에 유해한 미생물 또는 유독 물질에 의하여 발생하였거나 발생한 것으로 판단되는 감염성 또는 독소형 질환을 말한다(「식품위생법」 제2조 제14항). 그리고 '집단식중독'이란 2명 이상의 사람이 동일한 식품을 섭취한 것과 관련되어 유사한 식중독 양상을 나타내는 것(WHO, 2008)이다.

2) 식중독의 분류

식중독은 크게 미생물 식중독, 자연독 식중독, 화학적 식중독으로 분류되며, 미생물 식중독은 세균성(18종), 바이러스성(7종), 원충성(5종)으로 분류된다. 자연독 식중독은 동물성 자연독(복어 독), 식물성 자연독(감자 싹 독, 독버섯 독), 곰팡이 독소(황변미독, 맥각독, 아플라톡신 등)에 의한 중독으로 분류할 수 있고 화학적 식중독에는 고의 또는 오용으로 첨가되는 유해물질(식품첨가물), 본의 아니게 잔류 · 혼입되는 유해물질(잔류농약, 유해성 금속화합물), 제조 · 가공 · 저장 중에 생성되는 유해물질(지질 산화생성물, 니트로소 아민), 기타물질에 의한 중독(메탄올), 조리기구나 포장에 의한 중독(녹청(구리), 납, 비소 등)으로 분류된다.

〈표 7-1〉 미생물 식중독의 분류

세균성(18종)	바이러스성(7종)	원충성(5종)
• 살모넬라 • 황색포도상구균 • 장염비브리오 • 콜레라 • 비브리오 불니피쿠스 • 리스테리아 모노사이토제너스 • 병원성 대장균(5종) • 바실러스 세레우스 • 쉬겔라 • 여시니아 엔테로콜리티카 • 캠필로박터 제주니/콜리 • 클로스트리디움 퍼프리젠스 • 클로스트리디움 보툴리늄	• 노로바이러스 • A, E형 간염바이러스 • 로타바이러스 • 아스트로바이러스 • 장관아데노바이러스 • 사포바이러스	• 이질아메바 • 람블편모충 • 작은와포자충 • 원포자충 • 쿠도아

출처: 식품의약품안전처(2017). 식중독 예방 홍보 2017년 식중독 예방을 위한 위생관리.

3) 세균성 식중독의 발생 기전

식중독 발생은 식품, 병원성 세균, 숙주 요인으로 구성된다. 식품은 병원성 미생물의 성장에 매우 중요한 영양분을 공급한다. 병원성 세균은 병원균의 독성 여부 및 식중독을 일으키는 데 필요한 최소한의 감염량이 필요하다. 그리고 숙주의 연령, 건강, 영양 및 면역상태에 따라 식중독 발생에 차이가 있다.

[그림 7-1] 식중독 발생기전

4) 식중독지수

기상청에서는 식약처, 국민건강보험공단, 국립환경과학원과 공동으로 식중독 발생 가능성에 대한 예보를 위해 연중 식중독지수 예보 서비스를 제공하고 있다. 여기에 제시되는 식중독 지수는 음식물 부패 관련 미생물 증식에 영향을 미치는 온도 조건을 기준으로 습도를 고려하여 부패 가능성을 백분율로 표시한 것으로서, 식중독 예방을 위한 참고용으로 다음과 같이 4단계로 지수 범위를 정하고 있다.

〈표 7-2〉 식중독 지수 단계별 대응요령

단계	지수 범위	내용
위험	86 이상	• 식중독 발생 가능성이 매우 높으므로 식중독 예방에 각별한 경계가 요망됨 • 설사, 구토 등 식중독 의심 증상이 있으면 의료기관을 방문하여 의사 지시에 따름 • 식중독 의심 환자는 식품 조리 참여에 즉시 중단하여야 함
경고	71 이상 86 미만	• 식중독 발생 가능성이 높으므로 식중독 예방에 경계가 요망됨 • 조리도구는 세척, 소독 등을 거쳐 세균오염을 방지하고 유통기한, 보관방법 등을 확인하여 음식물 조리, 보관에 각별히 주의하여야 함
주의	55 이상 71 미만	• 식중독 발생 가능성이 중간 단계이므로 식중독 예방에 주의가 요망됨 • 조리음식은 중심부까지 75℃(어패류 85℃)로 1분 이상 완전히 익히고 외부로 운반할 때에는 가급적 아이스박스 등을 이용하여 10℃ 이하에서 보관 및 운반
관심	55 미만	• 식중독 발생 가능성은 낮으나 식중독 예방에 지속적인 관심이 요망됨 • 화장실 사용 후, 귀가 후, 조리 전에 손 씻기를 생활화

출처: 기상청(www.kma.go.kr).

5) 식품위생 관리, 개인위생 관리 및 식중독 예방법

(1) 식품위생 관리

식품위생은 식품, 식품첨가물, 기구 또는 용기·포장을 대상으로 하는 음식에 관한 위생을 말한다. 따라서 식품의 안전을 확보하기 위해 개인위생, 시설 · 설비 관리, 온도, 시간, 교차오염, 세척과 소독 등 식품 취급자가 지켜야 할 행동요령을 습득한다.

① 식품 구입 시 식품위생

- 유효기간 내 소비 가능한 식품으로 신선한 식품을 구입한다.
- 냉동 · 냉장식품은 가장 나중에 구입하며, 구입 후 즉시 냉장 또는 냉동 보관한다.
- 육류와 생선은 함께 포장하지 말고 개별로 분리하여 포장한다.

② 식품 보관 시 식품위생: 냉장고 보관기간에 주의하고 조리 전 육류 또는 생선은 다른 식품과 구분되게 별도 밀폐용기에 담아 보관한다.

③ 음식 준비 시 식품위생: 식품 해동 시 실온 해동을 하지 말고 냉장고 또는 전자레인지에서 해동하며, 한 번 해동한 식품은 다시 냉동하지 않는다.

④ 음식 조리 시 식품위생: 식품 충분히 가열(내부 온도 75°C 이상), 가열조리 후 바로 섭취하지 않으면 빨리 식혀 냉장보관한다. 음식을 볶을 때 먼저 고기 색이 변할 때까지 볶은 다음 다른 식재료를 첨가하여 조리한다.

⑤ 식사 시 식품위생: 손을 깨끗이 씻는다. 미생물이 증식하기 쉬운 식품(어육류 및 가금류, 계란, 조개류, 우유 및 유제품, 두부, 콩 가공품)은 실온에서 2시간 이상 보관하지 않는다. 따뜻한 음식은 65°C, 찬 음식은 5°C로 제공한다.

⑥ 남은 음식의 위생처리: 남은 음식은 한 번 가열 후 식혀 냉장 보관하고 의심되면 섭취하지 않고 버린다.

⑦ 주방용품의 위생관리

- 조리도구는 용도에 맞는 세척제로 세척하고 물로 헹군 후에 소독하여 사용한다.
- 행주는 열탕소독으로 삶은 후 일광에 말려 보관한다.
- 냉장고는 세제로 청소한 후 살균제로 자주 소독한다.

(2) 개인위생관리

급식조리종사자는 1년에 1회 정기적인 건강진단을 받아야 하고, 손 위생, 복장 위생, 작업 습관에 대한 위생교육을 지속적으로 실천할 수 있도록 반복적 지도가 필요하며, 현재 법규상 위생교육은 「식품위생법」 제41조에 규정되어 식품위생을 관리하고 있다. 급식조리종사자는 손 위생을 위해 올바른 손 씻기를 지킨다.

1 손을 씻어야 할 때

① 출근한 후
② 작업을 시작하기 전
③ 생선, 날고기 등 취급 후
④ 코 풀거나 재채기 후
⑤ 전화 받은 후
⑥ 머리나 몸을 만진 후
⑦ 쓰레기 취급 후
⑧ 소독제, 세척제 등을 만진 후
⑨ 화장실 사용 후
⑩ 씻어야 할지 망설여질 때

2 올바른 손 씻는 방법

① 따뜻한 물에 손을 적신다.
② 살균용 비누를 이용하여 거품을 충분히 내어 손등, 손가락, 팔목까지 20초간 충분히 문질러 씻는다.
③ 10초간 흐르는 물로 충분히 헹군다.
④ 일회용 종이타월이나 온풍기를 이용해 손을 잘 건조한다.
※ 복장위생은 용도별(전처리용, 조리용, 배식용, 세척용) 복장을 착용하고 올바르지 못한 개인행동 습관에 유의한다.

3 올바르지 못한 개인행동

① 음식 쪽으로 재채기
② 싱크대에서 손 씻기
③ 장갑 허리에 차기
④ 작업 중 옆 사람과 잡담하기
⑤ 면장갑만 착용 후 조리하기
⑥ 조리장 바닥에 침 뱉기
⑦ 행주로 땀 닦기
⑧ 조리 중 껌 씹기

조리종사자는 두발과 신체 및 복장 청결을 항상 잘 지켜야 하며, 장신구(매니큐어, 반지, 시계, 귀걸이, 팔지 등)는 세균오염을 가중시키므로 착용을 금지한다.

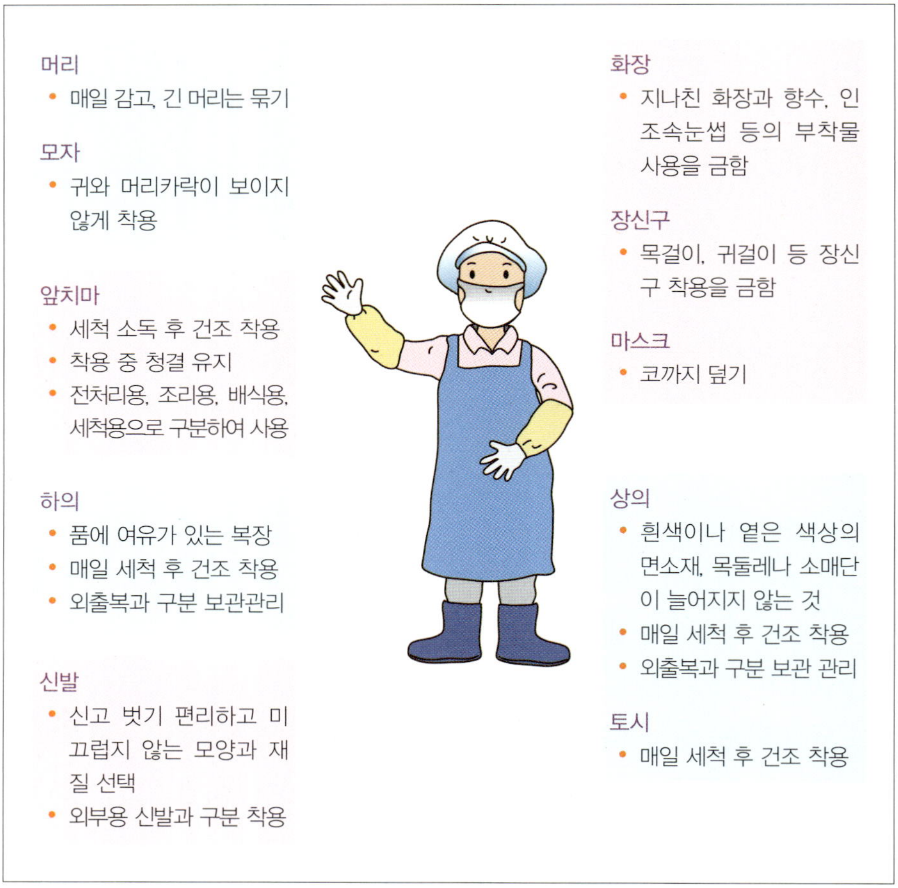

[그림 7-2] 조리종사자의 개인위생

출처: 식품의약품안전청(2009).

(3) 식중독 예방법

식품의약품안전처에서 제시하는 식중독 예방 3대 요령은 다음과 같다.

① 손 씻기: 손은 30초 이상 세정제(비누 등)를 사용하여 손가락, 손등까지 깨끗이 씻고 흐르는 물로 헹구기

② 익혀 먹기: 음식물은 속까지 충분히 익혀 먹기(중심부 온도가 75°C(어패류는 85°C), 1분 이상)

③ 끓여 먹기: 물은 끓여서 마시기

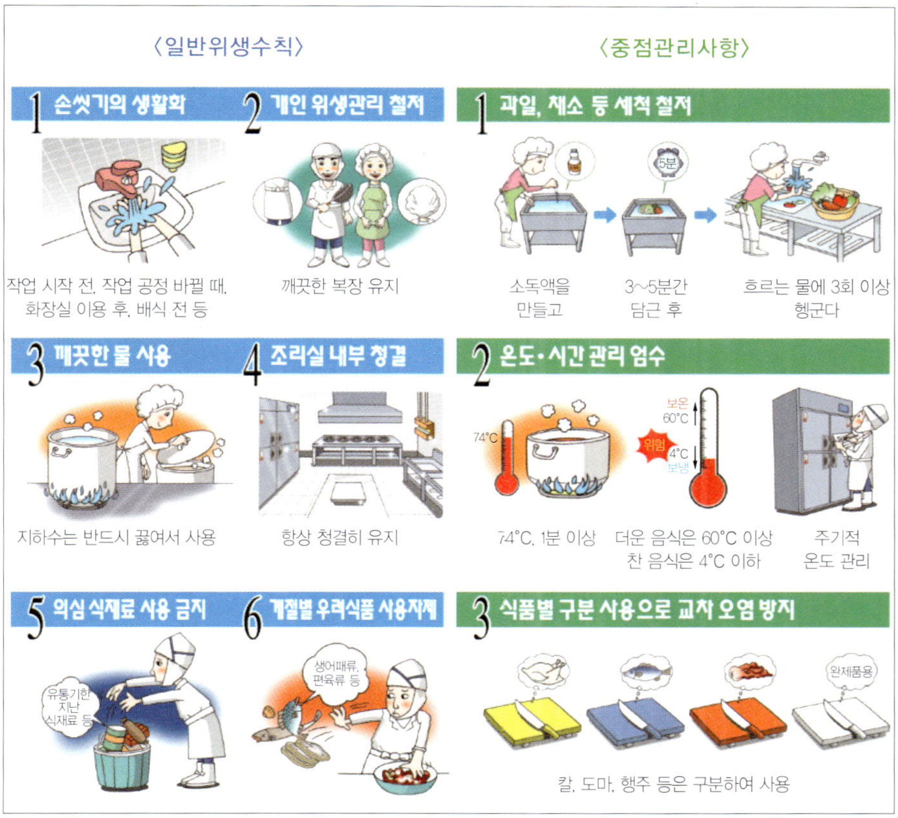

[그림 7-3] 식중독 예방법

출처: 식품의약품안전청(2009). 식중독 예방을 위한 위생수칙.

2 환경오염과 식생활 관리

21세기 지속적인 산업화와 도시화에 따른 기후변화, 대기오염, 토양오염, 수질오염 등의 환경오염으로 식품 내 오염물질 축적이 높아지고 그로 인한 인체 오염물질의 유입(호흡기, 소화기, 피부) 기회가 많아지고, 특히 식품섭취를 통한 오염물질의 체내대사 과정 중에 다양한 기관과 조직에 영향을 미쳐 생식기 변형, 폐질환 발생, 뇌신경 발달 저해, 기형아 출산, 다양한 암 발생 등의 건강에 심각한 영향을 미친다.

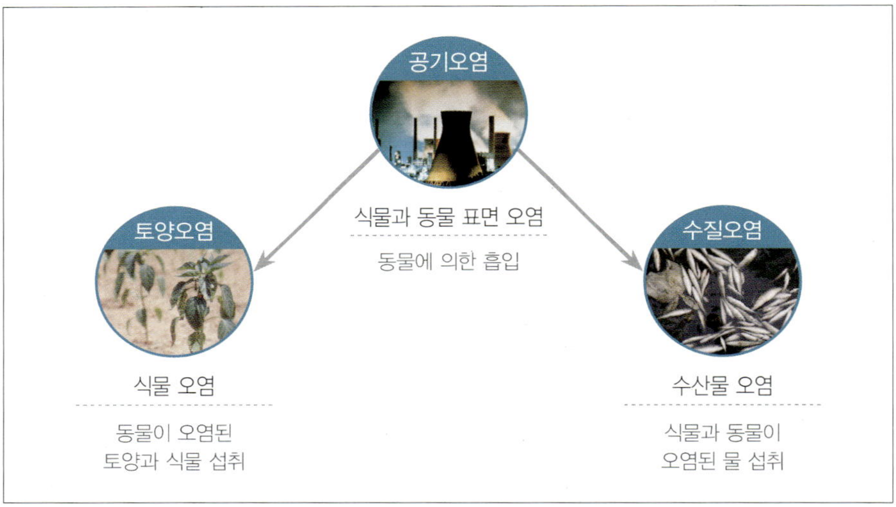

[그림 7-4] 환경오염을 통한 식품 오염

1) 온실효과에 따른 기후변화

산업 및 교통 에너지원으로 석유 및 고체 에너지 사용, 음식물 쓰레기 등 유기물(비료 사용, 농축산 폐기물) 분해, 에어컨 냉매, 자동차 에어컨 냉매, 세정제, 절연체 등으로부터 지구온난화와 기후변화의 원인 물질인 이산화탄소(CO_2), 메탄(CH_4), 아산화질소(N_2O), 염화불화탄소(CFC) 등 온실가스의 발생은 지구의 평균 기온 상승, 해수 온도 및 해수면 상승, 계절의 불규칙한 변화, 생태계 이상 등의 초래로 자연재해(가뭄, 홍수, 폭설, 혹한, 태풍 등)의 경제적 피해는 물론 인간 생존(감염병 발생 증가)을 위협한다. 따라서 온실가스 감축을 위한 노력이 국제사회에서 대대적으로 이행되고 있다.

(1) 온실효과의 기후변화에 따른 인체영향

기후변화를 유발하는 온실효과 인자들의 인체에 미치는 피해를 정리하면 다음과 같다.

① 피해 종류: 만성 기관지염, 기관지 천식, 폐기종, 인후두염 등 호흡기계 질병과 시야 방해, 악취, 불쾌감, 심리적 영향 등
② 황산화물(SO) 피해: 만성 기관지염 등의 호흡기계 질환
③ 일산화탄소(CO) 피해: CO-Hb생성으로 Hb과 O_2의 결합 및 운반 방해, 폐포에서 CO-Hb의 해리 저해와 O_2의 부족 초래, 체내의 호흡효소의 결합, 또는 반응으로 두통, 현기증, 질식 등의 각종 생리 기능 장애
④ 질소산화물(NO) 피해: 호흡기계 장애(폐색성 폐질환)
⑤ 부유분진의 피해: 만성 기관지염 등 호흡기계 질병의 원인 및 오염물질의 운반체로 작용

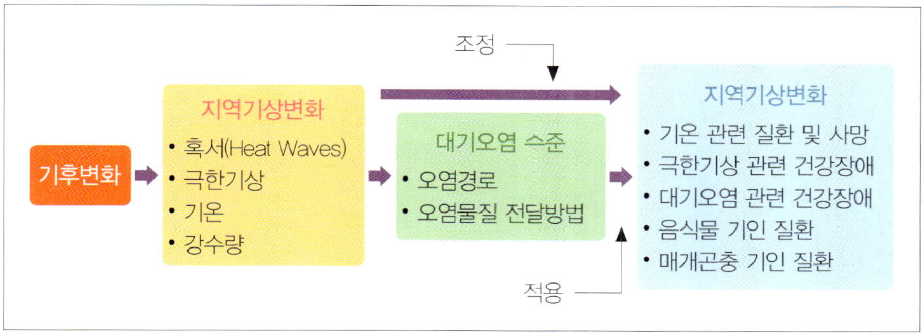

[그림 7-5] 환경변화가 건강에 미치는 영향

출처: 보건복지부 · 대한의학회.

2) 미세먼지와 건강

미세먼지는 먼지 입자의 크기가 10㎛ 이하인 미세먼지와 2.5㎛ 이하인 초미세먼지로 분류한다. 미세먼지 내에는 탄소성분(검댕, 생명체 유기탄소), 이온성분(염소, 질산, 암모늄, 나트륨, 칼슘 등), 금속성분(비소, 납, 수은 등), 다환방향족 탄화수소(벤조피렌 등) 등 다양한 인체 유해성분을 포함하고 있다. 이러한 미세먼지는 인체의 침투가 쉽고 다양한 염증 유발을 통해 신체 여러 기관에 영향을 끼친다. 인체의 폐 감염 유발 및 호흡기 질환 증상의 악화 그리고 산화적 스트레스의 증가로 신체방어기전, 세포활성, 세포구조 단백질이 증가하고 항산화 효소의 반응 균형이 깨어지면서 다양한 기관의 세포 손상을 초래한다.

(1) 미세먼지가 인체에 미치는 영향

① 뇌 조직: 뇌혈관 내 혈전유발로 뇌세포를 손상시켜 뇌졸증, 치매 유발

② 심혈관 조직: 산화적 스트레스 증가로 칼슘대사 이상을 유발하여 부정맥 초래, 혈관염증에 의한 혈관질환, 심근경색증, 뇌졸증 유발 증가

③ 폐 조직: 미세먼지 농도가 120ug/m3 초과 시 폐기도 세포 염증 유발로 기침, 천식의 악화 초래

④ 눈, 피부조직: 미세먼지 30ug/m3 초과 시 노약자, 만성질환자, 어린이의 경우 기침, 안구 염증 및 따가움, 피부 모공의 확대와 아토피 피부염 발생 촉진

⑤ 자궁 속 태반조직: 혈액순환 부조로 태아에 산소 및 영양 공급 억제로 태아의 신체발육 성장 저하

⑥ 태아의 뇌 조직: 태어난 뒤 뇌신경 발달 저하로 지능 저하 초래

⑦ 전신적 염증에 의한 인슐린 저항성과 당뇨병 증가와 사망률 증가

(2) 미세먼지와 항산화 영양소

미세먼지는 세포에 산화적 손상으로 염증이 유발되고 전신의 다양한 염증 발생으로 인해 여러 가지 질환과 증상을 유발한다. 미세먼지에 의한 산화적 손상은 항산화 영양소 섭취로 최소화할 수 있다.

〈표 7-3〉 항산화 영양소와 급원식품

항산화 영양소		작용	급원식품
비타민	비타민 A	식물성 식품에 들어 있는 주황색 색소 카로티노이드는 체내에서 비타민 A로 전환되는 비타민 전구물질로 항산화 작용을 하는 영양소이다.	녹황색 채소, 해조류, 과일
	비타민 C	세포 내 수용성 항산화제로 작용하여 유리라디칼 제거제로 중요한 역할을 한다.	신선한 감귤류, 토마토, 풋고추, 브로콜리 등의 녹색 채소
	비타민 E	세포의 지질 이중막 구조에 존재하는 다가불포화지방산은 세포 내의 유리라디칼에 의해 쉽게 산화된다. 아파토코페롤은 산화과정을 중단시키고 유리라디칼을 제거하여 산화작용을 최소화한다.	식물성기름, 땅콩, 난황, 간, 우유, 아스파라거스
미량 무기질	셀레늄	항산화 효소인 글루타티온 과산화수소의 성분으로 유리라디칼에 의한 세포막이나 세포 파괴를 방지한다.	새우, 패류, 어류, 견과류

3 중금속 오염 예방 식생활 관리

1) 식품섭취와 중금속

식품이 전달하는 환경오염 물질 중 중금속은 체내로 유입되면 장기와 조직에 축적되어 배설이 잘 되지 않는다. 이렇게 조직에 축적된 중금속은 단백질과 결합하여 변성을 유발하여 조직의 기능 저하를 초래하고 태아에게도 부정적인 영향을 미친다. 세계기구인 FAO/WHO 합동회의에서는 카드뮴(Cd), 납(Pb),

수은(Hg), 비소(As) 등을 중금속 오염 물질로 우선 감시 화학적 오염 물질로 결정하였다.

중금속 오염 대표 식품군으로는 어패류와 곡류 등이 있다. 수질오염으로 어패류의 수은, 비소 함량이 높으며, 토양오염으로 인한 곡류에 납과 카드뮴 오염이 높다. 국가별 혈중 중금속 농도 비교 조사에서 우리나라 사람의 혈중 수은 농도가 서구에 비해 높게 나타났는데 그 이유로 삼면이 바다로 둘러싸인 지역적 특성에 의한 식생활을 반영하는 것으로 나타났다. 국내연구에서도 생선을 섭취하지 않는 사람에 비해 생선을 섭취하는 사람이 혈중 중금속 농도가 높으며, 생선을 많이 섭취할수록 혈중 중금속 농도가 증가하는 것으로 나타나 중금속 노출 예방을 위한 생선 섭취 가이드라인이 필요하다고 제안된다. 어류 섭취를 통한 수은 노출의 최소화를 위한 임산부 식품섭취 가이드라인은 식품의약품안전처의 2017년 생선안전섭취가이드에 같이 제시되어 있다(쉬어가기 참조). 그러나 우리가 흔히 먹는 고등어, 갈치, 조기, 명태 등과 같이 작은 생선은 먹는 횟수에 제한이 없다.

2) 중금속 섭취의 영향

대표적 중금속인 카드뮴(Cd)은 간장, 콩팥, 생식기 및 폐에 축적되어 장기를 손상시키고, 심혈관계에 축적되어 심혈관 질환 유발에 영향을 미친다. 납(Pb)은 신경계, 콩팥, 내분비계 등에 나쁜 영향을 끼쳐 신경염, 두통, 현기증 등을 유발할 뿐만 아니라 혈압상승 작용을 하며, 심장질환의 위험도를 증가시키고 어린이의 주의력 결핍, 과행동장애(ADHD)와 연관이 보고된다. 수은(Hg)의 축적은 체내에서 신경독 작용, 신경세포 및 신경관 발달 장애 유발, DNA, RNA 결합 오류를 유도한다. 심각한 중독인 경우 뇌와 중추신경계에 이상을 일으킨다. 그리고 다른 중금속과 마찬가지로 심혈관계 질환, 관상동맥심장질환 유병률 증가와 이로 인한 사망률이 증가한다.

① 이타이이타이병: 카드뮴 오염, 농업용수 오염, 쌀에 농축(증상: 골연화증, 전신 통증)

② 미나마타병: 수은폐수, 어패류 오염, 뇌와 중추신경계 영향(증상: 팔다리, 입술 등의 통증, 시력 약화, 두통, 마비)

4 내분비계 장애 / 교란물질과 식생활 관리

1) 환경호르몬의 노출

유기용제, 플라스틱 등 인공화합물에서 발생하는 화학물질이 생체 외부에서 들어와 내분비 기관 안에서 호르몬의 생리 작용을 교란시키는 화합물로 환경호르몬이라는 일본식 용어로 더 잘 알려져 있다. 인체 내 유입 시 성장 · 생식 등의 관여 호르몬 작용을 방해하거나 교란을 유발하여 생식력 저하 및 각종 암 유발이 추측되는 화학물질이다. 이러한 환경호르몬은 오염된 공기나 물, 토양을 기반으로 자라는 식물체 내에 축적되거나, 생태계 먹이사슬을 통해 동물이나 인체 내에 축적되며, 지용성이 강해 인체 및 생물체의 지방조직에 농축되어 쉽게 분해되지 않고 안정되어 반감기가 길다(DDT: 10sus; 다이옥신류: 7~8년). 대표적 환경호르몬 물질은 소각장의 다이옥신, PCB, PAH, 푸란, 페놀, 살충제나 농약에 포함된 DDT 등이 있다. 일상생활 환경에서는 흡입, 경구, 피부노출 등 다양한 경로로 노출되고, 특히 식품을 통한 환경호르몬의 경구노출은 인체 건강에 심각한 영향을 미칠 수 있으며, 그 경로는 다음과 같다.

(1) 다이옥신

다이옥신 생성은 흡연, 자동차 배기가스 및 폐기물 연소과정에서 생성되는 것으로 95% 이상이 염소폐기물 소각과정에서 발생하여 대기나 토양의 오염원이 되고 이러한 환경에서 성장한 풀을 먹고 자란 가축의 오염된 우유 섭취 등을 통하여 인체 내 유입된다.

(2) 비스페놀 A

가짜 여성 호르몬인 비스페놀 A는 여성호르몬인 에스트로겐과 구조가 비슷한 환경호르몬으로 에스트로겐의 정상분비를 교란한다. 주로 컵라면 스티로폼 용기, 캔 제품 내부 코팅, 통조림 제품, 일회용 플라스틱, 일부 젖병, 영수증, 특히 열과 산에 약해 뜨거운 상태(가열)일 때 더 많이 배출(온열기에 들어 있는 캔 커피, 컵라면 주의)되며, 캔 통조림의 기름이 손에 묻어도 피부를 통해 흡수 가능하다.

젖병은 비스페놀 A가 나올 수 있는 폴리카보네이트를 2012년 7월 3일부터 제조와 판매를 금지하였다. 젖병을 살 때 폴리카보네이트로 만든 것인지 확인하는 것이 필요하다. 또한, 젖병을 너무 오랫동안 사용해 색이 변한 경우 비스페놀 A가 나올 수 있다.

(3) 프탈레이트류

플라스틱 가소제인 프탈레이트류는 플라스틱이나 스티로폼 용기, 알루미늄 포일, 헤어스프레이를 통해 인체 흡수 가능하다.

(4) 벤조피렌

벤조피렌은 장류기간이 길고 독성이 강한 환경호르몬으로 자동차 배기가스(특히, 디젤엔진), 목재연소, 콜타르, 공장 굴뚝, 담배 연기 등에 의해 대기 중으로 배출된다. 소시지, 칠면조 등의 훈연 식품, 담배, 불에 태운 고기 등의 섭취로 체내 유입된다.

〈표 7-4〉 환경호르몬으로 우려되는 물질

세계생태보전기금(WWF) 분류(67종)	일본 후생성의 분류(142종)
다이옥신류 등 유기염소물질 6종	프탈레이트류 등 가소제 9종
DDT 등 농약류 44종	플라스틱에 존재하는 물질 17종
펜타 노닐 페놀	다이옥신 등 산업장 및 환경오염물질 21종
비스페놀 A(BPA)	농약류 75종
디에틸헥실프탈레이트 등 프탈레이트 8종	수은 등 중금속 3종
스티렌다이머, 트리머	DES 등 합성에스트로젠 8종
벤조피렌	식품 및 식품첨가물 3종
수은 등 중금속 3종	식물에 존재하는 에스트로겐 유사호르몬 6종

2) 환경호르몬과 건강

환경호르몬은 동물의 경우 생식기 퇴화 및 암수동체 등의 기형적 동물이 태어나게 하고 사람의 경우 정자 수 감소, 생식능력의 저하를 초래한다. 환경호르몬에 민감한 계층은 생식기관과 호르몬계, 면역계가 완전히 발달하지 않은 시기인 임신 초기의 태아부터 사춘기까지로, 특히 신체기관 형성 중인 태아가 환경호르몬에 가장 취약하여 태반을 통해 들어온 오염물질은 제거되지 않고 태아에 그대로 축적된다.

① 호르몬 기능 이상: 생식 기능 감소, 생식기계 기형, 불임, 성조숙증, 남성호르몬, 갑상선 호르몬과 인슐린 혈중농도 저하 등 유발

② 발암유발 및 장기 기능 이상: 인체 내 발암 물질로써 심장, 간, 폐, 혈액 계통의 손상을 일으켜 기능 이상 유발

③ 면역기능 이상 및 질환 유발: 피부, 눈 등에 과민 반응이 나타나거나 면역기능 감소. 아토피, 천식 등 알레르기성 질환 및 대사증후군 유발

④ 정신적 질환 및 성장발달 장애: 주의력 결핍 및 과잉행동증(ADHD) 등의 현상을 보임. 아동의 두뇌 발달에 악영향을 끼침

3) 식품 속 환경호르몬 경구노출 줄이기

합성수지 플라스틱 용기 사용 제한, 캔식품 섭취 제한, 무농약 친환경 먹거리 섭취 등 식품의 환경호르몬 섭취 제한을 위한 식습관 관리가 필요하다. 환경호르몬은 고온, 산, 알칼리 음식 보관 합성수지 용기, 플라스틱의 흠집에서 유출되기 쉽다.

① 합성수지 용기는 전자레인지를 사용하지 말 것: 컵라면, 젖병, 기름기 많은 음식
② 알루미늄 냄비에 산이 많은 음식 저장하지 말 것
③ 플라스틱 용기를 식품조리 용도로 사용하지 말 것
④ 음료(뜨거운 캔 음료, 산 포함 캔 음료), 기름기 많은 통조림 식품은 피함
⑤ 페트병 재활용하지 말 것
⑥ 식기보관 용기로 흠집난 플라스틱 용기는 사용하지 말 것
⑦ 젖병 안쪽 흠집나게 세척하지 말 것
⑧ 젖꼭지, 치아 노리개 소독 시 너무 고온에서 오래 소독하지 말 것
⑨ 직화구이를 피한다- 숯불에 떨어진 육즙 지방이 벤조피렌과 합성하여 연기 중으로 노출되므로 코팅되지 않은 스테인리스 재질 프라이팬을 사용하고 조리 후 30분 이상 충분히 환기

플라스틱 뒷면 또는 바닥에 '1, 2, 4, 5' 혹은 'PET, HDPE, LDPE, PP'라고 쓰인 것은 비스페놀 A, 프탈레이트(장시간 햇빛 노출 시 노출량 증가)가 극소량 첨가된 비교적 안전한 제품이다.

3, 6, 7 혹은 PVC, PC, OTHER라고 쓰여 있는 제품은 비스페놀 A와 프탈레이트가 상대적으로 많이 포함되어 있어서 피해야 하는 제품으로, 부드럽고 탄성이 있는 것이 특징이다.

〈표 7-5〉 플라스틱의 종류

PET	HDPE	PVC	LDPE	PP	PS	OTHER
1 PET	2 HDPE	3 PVC	4 LDPE	5 PP	6 PS	7 OTHER
재활용 가능	재활용 가능	재활용 불가능	재활용 가능	재활용 가능	재활용 가능	재활용 불가능
음료수병(콜라, 사이다, 주스 등),생수병, 간장병, 식용유병	물통, 샴푸, 세제류 용기, 백색 막걸리 등	대부분 공업용으로 가정용 배출품 거의 없음	우유병, 막걸리병	상자류(맥주, 콜라, 소주 등), 쓰레기통, 쓰레받기, 물바가지	발효유병, 요구르트병	게임기, 대용량 물통

출처: 연세대학교 환경공해 연구소.

쉬어가기 (생선 안전섭취 가이드)

출처: 식품의약품안전처(2017). 생선안전섭취가이드.

"생선은 몸에 좋지만 임신 · 수유 여성과 유아 등 10세 이하 어린이는 주의가 필요"

메틸수은에 민감한 임신, 수유부 여성과 유아, 어린이를 대상으로 생선을 안전하게 섭취할 수 있도록 생선 종류별 섭취량과 섭취 횟수 등을 담은 '생선 안전섭취 가이드'를 마련하였다.

생선에 포함된 메틸수은 함량을 조사한 결과, 다랑어류에 평균 0.21㎍/g, 새치류에 평균 0.52㎍/g, 상어류에 평균 0.27㎍/g이 포함되어 있으며, 우리가 흔히 먹는 고등어, 명태, 조기 등의 일반 어류에는 평균 0.04㎍/g이 포함되어 있다. 메틸수은은 해양생물 먹이사슬 상위에 있는 수명이 길고 주로 심해에서 서식하는 '대형어류'(다랑어, 황새치, 상어)에서 '일반 어류'(고등어, 갈치 등)보다 높게 검출되고 있다. 또한, 가다랑어가 주원료인 참치통조림에는 메틸수은이 평균 0.04㎍/g이 포함되어 있어 우리가 흔히 먹는 고등어 등의 일반 어류 함량과 같이 낮은 수준이다.

● 생선의 섭취 권고량

분류	섭취 권고량(g/주)			
	임신 · 수유부	1~2세	3~6세	7~10세
일반 어류 및 참치통조림	400	100	150	250
다랑어, 새치류 및 상어류	100	25	40	65

- 다랑어류 등의 경우에 메틸수은의 실제 오염량은 100g당 0.03mg 수준이나 극단적인 오염(관리기준 0.1mg)을 기준으로 함
- 참치통조림(가다랑어)은 참다랑어와 같은 다랑어류에 비해 메틸수은이 1/10수준으로 검출

● 생선에 포함된 메틸수은 함량

구분	메틸수은	
	평균함량(μg/g)	기준(μg/g)
일반 어류	0.04	–
참치통조림(가다랑어)	0.04	1.0
다랑어류	0.21	
새치류	0.52	
상어류 등	0.27	

– 1μg = 0.000001g

– 메틸수은은 중금속의 일종으로 해양환경 중에 존재하는 무기 형태의 수은이 미생물에 의해 유기수은인 메틸수은으로 변환될 수 있고 생물농축에 의해 인체에 영향을 줄 수 있음

임신기간 중 메틸수은 함량이 높은 생선을 너무 많이 섭취하게 되면 과도한 메틸수은으로 인해 배 속 태아의 신경계 발달에 영향을 줄 가능성이 있다는 것이 지금까지의 연구를 통해 알려진 내용이다. 따라서 가임 여성, 임신 · 수유 여성, 유아 등 10세 이하 어린이는 다랑어 · 새치류와 상어류에 해당하는 생선 섭취에 주의가 필요하다.

● 생선 섭취 요령

생선 섭취는 생선 종류, 연령에 따른 섭취 권고량과 1회 제공량을 고려하여 결정한다. 우리나라 국민 1인당 1회 제공되는 생선은 60g이다(2015 한국인 영양소 섭취기준, 보건복지부). 예를 들어, 손바닥 크기와 제공량을 비교해서 보면 고등어와 갈치는 한 토막, 참치회 6조각 또는 연어초밥 10개를 섭취하는 분량이다. 유아 등 10세 이하 어린이의 1회 제공량으로 성인보다 적은 1~2세는 15g, 3~6세는 30g, 7~10세는 45g을 권고한다.

체내 수은 배출에 도움을 줄 수 있는 대표적인 식품으로 마늘, 양파, 파, 미역 등이 있고 이들 식품은 황을 함유하고 있어 메틸수은과 선택적으로 결합하여 변으로 배설될 수 있도록 도움을 준다.

Chapter 8

건강을 위한 식생활 관리

1 식생활 관리와 건강

1) 식생활의 변화

식생활이란 인간생활에서 먹는 것과 관련된 것을 총괄하여 이르는 말로, 인간의 성장 및 발달과 건강에 필수적인 식품을 섭취하기 위하여 여러 가지 식품섭취와 관련된 모든 활동이다. 식생활은 인간의 주요한 생활의 일부분이고 문화적 · 사회적 영향을 받고 건강 상태와 생활의 질을 결정하는 주요한 인자이다. 현대인의 다양한 라이프 스타일은 웰빙, 맛, 분위기, 외식, 인스턴트 및 경제 추구 라이프 스타일로 각각 분류할 수 있고 이러한 변화는 다양한 식생활의 변화를 초래한다. 식사양식의 다양화, 식재구성의 다양화, 소비자 욕구의 다양화, 외식의 기능과 역할의 변화로 식생활의 변화는 전체적인 식품소비 추세의 변화를 유발하고 나아가 사람들의 건강과 밀접한 관련이 있다.

(1) 식사양식의 다양화

- 식사의 개식화와 개별화: 1인 인구와 노령 인구의 증가
- 식사준비에 조리 · 가공 식품 사용⇒시간절약형 편의식품 활용
  - 여성의 경제활동 참여 비율의 지속적 증가
- 새로운 요리를 직접 만들어 보고 요리하는 것을 취미로 여기면서 가족 모두가 같이 참여하여 요리한 것을 즐기면서 식사하는 취미형 요리
- 외식
  - 패밀리 레스토랑이나 고급 음식점 이용⇒식사의 레저화
  - 패스트푸드나 간편 음식점을 이용⇒새로운 메뉴나 먹는 방법을 즐기는 식사의 스타일화
  - 사교나 휴식을 위해 먹고 마시는 식사의 사교화

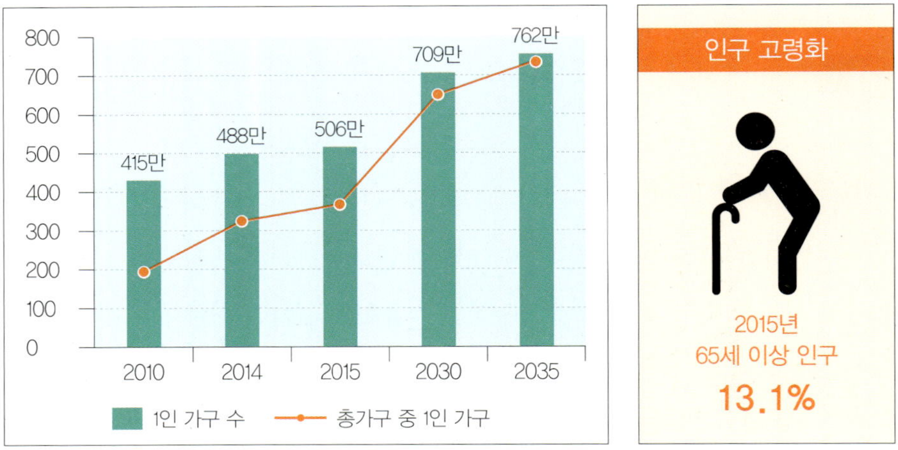

[그림 8-1] 2015년 한국인 1인 가구 추이와 인구고령화

출처: 통계청(2015). 2014 사망원인통계연보.

(2) 식재구성의 다양화

쌀을 주식으로 하고 생선과 야채를 부식으로 하는 전통적인 식생활은 보다 광범위한 식재료의 출현과 개발이 이루어진다.

(3) 소비자 욕구의 다양화

식사에 대한 요구나 욕구는 양이나 가격 중심에서 품질, 편의성, 가치가 중요시되면서 식사의 개성화 · 고급화 · 전문화에 대한 욕구가 강조된다. 과거 생명 유지 및 건강을 위한 식품섭취의 개념을 넘어 최근 이너뷰티(Inner beauty) 개념의 심리적 · 사회적 요구로 나타났다. 즉, 식품을 신체적 요구가 아닌 '먹는 화장품(심리적 바탕이 미가 사회적 경쟁력을 제공한다고 생각)'의 개념으로 선택하고 섭취하는 사람들이 지속적으로 증가하는 추세로 소비자의 식품 소비에 대한 욕구의 다양성은 증가하고 있다.

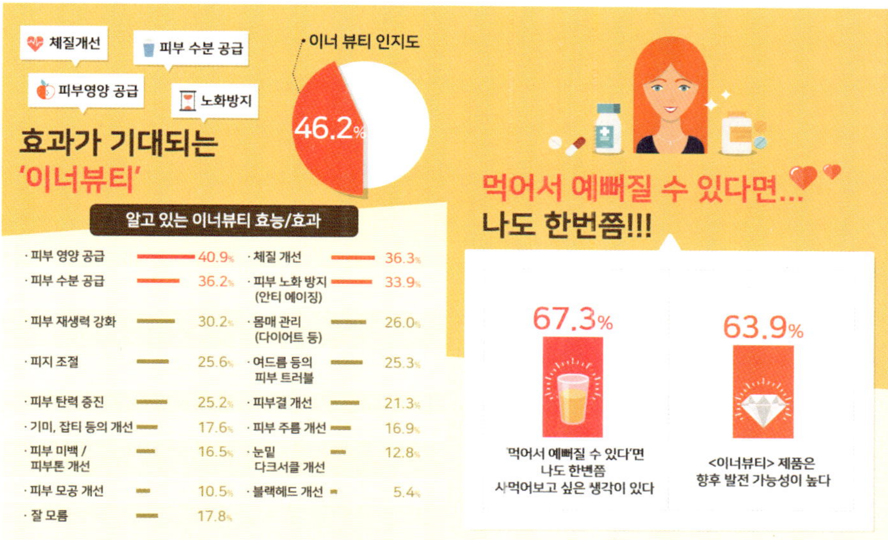

[그림 8-2] 이너뷰티에 대한 인지도 조사

출처: 트랜드모니터(https://www.trendmonitor.co.kr).

(4) 외식 기능과 역할의 변화

경제 · 사회 · 기술 · 문화적 배경을 바탕으로 한 식생활 변화는 외식소비 증대로 국민경제상 중요한 기능과 역할의 변화 가져왔다. 뿐만 아니라, 외식사업은 초창기 외식사업의 정착기에서 기호적인 외식의 증대시기를 지나 외식의 고도화를 거쳐 복합외식화(다양한 식사, 사교, 휴식 · 레저 · 문화공간) 시대로 도래했다.

2) 건강의 정의

세계보건기구(WHO)의 건강(Health)의 정의는 "단지 질병이 없거나 허약하지 않다는 것만이 아니라 신체적 · 정신적 · 사회적으로 완전하게 안녕한 상태"로 이는 신체적 · 정신적 건강함뿐만 아니타 사회적 건강까지 모두 포함하는 상태를 의미한다. 이러한 건강에 미치는 다양한 요인으로는 성별, 인종, 연령,

유전 같은 생물학적 요인, 생활환경, 문화적 영향 같은 환경적 요인, 음주, 흡연, 영양불균형, 신체활동 부족 등의 생활습관 요인, 의료환경 같은 건강진료 요인 등이 복합적으로 건강에 영향을 미친다. 이러한 여러 요인 중 생활습관 요인에서 식생활은 만성질환(심뇌혈관질환, 당뇨병, 만성호흡기질환, 암)의 유병률과 깊은 상관관계가 있다. 따라서 건강한 식생활은 개인의 기호 만족과 생활의 즐거움을 제공하여 개인의 삶을 건강하고 풍요롭게 할 뿐만 아니라 건강한 사회를 만들어 국가경쟁력을 향상시키는 데 중요한 역할을 한다.

〈표 8-1〉 만성질환과 생활습관 요인의 상관성

만성질환 / 식사 및 생활양식의 위험인자	암	고혈압	당뇨병	동맥경화	비만	심근경색	골다공증
에너지 및 지질 섭취 ↑	✔	✔	✔	✔	✔	✔	
곡류와 식이섬유의 섭취 ↓	✔		✔	✔	✔	✔	
칼슘 섭취 ↓	✔	✔					✔
비타민과 무기질 섭취 ↓	✔	✔		✔			✔
짠 음식과 절인 식품 섭취 ↑	✔	✔					✔
알코올 섭취 ↑	✔	✔		✔	✔	✔	
흡연 ↑	✔	✔		✔		✔	✔
유전자	✔	✔	✔	✔	✔	✔	✔
연령 ↑	✔	✔	✔	✔		✔	✔
잘못된 생활습관	✔	✔	✔	✔	✔	✔	✔
스트레스 ↑	✔	✔		✔		✔	✔

출처: 최혜미(2016). 21세기 영양과 건강이야기.

3) 영양소별 식생활 관리

인간의 성장, 신체의 발달 및 건강 유지에 필수적인 영양소는 식품을 통해 섭취할 수 있다. 이러한 영양소에는 신체 에너지 공급원인 열량영양소로 탄수화물, 단백질, 지방이 있고 에너지를 내지 않지만 열량영양소 대사에 필요할 뿐만 아니라 신체 대사 기능 조절에 꼭 필요한 비타민(지용성, 수용성 비타민)과 무기질(다량, 미량 무기질), 식이섬유소(수용성, 불용성 식이섬유소)가 있다. 따라서 다양성과 균형을 고려한 에너지, 영양소 섭취, 미량영양소와 식이섬유소의 충분한 섭취, 안전한 식품의 선택 등 현명한 식생활 관리는 만성질병 예방과 건강노화, 수명연장에 매우 중요하다.

2 정상체중을 위한 식생활 관리- 열량 영양 관리

열량은 체내에서 열량영양소의 대사과정에서 생산되는데 다양한 신체활동, 일정한 체온 유지, 음식의 소화흡수를 가능하게 하는 에너지, 즉 생명 유지에 필요한 에너지로 정의할 수 있다. 현대인에게 열량섭취의 불균형, 특히 열량의 과잉섭취와 비만은 다양한 만성질병인 대사증후군질환 유병률을 증가시켜 건강한 삶의 질을 현저히 낮추어 심각한 사회문제로 대두되었다.

1) 비만의 원인

비만은 만성질환의 하나로 고혈압, 심장병, 당뇨병 등의 유병률이 높다. 비만의 여러 가지 원인은 다음과 같다.

첫째, 열량 과다, 과식을 꼽을 수 있다. 소비열량브다 과잉으로 열량을 섭취할 경우 생기는 잉여열량은 체내에서 지방으로 전환되어 축적되거나 지방세포의 수를 증가시켜 체중이 증가한다. 한편, 빠른 식사습관 역시 과식을 유발하는데 이는 포만중추 신경계의 포만신호가 식후 30분 정도 걸리는데 너무 빠른 식사로 포만신호를 느끼지 못하여 과식을 할 수 있다.

둘째, 불규칙한 식습관은 폭식을 유발하여 고혈당이 생겨 인슐린 분비의 촉진으로 지방세포에서의 지방 합성이 증가한다. 하루 세끼 이외의 음식섭취는 열량섭취 과잉으로 비만을 유발하며, 지나친 간식과 야식은 과잉의 열량섭취와 저 활동량으로 소비 에너지의 저하로 인해 비만의 원인이 될 수 있다.

셋째, 운동(활동량)부족으로 인한 소비 에너지의 감소와 잉여 에너지의 증가는 현대인의 비만 원인으로 꼽힌다. 운동량(활동량)부족은 기초대사량의 감소를 초래하여 섭취 에너지 감소를 하지 않는 이상 잉여에너지가 지방으로 축적되며, 인슐린 분비 촉진으로 식욕을 자극하여 지방을 더욱 축적하는 악순환의 요요현상을 초래한다. 또한, 운동부족은 포도당과 아미노산에서 지방합성을 위한 지방합성효소의 작용도 활발하게 하여 비만을 더욱 촉진한다.

넷째, 내분비 및 대사의 장애로 초래되는 비만이다. 비율은 약 1% 정도이며, 비만의 원인을 치료하므로 교정할 수 있다. 즉, 대부분 비만인의 '고인슐린 혈증'은 혈당저하와 섭취량 증가를 초래하여 체내 지방축적 작용을 한다. 따라서 일단 비만이 되면 체중조절이 힘들고, 음식의 섭취량이 적어도 비만이 심해진다.

마지막으로 비만의 유전적 확률이 있다. 정상체중인 부모의 자녀는 약 10%, 부모 중 한쪽이 비만인 경우 40%, 양친 모두 비만인 경우는 50~70%의 확률을 보인다. 따라서 비만은 유전적 요소보다 환경적 요인이 더 큰 영향을 미친다.

2) 비만의 분류

비만은 다양한 관점에서 분류할 수 있다.

첫째, 원인에 따른 분류로 약 95%의 비만인은 단순과식과 운동부족으로 초래된 '단순(본태성) 비만'과 유전이나 내분비질환이나 시상하부 장애의 원인에 의해 비만이 되는 '증후성 비만'으로 나눌 수 있다.

둘째, 지방세포의 크기와 수에 따라 지방세포 비대형, 지방세포 증식형, 혼합형으로 분류할 수 있다. '비대형'은 지방세포의 수는 정상인 반면 지방세포의 크기 증가로 인한 비만으로 대부분의 성인형 비만 형태이다. '증식형'은 지방세포의 수가 증가하여 발생하는 비만으로 임신 후기, 생후 1년, 사춘기에 지방세포의 증식이 있다. '혼합형'은 지방세포의 크기와 수가 증가된 고도비만의 형태에서 볼 수 있다.

셋째, 지방 분포 위치에 따라 분류할 수 있다. 피하지방 두께 측정으로 체형을 평가하며, 컴퓨터 단층 촬영으로 복부 내장지방량을 측정하기도 한다. 체지방 분포에 따라 복부 비만, 중심성 비만, 상체형 비만, 사과형 비만인 남성형 비만과 둔부 비만, 하체형 비만, 말초형 비만, 서양배형 비만인 여성형 비만이 있다.

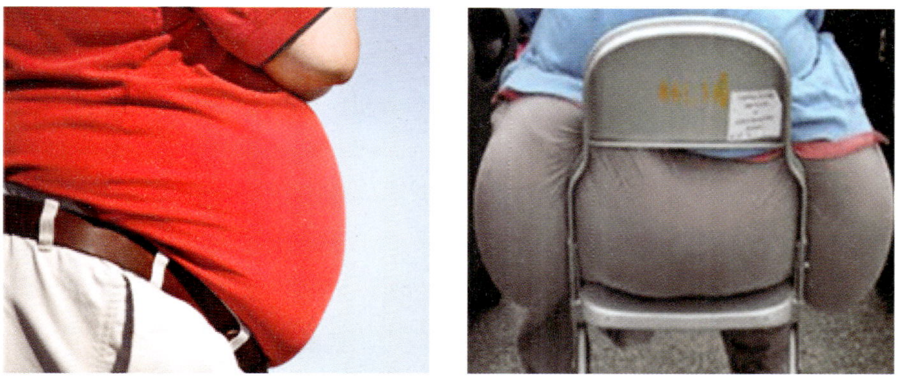

[그림 8-3] 상체비만과 하체비만

〈표 8-2〉 비만의 분류

구분방법	분류	
원인	단순 비만	중후성 비만
	• 과식과 신체활동 부족에 의해 발생하며, 비만한 사람의 약 95%가 이에 해당	• 유전, 내분비 질환, 시상하부성 질환, 대사 질환 등의 원인 질환에 의해 발생
발생시기	소아비만(지방세포 증식형)	성인비만(지방세포 비대형)
	• 어린 나이(생후 1년간 혹은 4~11세)에 과잉 에너지 공급으로 발생 • 지방세포의 수와 크기가 모두 증가하는 지방세포증식형 비만이며, 성인비만으로 연결됨 • 지방세포의 수는 잘 줄어들지 않아 치료가 어렵고 재발하기 쉬움	• 성인기 이후 기초 대사량과 활동량 감소로 발생 • 과량의 에너지 섭취로 지방세포의 크기가 증가하는 지방세포비대형 비만 • 비교적 체중 감량이 쉽고 재발 위험성이 적음
체지방 분포 및 질병 위험도	남성형 비만	여성형 비만
	• 복부 비만, 중심성 비만, 상체형 비만, 사과형 비만 • 심장병, 뇌졸중, 당뇨, 고혈압, 암과 같은 만성질병 위험도 증가 • 복부에 있는 지방은 크고 대사적으로 왕성하여 운동이나 다이어트로 감량이 비교적 쉬움	• 둔부 비만, 하체형 비만, 말초형 비만, 서양배형 비만 • 대사증후군 위험도가 적음 • 하체의 지방세포는 활동성이 낮아 감량이 어려움 • 다이어트를 반복하면 나중에 복부 비만이 될 가능성이 높아짐
지방의 위치	내장지방형 비만	피하지방형 비만
	• 복강의 내장 주변에 지방이 저장 • 성인병 위험 증가	• 복벽에 일정한 두께로 지방이 저장

출처: 임경숙 외(2014). 임상영양학.

〈표 8-3〉 비만의 판정 기준

종류		판정
체격지수	이상체중비 혹은 상대체중	• < 90% 저체중 • 90~110% 정상체중 • 110~120% 과체중 • ≥ 120% 비만
	체질량지수	• < 18.5 저체중 • 18.5~22.9 정상체중 • 23.0~24.9 과체중 • 25.0~29.9 경도비만 • 30.0~34.9 중등도비만 • ≥ 35.0 고도비만
체지방비율 평가	생체전기저항측정법	• 남자 – 8~15% 정상체중 – 16~20% 약간 과체중 – 21~24% 과체중 – ≥ 25% 비만 • 여자 – 13~23% 정상체중 – 24~27% 약간 과체중 – 28~32% 과체중 – ≥ 33% 비만
	수중체밀도법	
	피부두겹두께	• 각 나이 별 피부두겹두께의 백분위 사용 • ≥ 90%ile: 비만 위험 • ≥ 95%ile: 비만
체지방분포 평가	허리-엉덩이둘레 비율	• WHR: 남자 ≥ 0.90, 여자 ≥ 0.85일 때 복부비만 판정
	허리둘레	• 남자 ≥ 90cm, 여자 ≥ 85cm일 때 복부비만 판정
	단층촬영법	• 내장지방/피하지방 > 0.4이면 내장지방형 비만

출처: 임경숙 외(2014). 임상영양학.

3) 비만 예방을 위한 식생활 관리

비만은 풍요롭고 복잡한 현대인의 생활환경에서 잘못된 식습관인 과식, 과음, 불규칙적인 식사 패턴, 활동량 부족 등의 다양한 요인이 복합적으로 작용하여 섭취열량이 소비열량보다 많은 경우에 나타난다. 비만은 치료보다 예방이 더 중요하며, 비만을 예방하기 위해서는 식사요법, 운동요법, 행동수정요법을 병행하여 생활습관을 변화시켜 체중감소를 유도하고 지속적인 정상체중 유지를 하도록 한다. 또한, 체중조절을 위한 적절한 목표를 계획하고 목표달성을 위한 식사요법, 운동요법의 실천과 생활습관의 개선이 중요하다.

(1) 체중조절을 위한 8단계

- 1단계: 비만도 평가하기
  -BMI, 허리둘레 등을 통해 체중조절이 필요한지 평가한다.
- 2단계: 비만의 원인 찾기
  - 비만이 되기 쉬운 식습관, 생활습관을 살펴보고 매일 식사일기와 활동량을 기록하여 자기관찰을 통해 원인을 찾는다.
- 3단계: 목표 세우기
  - 자기의 비만도를 평가하고 적정체중 범위에 들도록 목표를 세운다.
- 4단계: 식사와 운동계획 세우기
  - 일주일에 약 0.5kg 정도 체중 감량을 위해서 하루에 약 500kcal 정도를 적게 먹어야 한다. 또 일상생활에서 활동량을 늘리도록 계획한다.
- 5단계: 식생활습관 바꾸기
  - 비만의 원인으로 관찰된 식습관과 생활습관을 조금씩 개선하도록 한다.
- 6단계: 도와줄 협력자 찾기
  - 체중조절을 위해서는 주변 사람의 도움이 중요하다. 협력자와 함께 식사조절과 운동을 실천하도록 한다.

- 7단계: 실천하고 평가하기
  - 식사일기와 운동일기를 통해 체중조절 계획을 잘 실천하고 있는지 점검한다. 실천이 잘 이루어지지 않은 부분은 개선할 수 있도록 한다.
- 8단계: 적정체중 유지하기
  - 새로운 목표를 계획하거나 체중 유지를 위해 지속적으로 관리한다.

(2) 표준체중과 체질량지수 구하기

1 표준체중 구하는 방법 1

- 여자: 키(m)×키(m)×21
- 남자: 키(m)×키(m)×22

예) 키가 160cm인 성인 여자의 표준체중은 1.6×1.6×21=53.8kg

2 표준체중 구하는 방법 2

- 키 ≥ 150cm=(키(cm)−100)×0.9
- 키 〈 150cm=키(cm)−100

예) 키가 160cm인 성인 여자의 표준체중은 (160−100)×0.9=54kg

3 체질량지수(Body Mass Index) 구하기

- BMI=(체중)/신장$(m)^2$
  - 18.5~22.9: 정상
  - 23.0~24.9: 과체중
  - ≥ 25: 비만

예) 키 160cm, 몸무게 60kg=(60)/1.6×1.6=60/2.56=23.4

∴ 23.4: 과체중

(3) 적절한 단백질 섭취하기

- 두부 ⅕모: 8g
- 닭고기 1인분: 11g
- 생선 1토막: 14g
- 밥 1공기: 4g
- 계란 1개: 8g
- 햄 1쪽(가로 8cm×세로 6cm×높이 0.8cm): 8g

(4) 식품 속의 지방량 계산하기

지방 섭취량이 30%이므로 현재 섭취량에서 10% 정도 지방량을 줄이는 것이 바람직하다.

(5) 일상 식품 속에 함유되어 있는 지방의 양 알기

- 버터, 마가린 1작은술 = 5g = 45kcal
- 초콜릿바 100g = 지방 30g = 270kcal
- 마요네즈 1큰술 = 15g = 135kcal
- 샐러드드레싱 1큰술 = 15g = 135kcal
- 식용유/기름 1큰술 = 15g = 135kcal

(6) 소금이 많이 함유된 식품섭취 줄이기

- 소금에 절인 식품: 젓갈류
- 훈연 어육식품: 햄, 소시지, 베이컨, 훈제연어
- 소금이 많이 첨가된 스낵식품: 감자칩, 팝콘, 크래커 등
- 인스턴트식품: 라면, 즉석식품류, 통조림 식품
- 가공식품: 치즈, 마가린, 버터, 케첩
- 조미료: 간장, 된장, 고추장, 우스터소스, 바비큐소스

1,500kcal 식단의 예

- 아침: 보리밥(300kcal), 조갯국(60kcal), 부추겉절이(50kcal), 묵무침(90kcal)
- 점심: 메밀국수(300kcal), 무생채 (50kcal),
- 저녁: 현미밥(300kcal), 두부된장찌개(100kcal), 호박나물(40kcal), 미역오이초무침(20kcal)
- 간식: 녹차(0kacl), 저지방우유(90kcal), 토마토 2개(50kcal)

※ 1,500kcal 식단에서 아침, 점심, 저녁 식사 시 밥의 양을 1/3공기씩 줄이면 1,300kcal 식사가 된다.

4) 식사요법

- 에너지 제한
- 에너지 영양소 비율 조정
- 알코올과 단순당 제한
- 다양한 식품을 이용한 끼니별 적정 식사 배분

(1) 체중조절을 위한 올바른 식습관

- 하루 세끼 규칙적인 식사를 한다.
- 천천히 식사하는 식습관을 가진다.
- 가급적 기름이 적은 음식을 짜지 않게 섭취한다.
- 인스턴트 음식, 패스트푸드보다 자연식품을 조리해서 섭취한다.
- 음식은 다양하게 섭취하고 후식, 음료 등의 단 음식을 주의한다.
- 간식은 가능한 한 섭취하지 않고 야식은 금한다.
- 가급적 섬유소는 충분히 섭취한다.
- 장기간 식사조절을 유지하기 위해 음식량이나 음식의 종류를 지나치게 제한하지 않도록 한다.

(2) 식품 중 식이섬유 함량

식품의 종류	식이섬유 함량(g/100g)
곡류	보리(10.8), 백미(3.2) 밀가루(2.1)
감자, 콩류	검은콩(19.9), 팥(16.2), 고구마(1.8), 감자(1.1)
과일류	감(2.9~4.5), 사과(1.3), 딸기(1.27), 참외(0.77), 포도(0.54), 수박(0.19)
채소류	마늘(7.4), 깍두기(2.5), 시금치(1.7), 양파(1.5), 무(1.3), 배추(2.5)
해조류, 버섯류	미역(30), 김(29), 다시마(23.9), 표고버섯(23.4~39.8)

- 수용성 식이섬유 다량 함유 식품: 자두, 상구(푸룬), 청국장, 토란, 키위, 사과, 바나나 등의 과일, 양배추, 브로콜리, 오이, 당근, 무, 다시마, 미역, 김 등의 해조류
- 불용성 식이섬유 다량 함유 식품: 고구마, 감자, 현미, 시금치, 부추, 브로콜리, 양배추, 강낭콩, 팥, 대두, 두부, 호박, 옥수수 등

(3) 음료수 열량

대부분의 음료수는 설탕이나 액상과당을 다량 함유하고 있으므로 섭취량에 유의한다.

제품명	포장단위 각 1개(g)	열량(kcal)
콜라, 사이다, 환타	250	100
라이트 콜라	250	30
미에로화이바	100	50
게토레이	250	80

(4) 추천 간식

종류	구분	열량(kcal)
과일류	사과(½개), 배(⅓개), 오렌지(½개), 딸기(10개)	약 50
채소류	오이, 당근, 양배추	약 20
유제품	저지방우유	약 125
견과류	땅콩 10개, 호두	약 45
기타	블랙커피, 녹차, 다이어트콜라	0~10

5) 운동요법

식사요법 단독으로 체중조절을 하기보다 운동을 함께하면 에너지 소모의 증가로 체지방 소모가 더 많으면서 근육손실은 적어 기초대사량의 저하를 막을 수 있어 요요현상이 적게 일어난다. 운동은 체조직 구성 변화, 산소운반능력 증가, 심리적 스트레스 해소, 인슐린 수용체의 감수성을 높이고 인슐린 말초조직의 효과 증진으로 고인슐린혈증이 교정되고 HDL-콜레스테롤 수준을 증가시킨다. 따라서 비만치료 시 육체적 활동 증가를 통한 열량소비 증가와 함께 식사요법을 통한 섭취열량 감소가 꼭 필요하다. 또한, 감소된 체중의 지속적 유지를 위해 식사와 생활습관의 변화를 유지해야 한다.

운동의 효과

① 건강체중 유지에 도움이 된다.
② 기초대사량을 높여 준다.
③ 체지방량을 감소시키고 근육량을 증가시킨다.
④ 스트레스 해소 및 정신건강에 도움이 된다.
⑤ 고지혈증, 당뇨병, 비만 등 만성질환의 발생을 감소시킨다.

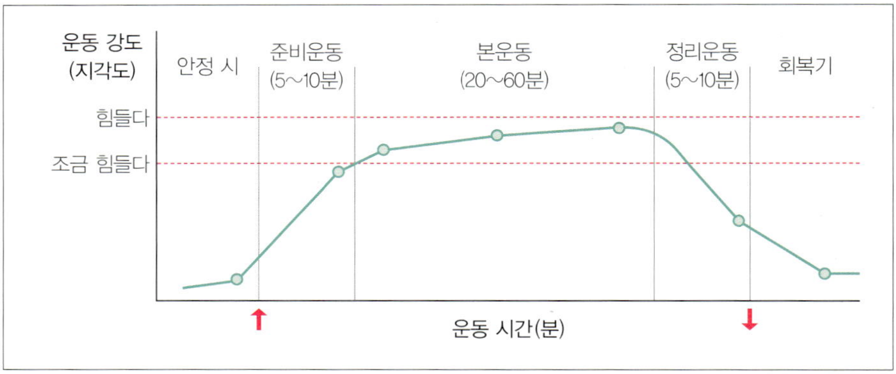

[그림 8-4] 유산소 운동 시간별 운동 강도

[그림 8-5] 100kcal 소모하는 운동(66kg 남자, 56kg 여자)

출처: 임경숙 외(2014). 임상영양학.

(1) 500kcal 감소를 위한 식사요법과 운동요법을 같이 시행할 경우

식사요법(300kcal) + 운동요법(200kcal)	
자신이 섭취하는 간식 줄이기(300kcal)	운동요법(200kcal)
• 아이스크림 1컵 • 초코파이 2개 • 단팥빵 1개 • 케이크 1조각 • 감자튀김 1인분	• 빠른 걸음 걷기 40분 • 빨리 뛰기 20분 • 자전거 타기 40분 • 에어로빅 40분 • 수영 35분

(2) 500kcal 감소를 위한 식사요법만 시행할 경우

식사요법(식사만으로 500kcal 감량 식사섭취)	
간식 줄이기(300kcal)	다음 중 1가지 더 선택(200kcal)
• 아이스크림 1컵 • 초코파이 2개 • 단팥빵 1개 • 케이크 1조각 • 감자튀김 1인분	• 점심, 저녁밥 ⅓ 감량 • 인스턴트커피→녹차, 음료수→물로 섭취 • 스낵, 과자류 반만 먹기 • 튀김류, 육류(기름기 많은) 먹지 않기

(3) 500kcal 감소를 위한 운동요법만 시행할 경우

운동요법(운동만으로 500kcal 감소)	
• 빠른 걸음으로 걷기(1시간 30분) • 빨리 뛰기(50분) • 에어로빅(50분)	• 농구, 축구(50분) • 자전거 타기(1시간 40분)

6) 행동수정요법

비만을 유발하는 비만인의 생활습관과 식습관의 문제를 수정하는 방법으로 에너지 섭취를 줄이고 에너지 소비를 늘린다.

(1) 행동수정요법의 단계

- 자신을 관찰하여 문제점을 발견하고 목표를 세우는 자기관찰
- 과식을 가져오는 환경을 조절하면서 식행동과 운동습관을 수정해 가는 자극 조절
- 바람직한 행동에 대한 보상

(2) 자기관찰 내용

- 비만유발 습관 찾기: 식습관, 운동습관을 자신이 직접 기록 관찰
- 식사기록법: 식습관 수정 시작에 가장 중요함
- 기록내용: 식사 시간, 식사 장소, 식사 중 식사 태도, 식사와 관련된 활동, 식사 시 감정 상태, 식사 시 배고픔의 정도, 식사의 형태와 양
- 관찰 기록을 통해 문제점을 발견하여 행동 수정으로 식습관 변화로 체중 조절
- 식사일기: 하루 동안 섭취한 음식의 종류와 양을 기록하여 자신의 식습관 평가
- 식사일기 작성을 통해 본인의 식사를 관찰 평가하여 식습관 개선이 가능

(3) 청소년이 좋아하는 고열량 간식

음식명	1회 섭취량	열량(kcal)	음식명	1회 섭취량	열량(kcal)
라면	1개	500	햄버거	1개	330
컵라면	1개	300	치킨	1조각	210
피자	레귤러 1판 (1조각)	1,120(270)			

(4) 술 종류에 따른 열량(한 잔 기준)

종류	양(g)	열량(kcal)	종류	양(g)	열량(kcal)
소주	50	90	샴페인	150	65
병맥주	200	96	위스키	40	110
생맥주	500	185	청하	50	66
레드와인	150	125	각걸리	200	110
화이트와인	150	140			

(5) 기본 안주별 열량

종류	양(g)	열량(kcal)	종류	양(g)	열량(kcal)
새우깡 1봉지	85	440	마른 멸치	–	50
꼬깔콘 1봉지	95	520	쥐포	100	300
포테이토칩 1봉지	100	540	마른오징어	100	350
팝콘 1봉지	20	100	땅콩 10개	–	50
김 큰 것 1장 (조미되지 않은 마른 김)	–	20	아몬드 15개	–	50

- 소주 2잔과 삼겹살 1인분(150g)을 먹었을 때: 680kcal
  - 칼로리: 680kcal(지방에너지 비율 62%, 소금: 0.6g)
  - 콜레스테롤: 82.5mg + 포화지방: 2g
- 맥주 2잔과 닭튀김(¼마리)을 먹었을 때: 650kcal
  - 칼로리: 650kcal(지방에너지 비율 44%, 소금: 2.2g)
  - 콜레스테롤: 185mg + 포화지방: 3g
- 맥주 2잔과 땅콩오징어(1접시)를 먹었을 때: 330kcal
  - 칼로리: 330kcal(지방에너지 비율 30%, 소금: 0.6g)
  - 콜레스테롤: 152.7mg + 포화지방: 1.2g

음주량 및 섭취 열량 계산

국제보건기구 WHO의 1일 적정 알코올 섭취 권장량

구분	성인 남자 알코올 섭취량(g)	성인 여자 알코올 섭취량(g)
저위험군	1~40	1~20
중간 위험군	41~60	21~40
고위험군	61~100	41~60
매우 위험군	101+	61+

※ 술을 마셔야만 할 경우 권장기준으로 제시

주종별 알코올 함량 및 적정 음주량

주종	기준	1잔 규격(mL)	알코올 함량(g)	적정 음주량(잔)	
				남자	여자
소주	20도	50	8.0	5.0	2.5
맥주	4.5도	200	7.2	5.5	2.7
위스키	40도	30	9.6	4.2	2.1
소폭	소주+맥주	200	13.4	3.0	1.5
양폭	양주+맥주	200	15.7	2.5	1.3

- 소주(20도, 360mL) 1병은 약 57.6g, 맥주(1.5도, 500mL) 1병은 약 18g의 알코올 포함
- 소폭: 소주 50mL+맥주 150mL, 양폭: 양주 30mL+맥주 170mL
- 알코올 함량(g) 계산=(섭취량(mL)×알코올 도수×0.8*)/100
  (*0.8은 알코올의 비중)
- 섭취한 알코올의 양에 알코올 열량 값인 7(kcal/g)을 곱하면 섭취한 열량을 계산할 수 있다.

출처: 식품의약품안전처.

3 당뇨 예방을 위한 식생활 관리– 탄수화물 영양 관리

신체는 혈액 내 포도당 농도를 일정 수준으로 유지해야 하는데 혈당의 항상성 유지가 깨지고 포도당이 뇨중으로 배설되는 데서 당뇨병이라는 이름이 유래되었다. 췌장에서 만들어지는 인슐린의 부족 또는 분비된 인슐린의 체내에서 작용이 잘 이루어지지 않아 유발하는 고혈당증이 당뇨병이다.

1) 당뇨병의 진단과 유형

당뇨병의 진단 기준은 소변량의 증가, 갈증, 뇨당 등이 있지만 반드시 혈당검사가 필요하다. 공복혈당 126mg/dl 이상, 포도당 당부하 200mg/dl 이상이면 당뇨병으로 진단한다. 당뇨병은 제1형(인슐린 의존형) 당뇨병과 제2형(인슐린 비의존형) 당뇨병으로 분류할 수 있다.

〈표 8-4〉 당뇨병 진단 기준

정상	공복 시 혈당 110mg/dL 이하, 당부하 2시간 후 혈당 140mg/dL 이하
당불내성 (내당능장애)	75g 포도당 부하 2시간 후 혈당 140~199mg/dL
당뇨병	• 공복 시 혈당이 110~125mg/dL, 반복검사에서 재확인되는 경우 • 75g 포도당 부하 2시간 후 혈당이 200mg/dL 이상, 반복검사로 확인 • 당뇨병 증상(다음, 다뇨, 체중감소)이 있으면서 임의의 시간에 측정한 혈당이 200mg/dL 이상

(1) 제1형(인슐린 의존형) 당뇨병

소아당뇨병으로 유전적 소인이 많고 갑자기 발병하여 진행이 바쁘다. 인슐린의 분비가 전혀 되지 않거나 매우 낮아서 인슐린 요법과 적당한 운동, 식사요법을 같이 실시한다.

(2) 제2형(인슐린 비의존형) 당뇨병

인슐린 분비능력은 정상이나 다양한 이유로 생성된 체내 인슐린의 활성도가 낮아서 발생하는 중년기 이후에 나타나며, 비만한 사람에게 잘 유발한다. 인슐린 요법이 꼭 필요한 것은 아니고 호르몬의 분비가 부족한 경우에 경구 혈당 강하제 복용으로 치료가 가능할 수도 있으며, 식사요법, 운동요법, 또는 경구 혈당 강하제 병용으로 치료가 가능한 경우가 많다. 이밖에 다른 원인에 의해서 당 이용능력의 저하로 당뇨병이 유발할 수 있는데, 대표적인 것이 임신성 당뇨병으로 주로 임신 후반기에 당뇨병이 유발되어 출산 후에는 정상화되는 특징이 있다.

〈표 8-5〉 당뇨병의 유형 및 특징

	제1형 당뇨병	제2형 당뇨병
발병 속도와 시기	갑자기 발병	서서히 발병
발병 빈도	당뇨병의 5~10%	당뇨병의 90~95%
인슐린 분비 및 감수성	인슐린을 분비하지 못하거나 부족	인슐린 분비는 정상이나 인슐린 감수성 저하 (즉, 인슐린 저항성 증가)
위험요인	유전, 바이러스 감염 또는 자가면역에 의한 췌장의 베타세포 파괴	유전, 비만, 운동부족, 임신, 스트레스, 중금속 오염, 약물남용

2) 당뇨병 예방을 위한 식생활 관리

적절한 식사의 열량섭취로 표준체중을 유지하고 영양소가 균형을 이루도록 식품을 다양하게 골고루 먹는 것이 중요하다. 당뇨병 환자의 식사지침 및 주의사항은 다음과 같다.

① 정상체중을 유지한다.
② 규칙적인 식사섭취와 일정한 양의 식사섭취를 한다.

③ 참기름, 들기름, 식용유 등 식물성 기름을 허용량 내에서 사용한다.

④ 처방한도 내에서 주식은 잡곡밥(보리, 콩, 팥)으로 한다.

⑤ 콜레스테롤 함량이 높은 식품(쇠간, 계란, 오징어)은 1주일에 2~3회로 제한섭취한다.

⑥ 섬유소 섭취를 늘리기 위해 잡곡류, 콩 제품을 이용하고 생과일, 채소를 섭취한다.

⑦ 공복 시 열량이 적고 포만감이 큰 식품(미역, 김, 버섯, 생채소 등)을 섭취한다.

⑧ 설탕, 초콜릿, 사탕, 아이스크림, 캐러멜, 케이크, 단과자, 탄산음료, 엿, 강정, 알코올 등은 열량을 많이 함유하고 혈당을 급속히 올리므로 제한한다.

⑨ 음식은 싱겁게 조리해서 먹는다.

⑩ 운동은 식후 1~2시간 후 규칙적으로 함으로써 저혈당 예방 및 인슐린 작용 촉진으로 비만을 예방한다. 일주일에 적어도 5회 이상, 매회 30~40분 정도 규칙적으로 실시한다.

3) 당뇨병 환자의 저혈당 관리

당뇨병 환자에게 이상적인 혈당범위는 아침 잠자리에서 일어났을 때 또는 식사 전(공복 시) 혈당이 80~120mg/dl, 식사 2시간 후 150mg/dl 이하, 잠자는 동안 100~140mg/dl이다.

당뇨병 환자의 저혈당(혈당 50mg/dl 이하) 예방은 고혈당 치료보다 중요하다. 저혈당의 증상으로는 기운이 없고, 식은땀이 흐르는 탈수 증상이나 심하면 의식을 잃을 수 있다. 그 원인으로는 당뇨병 환자가 정해진 시간에 식사를 하지 않았거나 운동량이 평소보다 많은 경우, 실수로 인슐린 주사나 경구 혈당강하제를 많이 사용하여 유발할 수도 있다. 저혈당증 유발에는 하던 일을 멈추고 혈당을 높이기 위해 사탕(3개 정도), 주스(오렌지주스, 사과주스 ½컵) 등을 섭취하며, 의식이 없는 경우에는 즉시 병원으로 옮겨 응급처치를 받도록 한다.

한편, 노인의 저혈당 증상은 성인에 비해 훨씬 더 흔하고 위험하다. 그 이유는 그 증상이 일반적이지 않아 본인과 주변인들이 인식하지 못하는 경우가 많기 때문이다. 그리고 심각한 저혈당으로 넘어져 발생하는 노인 골절은 매우 위험하고 삶의 질을 낮출 뿐만 아니라 잦은 저혈당은 뇌세포에 영향을 미쳐 노인성치매 유발의 직접적 원인으로 보고되고 있어 당뇨병 환자의 저혈당 관리는 중요하다.

4 심혈관 질환 예방을 위한 식생활 관리– 지방 영양 관리

1) 심혈관 질환

심장은 인체 각 부위에 혈액(산소, 영양소)을 공급하는 원동력 기관이고 혈액은 몸의 각 부위를 순환하면서 탄산가스와 불필요한 물질을 운반하여 우리 몸의 건강을 유지시킨다. 따라서 이들 기관의 부조는 생체 항상성이 깨어지고 심혈관계 질환을 유발한다. 심혈관계 질환은 우리나라 주요 사망원인 중의 하나로 심장발작과 순환기계 질환을 포함한다. 심장병, 부정맥, 관상동맥경화증, 고지혈증, 고혈압 등으로 그 종류가 다양하며, 각각의 질환으로 나타나는 증상도 매우 다양하다.

심혈관질환의 발병 요인은 유전적 요인과 환경적 요인인 생활습관으로 알려져 있다. 미국 심장협회는 심혈관계 질환의 위험요인으로 고지방식사 이외에도 여러 가지 요인을 제시하며, 위험요인이 많을수록 심혈관계 질환 위험은 커진다.

(1) 변하지 않는 요인

① 연령: 연령이 증가할수록 위험률이 증가한다.

② 성: 여성보다 남성에게 더 많이, 더 빨리 나타나며, 여성의 경우 폐경기 이후 발병률이 증가하지만 남성보다는 낮다.

③ 유전적 요인: 50세 이전 심혈관계 질환으로 사망한 기록으로 보면 혈액으로부터 킬로미크론과 중성지방 제거능력, 간에서의 LDL 제거능력, HDL 합성능력에 유전적 결함이 있는 경우 혈전 형성의 증가를 나타낸다.

④ 인종: 백인에 비해 아프리카 혈통의 흑인이 혈관 심혈관계 질환 발병률이 높다. 심장질환 발병률은 라틴 또는 중남미 계통 사람이나 아메리카 대륙, 하와이 원주민이 높은 편이고 아시아인도 높은데 이 경우는 비만과 당뇨병 합병률도 높은 편이다.

(2) 변화하는 요인

① 혈중 콜레스테롤 농도: 혈중 콜레스테롤 200mg/dl(특히 240mL/dl) 이상이고 LDL 수준이 160mL/dl인 경우 심혈관계 질환의 위험률이 높다. 고콜레스테롤 혈증과 함께 고혈압과 흡연을 동반한 경우에 심혈관계 질환 발병률은 더 증가한다.

② 혈중 중성지방 농도: 공복 시 중성지방의 농도는 150mL/dl 이하여야 하고 고중성지혈증(hypertriglyceridemia)은 식사의 지방, 단순당과 알코올 섭취로 기인한다. 고중성지혈증은 HDL 수준이 낮고, LDL 수준이 높을 때 동맥경화증을 가속화시킨다.

③ 고혈압: 고혈압은 심근을 두껍고 단단하게 손상시켜 심장박동을 정상보다 힘들게 하여 뇌졸중, 심경경색, 신장질환, 울혈성 심장질환의 위험을 증가시킨다.

④ 흡연: 담배를 피우지 않는 사람은 담배를 피우는 사람에 비해 2~4배 이상 심혈관계 질환 발병률이 증가하며, 혈전 형성을 촉진하고 흡연 여성의 경

우 피임약 복용은 심혈관계 질환 발병률을 더 증가시킨다.

⑤ 신체활동 정도: 낮은 신체활동은 심혈관계 질환 발병률을 증가시키므로 매일 일정 강도의 신체활동은 혈중 콜레스테롤 수준을 감소시키고 당뇨병과 비만 위험을 감소시키며, 혈압 감소에 도움을 준다.

⑥ 비만: 연령의 증가에 따라 체중이 늘고 허리둘레가 증가하며, LDL 콜레스테롤의 증가가 일어난다. 비만은 체내 염증을 증가시키며, 체내 아디포넥틴(adiponectin)을 감소시켜 심근경색의 위험도 증가와 인슐린 저항성을 야기하여 당뇨병 유병률을 높인다.

⑦ 당뇨병: 당뇨병은 심혈관계 질환 발병 위험률을 매우 높이고 당뇨환자의 75%가 심혈관계 질환으로 사망한다.

⑧ 간질환 및 신장질환, 낮은 갑상선 호르몬 저하: 모두 혈중 LDL 콜레스테롤 농도를 증가시켜 심혈관계 질환 발병 위험률을 증가시킨다.

이상의 다양한 요인에 의해 장기간에 걸쳐 진행되며, 관상동맥에서 대동맥까지 다양한 크기의 동맥에 만성 염증의 발생과 혈중 지방과 무기질이 함께 플라그를 형성하여 혈류장애로 산소와 영양소 공급에 이상이 생겨 발생한다. 플라그 형성은 혈관을 단단하게 경화하고 내경을 좁게 하여 혈관 탄력성을 저하시킨다. 혈중 지질농도(LDL)는 동물성 포화지방과 콜레스테롤 섭취량, 하루 총열량섭취, 식이섬유소 등과 관련이 있다. 또한, 나트륨 과잉섭취, 비만, 과음, 변비, 흡연 등은 고혈압, 심장병 발생 위험률을 증가시킨다.

2) 심혈관질환 예방을 위한 식생활 관리

심혈관계 관련 질환에서 혈중 콜레스테롤과 지질 농도가 중요한 인자로 작용하므로 혈중 지질농도의 정상 수준 유지로 동맥경화증 유병률을 감소시킬 수 있다. 식이요인이 혈중 지질농도에 영향을 미치므로 식사관리가 매우 중요하다.

① 지방의 질과 양, 저열량으로 섭취로 열량 제한, 설탕 및 가공품 섭취에 주의한다. 즉, 총지방 섭취량과 포화지방산, 식사 중 콜레스테롤 섭취를 조절한다. 따라서 지방 섭취량은 총열량의 20~35% 수준으로 유지한다.

- 포화지방 섭취는 총열량의 7% 이하 유지
- 트랜스지방 섭취는 가급적 적게 섭취
- 불포화지방산 섭취는 총열량의 10% 이하 유지
- 단일불포화지방산 섭취는 총열량의 20% 이하 유지
- 콜레스테롤 섭취는 하루 200mg 이하 유지

② 당질은 총열량의 50~60% 섭취하며, 과잉의 당질 섭취는 간에서 중성지방의 합성이 증가하여 VLDL콜레스테롤 지단백질을 합성시켜 동맥경화증을 촉진한다.

③ 펙틴, 만난, 알긴산 등의 수용성 식이섬유는 혈중 콜레스테롤 저하작용을 하므로 섬유소 함량이 높은 전곡류, 채소, 두류, 버섯 등을 충분히 섭취하며, 하루 20~30g 섭취하도록 한다.

④ 나이아신, 비타민 C도 혈중 콜레스테롤을 감소시키며 항산화 비타민인 비타민 E는 동맥경화 발생주요인자인 지질 과산화 방지에 중요하므로 섭취량을 증가시키고 비타민 D 결핍 시 동맥경화 촉진시키므로 충분히 섭취한다.

⑤ 서양의 경우 동맥경화증의 주요 원인은 고지혈증이고 우리나라는 고혈압으로 고혈압 예방을 위해 식염을 하루 7g 이하로 제한한다.

⑥ 해조류는 지방대사를 돕는 요오드 함량이 높아 많이 섭취하는 것이 좋다.

⑦ 알코올은 간에서 대사되면서 중성지방의 합성을 증가시켜 혈중중성지방 농도를 증가시킨다. 하루 한 잔의 포도주는 HDL콜레스테롤의 상승으로 심혈관 질환에 긍정적 영향을 보고하지만 총열량의 15% 이하로 섭취한다.

⑧ 흡연은 혈중 HDL콜레스테롤을 감소시키고 니코틴은 혈당 및 지방산 증

가, 혈소판응집과 혈액응고능력의 이상을 가져와 동맥경화를 촉진하므로 금연한다.

⑨ 건전한 식생활과 아울러 생활습관 전반의 개선 및 적절한 신체활동의 증가로 건강 수준의 체중을 유지하여 심혈관계 질환을 예방할 수 있다.

5 근감소증과 골다공증 예방을 위한 식생활 관리- 단백질, 무기질 영양 관리

우리 신체의 근육, 호르몬, 각종 효소, 항체들의 구성성분인 단백질은 3대 열량 영양소의 하나로 섭취가 부족하면 몸의 기능이 원활하게 수행되지 못하여 건강에 심각한 영향을 초래할 수 있다. 그리고 체내에 단백질이 효율적으로 작용하려면 에너지 섭취가 충분해야 하며, 그렇지 못하면 단백질 고유의 기능(뼈와 근육의 구성성분, 호르몬과 효소작용, 방어 기능, 수분 조절 및 체액의 항상성 유지)을 수행하지 못하고 아미노산으로 분해되어 열량원이 된다. 특히, 단백질은 신체 모든 조직의 성장과 유지에 절대적으로 필요하며, 뼈와 근육 및 많은 신체조직을 구성하는 성분으로 단백질 영양문제는 심각한 근골격계 질환과 밀접한 관계가 있다.

1) 근감소증(Sarcopenina)의 정의와 발생원인

근감소증은 근육을 뜻하는 그리스어 sarx(= flesh = muscle)와 감소를 뜻하는 그리스어 penina(= loss)의 합성어로 체내 근육량 감소와 근력 감소를 의미한다. 근감소증의 기전에는 다음과 같이 다양한 원인이 있다.

① 내분비물질의 부조: 코티코스테로이드, 성장호르몬, IGF-1의 부족, 비정상적인 갑상선 기능과 인슐린저항성

② 가장 중요한 요인으로 꼽히는 노화: 성호르몬의 부조, 세포자기사멸(apoptosis), 미토콘트리아의 기능 이상

③ 신경변성질환: 운동뉴런의 소실

④ 육체적 활동 감소

⑤ 불충분한 단백질 영양섭취와 소화기계 장애로 인한 섭취 영양소의 흡수불량

⑥ 만성질환에 의한 고도의 전신 쇠약증인 악액질(Cachexia)

우리나라 국민영양조사결과 여성 55세, 남성 40세 전후로 근육량 감소가 시작된다고 보고되며, 유병률은 여성보다 남성에게 높게 나타난다. 또한, 60세 이상 노인보다 초고령 노인 인구인 70~80세에서 더 높은 유병률을 보인다.

근육은 신체지지 및 활동기관이며, 다양한 물질을 분비하는 분비기관으로, 특히 마이오카인(myokine), 항산화물질 분비로 근육량의 감소를 지연한다.

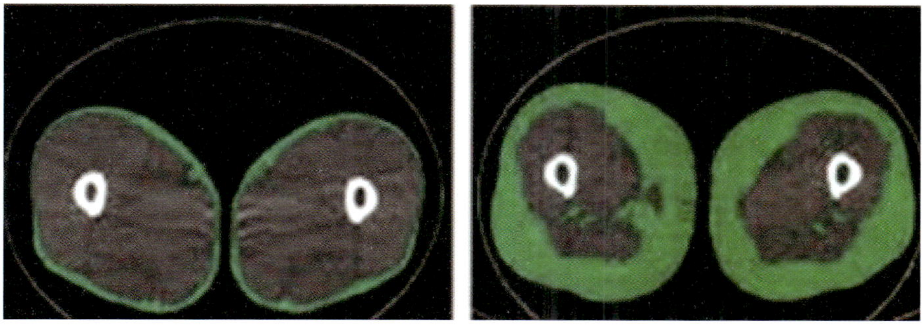

[그림 8-6] 근감소증 허벅지 비교(회색: 근육, 초록색: 지방)

2) 근감소증(Sarcopenina) 예방을 위한 영양 관리

만성질환인 근감소증의 유병률 감소를 위한 근육 감소 및 체성분 변화를 예방할 수 있는 영양 관리는 다음과 같다.

① 정상체중 유지에 알맞은 적절한 열량섭취로 단백질 고유의 기능(근육량 증가 및 유지)을 유지시킨다.

② 전체 단백질 섭취량 중에 1/3은 양질의 동물성 단백질로 섭취한다.- 쇠고기, 돼지고기, 생선, 가금류, 우유, 치즈, 계란 등(단백질 권장섭취량은 0.825g/kg/day)

③ 체내 산화적 스트레스 억제할 수 있는 항염증, 항산화영양소 충분히 섭취한다.- 비타민 B_6, B_{12}, 엽산, 비타민 C, 비타민 E, 카로티노이드(베타카로틴, 루테인, 라이코펜, 지아잔틴)

④ 근육의 생합성에 중요한 비타민 D와 칼슘의 충분한 섭취가 중요하다.

⑤ 영양소의 섭취와 함께 적당한 운동과 야외활동을 통한 햇빛 자극으로 비타민 D 합성을 촉진시킨다.

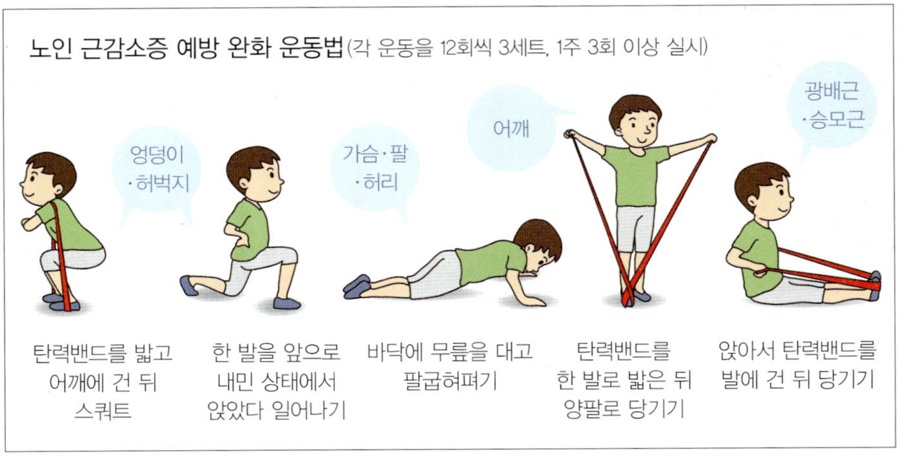

[그림 8-7] 근감소증 예방, 완화 운동법

출처: 서울대 건강운동과학연구실.

3) 골다공증(Osteoporosis) 예방을 위한 영양 관리

무기질은 열량원(탄수화물, 지방, 단백질)과 달리 분자구조에 탄소를 가지지 않으므로 에너지를 내지 못하고 연소 시 회분, 재의 형태로 남으며, 신체의 4%를 구성하는 물질이다. 무기질은 체내에서 합성되지 않으므로 반드시 식품으로 섭취되어야 하며, 신체의 성장과 유지 및 생식에 미량이지만 반드시 필요한 필수 영양소이다. 우리나라 국민건강영양조사결과 가장 부족한 영양소인 칼슘은 골격과 치아의 구성 성분이며, 근육의 수축, 신경의 흥분억제, 혈액응고의 매우 중요한 기능을 한다. 칼슘의 흡수 및 이용에 영향을 주는 인자는 다음과 같다.

① 비타민 D는 칼슘의 체내이용률 증가인자다.
② 유당은 장내에서 칼슘의 흡수를 촉진시킨다.
③ 적당량의 인(P)은 칼슘의 골격 보유를 증가시키므로 칼슘과 인의 적정비율이 중요하다. 따라서 칼슘 없이 인(P)이 너무 많은 탄산음료, 단백질 분말 등의 섭취는 유의한다.
④ 적당한 운동 및 신체활동은 칼슘의 골격보유가 잘 된다.
⑤ 과량의 칼슘섭취나 고단백질 식사는 칼슘의 배설을 촉진한다.
⑥ 성장기 아동의 칼슘 흡수율은 75%, 성인의 흡수율은 20~40%로 생체이용률에 차이가 있다.

〈표 8-6〉 골다공증 유발 식사 및 생활습관 조사 진단지

다음 문항의 해당 사항을 확인해 주시기 바랍니다.			
체중	왜소하고 마른 편	살이 찐 편	정상 체중
흡연(하루)	한 갑 이상	반 갑~한 갑	거의 피우지 않음
음주	많이 마시는 편	하루 소주 1~2잔	거의 마시지 않음
정신적 스트레스	많은 편	보통	거의 느끼지 못함
우유, 유제품	주 1회 이하	주 2~3회 정도	거의 매일
뼈째 먹는 생선	주 1회 이하	주 2~3회 정도	주 4회 이상
두부 및 콩제품	주 2회 이하	주 3~4회 정도	거의 매일
녹황색 채소, 과일	주 2회 이하	주 3~4회 정도	거의 매일
인스턴트식품	주 4회 이상	주 2~3회 정도	주 1회 이하
운동량	거의 하지 않음	주 2~3회 정도	거의 매일
증가 〈———— 위험도 ————〉 감소			

출처: 식생활정보센터(www.dietnet.or.kr).

[그림 8-8] 정상 뼈와 골다공증

골다공증은 칼슘 영양과 밀접한 관련이 있으며, 가장 흔한 대사성 골질환으로 무기질과 콜라겐으로 이루어진 골량이 감소하고, 골조직 미세구조에 장애가 발생하여 골의 취약성과 골절에 대한 감수성이 증가된 전신성 골격질환으로 정의된다. 즉, 골밀도의 감소(뼈에서 칼슘이 유출되는 속도 〉 칼슘이 뼈에 축적되는 속도)로 통증을 느끼거나 작은 충격에도 쉽게 골절이 유발되거나 키가 줄어들거나 허리가 굽는 경우도 있다. 초기증상이 없어 '조용한 도둑'이라는 별명을 가진 골다공증의 예방과 대책법은 다음과 같다.

① 건강 체중을 유지한다- 비만, 저체중(58kg 이하)피함
② 최대 골질량에 도달하도록 평소 균형식(단백질 과다 섭취 시 칼슘 소실 증가)과 규칙적인 운동을 한다.
③ 금연, 금주 생활습관을 유지한다.
④ 우유 및 유제품, 뼈째 먹는 생선 등 칼슘 함유 식품을 충분히 섭취하며, 필요시 보충제를 복용한다.
⑤ 단백질, 비타민 D의 섭취는 칼슘 흡수율을 증가시킨다.

2015년 대한 골대사학회 권고 내용

① 골다공증 예방과 치료를 위해 칼슘과 비타민 D의 섭취는 필수적이다.
② 50세 이상의 남성 및 폐경 여성은 하루 800~1,000mg의 칼슘 복용을 권장
③ 일차적으로는 음식을 통해 칼슘 섭취를 증가시킬 것 → 음식을 통한 칼슘 섭취가 용이하지 않은 경우에는 보충제 사용을 권장
④ 비타민 D 경우, 하루 권장량은 800IU
⑤ 골다공증의 예방을 위해, 혈액의 25OHD(25-hydroxy vitamin D) 농도는 최소 20ng/mL 이상 유지
⑥ 골다공증의 치료, 골절 및 낙상의 예방을 위해서는 30ng/mL 이상이 필요할 수도 있다고 권고

〈표 8-7〉 칼슘함량이 높은 식품

식품명	100g (어림치)	칼슘함량 (mg)	식품명	100g (어림치)	칼슘함량 (mg)
우유	½컵	100	동태	小 2토막	233
고형요쿠르트	1½컵	131	홍어	小 2토막	305
야쿠르트	½컵	120	참치	小 2토막	235
아이스크림(콘)	1스푼	130	참게	中 1마리	359
치즈	5장	613	대하	4마리	234
순두부	½컵	120	꽁치 통조림	⅔컵	277
두부	¼모	181	정어리 통조림	⅔컵	241
뱅어포	7장	1,056	깨소금	1컵	1,223
중멸치	1¼컵	1,290	고춧잎	생것 2컵	364
물미역(생것)		153	무말랭이	불려서 3⅓컵	368
물미역(말린 것)		1,072	돌나물	익혀서 ½컵	258
다시마(생것)		103	들깻잎	잎넓이 10cm, 40장	215
다시마(말린 것)		708	케일	잎넓이 30cm, 2장	181

출처: 식생활정보센터(www.dietnet.or.kr).

6 피부건강을 위한 식생활 관리– 비타민 · 물 영양 관리

피부는 인체의 외부를 감싸 외부환경에서 신체를 보호하는 매우 중요한 기관이다. 체중의 16%를 피부가 차지하며, 신체 부위에 따라 두께가 각각 다르다. 두께가 얇을수록 주름이 발생하기 쉽다. 피부는 3층의 표피(Epidemis), 진피(Demis), 피하조직(Subcutaneous Fat Tissue)으로 구성된다. 신체의 건강을 위해 균형 있는 6가지 영양소(탄수화물, 지방, 단백질, 비타민, 무기질, 물)가 모두 필요하고, 특히 피부 건강과 밀접한 관계가 있는 영양소 중 비타민과 물에 대하여 알아본다.

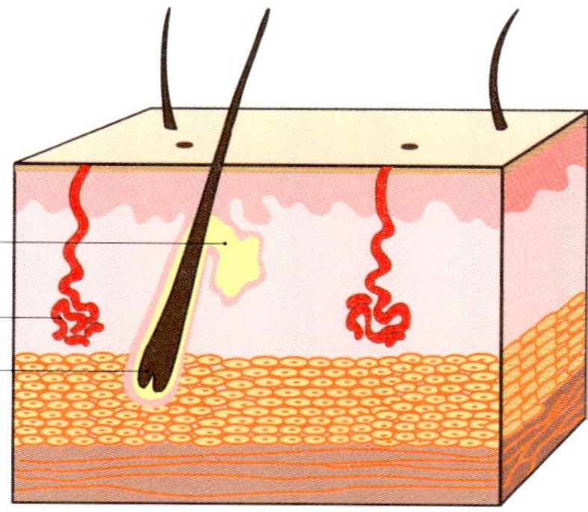

[그림 8-9] 피부의 구조

출처: 보건복지부 · 대한의학회.

1) 피부건강을 위한 영양 관리

건강한 피부를 위해 관련이 깊은 영양소로는 비타민 A, 비타민 C, 비타민 E와 물을 들 수 있다.

(1) 비타민 A

비타민 A는 항산화작용 및 상피세포조직의 정상적 증식과 분화 조절의 중요한 기능으로 피부건강과 밀접한 관계가 있다. 피부의 상태는 질감, 탄력, 색조 등을 종합한 결과로 환경적 인자(기후, 계절, 자외선)와 내인적 인자(유전, 노화, 호르몬, 면역, 스트레스, 영양 상태)의 다양한 영향을 받는다. 장시간 햇빛이나 자외선 자극은 피부에 자유 라디칼(free radical) 생성이 증가하여 색소 침착과 잔주름을 생성시킨다. 비타민 A는 항산화 비타민으로 피부의 색소 침착과 주름 형성을 억제하는 미용효과 기능이 있다. 그리고 세포의 정상적인 증식과 분화 조절 기능은 정상적인 피부 각질화 및 피부 점막 유지에 중요한 작용을 한다. 따라서 비타민 A 결핍은 피부 점막에서 점액 분비 감소, 건조화, 노화, 각질화가 촉진된다. 이러한 기능 때문에 비타민 A는 피부미용의 중요한 기능성 소재로 이용되나 과잉섭취 시 독성 부작용을 나타내므로 기능성 소재 사용 시 용량을 적절하게 사용해야 한다.

(2) 비타민 E

비타민 E(tocopherol)는 비타민 A와 비슷한 항산화 작용으로 피부의 세포막 파괴하는 자유 라디칼(free radical) 생성을 억제하고 이로 인한 콜라겐 및 탄력 섬유의 손상과 색소침착의 발생을 억제한다. 비타민 E는 건조한 피부 및 햇빛에 의한 피부병 및 켈로이드(Keloid) 관리에 사용된다.

(3) 비타민 C

비타민 C는 수용성 비타민으로 수용성 환경에서 강한 생물학적 비특이성 환원제로 항산화 기능을 가지고 있어 비타민 A, E와 함께 자유 라디칼(free radical)생성을 감소시켜 콜라겐 및 탄력 섬유의 손상과 색소침착의 발생을 억제 한다. 또한, 피부 진피 콜라겐의 합성 및 탄력 유지에 기능을 한다.

(4) 물

물은 윤기 있고 촉촉한 피부 유지에 매우 중요한 물질이다. 주름과 거친 피부의 가장 큰 원인은 표피 수분의 손실로 유발되므로 표피의 수분 유지는 매우 중요하다. 여러 층으로 이루어진 피부는 순환 혈액을 통한 산소, 물, 영양소를 충분히 공급받아야 윤기와 탄력이 유지된다. 건강한 각질층은 12~20%의 수분을 함유하고 있고 환경 등 다양한 요인에 의해 10% 이하로 떨어지면 피부가 건조해지고 윤기와 탄력이 없어져 주름과 피부 트러블이 증가한다. 체내 수분은 피부호흡으로 600mL(하루 체내 수분 방출량: 2,750mL) 방출하므로 하루 8컵 이상의 수분을 섭취해야 한다. 따라서 건조한 실내환경 근무나 환절기에는 충분한 수분 섭취를 하거나, 비타민 C, 비타민 E가 함유된 또는 보습과 유연 효과가 높은 화장수로 피부 보호막을 형성하여 피부의 수분 손실 억제에 도움을 줄 수 있다.

〈표 8-8〉 신체 체중 당 수분비율 및 수분함량

		체중(kg)	수분비율(%)	수분함량(L)
신생아		3.2	75	2.4
성인기	남	66	60	40
	여	56	50	25
노인기	남	59	50	30
	여	50	45	23

하루 2~3L 이상의 물을 섭취해야 할 때는 다음과 같다.

- 날씨가 더울 때
- 운동할 때
- 땀이 날 때
- 열이 날 때
- 장시간 비행기를 탈 때
- 겨울철 난방을 많이 할 때
- 설사나 구토가 있을 때

쉬어가기 (나는 변비일까, 아닐까?)

대변을 몸 밖으로 배출하지 않는다는 것은 동물의 세계에서는 죽음을 의미할 정도로 중요한 일이다. 우리 주위에서도 변비의 증상을 호소하는 사람이 많다. 매일 배변하지 않으면 변비라고 걱정하는 사람도 있지만 배변 횟수는 1일 3회~3일 1회 정도의 빈도까지 정상이다. 변비란 대장 내에 내용물이 정체되어 통과가 지연된 상태로 변이 2~3일 이내에 배출되지 않고 결장 안에 수일 이상 머물러 수분이 너무 흡수되어 수분이 부족한 변을 배설하는 증상으로 배변이 어려워진 상태를 말한다. 이러한 변비의 국제 진단 기준은 다음과 같다.

1) 변비의 국제 진단 기준 Rome Ⅲ

적어도 최근 3개월 사이에 아래의 1~3개의 증상이 있어야 한다.

1. 다음 내용 중 2항목 이상에 해당될 것 a) 25% 이상의 빈도로, 배변할 때 배에 힘을 준다. b) 25% 이상의 빈도로, 토끼똥 모양의 대변, 또는 딱딱한 변이 나온다. c) 25% 이상의 빈도로, 배변한 다음에 잔변감을 느낀다. d) 25% 이상의 빈도로, 배변할 때 항문에 꽉 찬 느낌이 든다. e) 25% 이상의 빈도로, 배변할 때에 손으로 긁어내거나 골반 밖을 압축하거나 해야 한다. f) 배변의 횟수가 일주일에 3회 미만이다.	 ☐ ☐ ☐ ☐ ☐ ☐
2. 설사약을 쓰지 않을 때, 부드러운 대변이나 액체 상태의 대변을 보는 일은 드물다.	☐
3. 과민성 대장증후군(긴장, 불쾌감 등의 스트레스를 느껴서 변비와 설사의 반복)의 진단 기준은 충족하지 않는다.	☐

※ 로마 회의에서 결정된 진단 기준의 제3판(2006년 공포)의 진단 기준.

2) 브리스톨 스케일(Bristol Scale)

대변의 딱딱함, 형태 등의 특징을 7단계로 분류한 국제적 기준이다. 영국의 브리스톨 대학의 의사가 개발했다. 1에서 7로 갈수록 대변이 장에 머무르는 시간이 짧아진다. 브리스톨 스케일에서는 대변 색깔에 대한 기준은 없다. 그러나 정상적 배변 리듬을 갖는 경우, 80% 정도의 수분을 포함한 바나나형 대변과 비슷한 대변이 나온다. 그리고 기분 좋게 배변되는지도 변비의 중요한 진단 기준이다. 본래 배변은 배에 힘을 주어서 하는 것이 아니다. 항문의 바로 앞에 있는 직장에 대변이 모이면, 신경세포를 통해 뇌에 그 결과가 전해져 '배변을 하고 싶다' 는 뜻이 뇌에서 직장에 전해진다. 그러면 항문 주위의 근육이 이완되어 편안하게 배변할 수 있게 되어 있다. 배에 힘을 준다거나 잔변감이 있는 배변은 변비의 증거다.

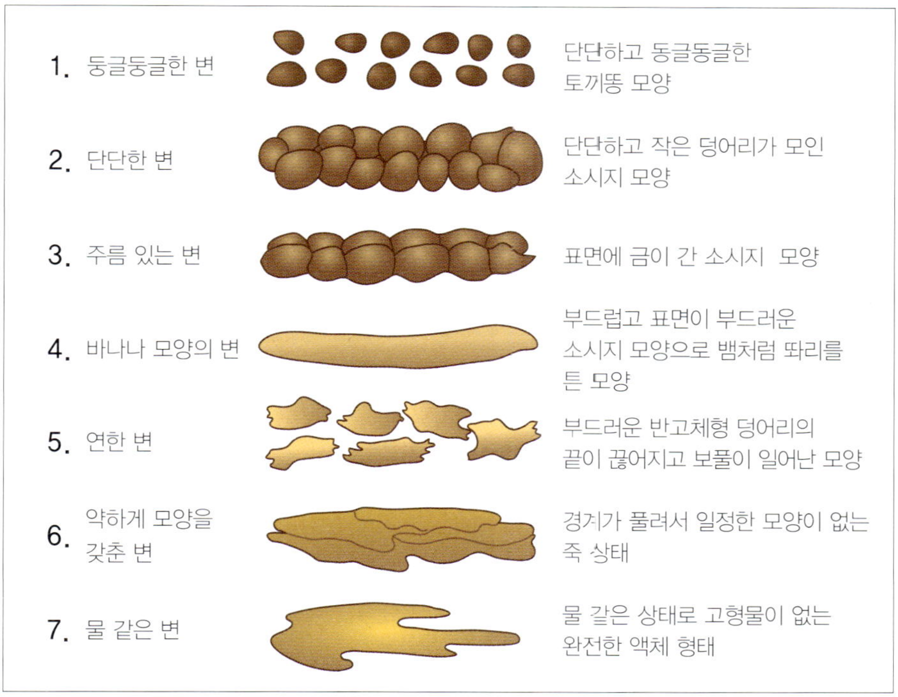

● 대변의 특징을 분류한 브리스톨 스케일

부 록

1인 1회 섭취분량별 식품 및 음식 영양가표

출처 : 농촌진흥청, 국립 농업과학원, 농식품종합정보시스템,

▶ 식품군별 대표영양가표

식품군	에너지 (kcal)	단백질 (kcal)	지방 (kcal)	탄수화물 (g)	식이섬유 (g)	칼슘 (mg)	인 (mg)	철 (mg)
곡류 I	323.870	8.600	1.197	66.490	0.276	7.728	123.112	0.544
곡류 II	91.956	3.054	0.086	20.278	0.363	8.189	69.125	5.598
어육류	80.513	9.201	4.274	1.108	0.041	33.151	116.539	1.382
채소류	12.088	1.020	0.192	2.193	0.467	23.067	24.434	0.494
과일류	51.916	0.824	0.248	13.056	0.567	11.842	16.344	0.317
유제품류	122.874	5.779	6.095	11.462	0.002	189.084	160.058	0.187
유지 및 당류	38.000	0.128	2.636	3.630	0.031	4.426	6.316	0.063

식품군	나트륨 (mg)	칼륨 (mg)	비타민 A (μgRE)	티아민 (mg)	리보블라빈 (mg)	니아신 (mg)	비타민 C (mg)
곡류 I	70.403	98.767	0.026	0.107	0.029	1.295	0.000
곡류 II	21.845	505.574	4.856	0.123	0.070	1.188	35.420
어육류	113.280	113.021	17.420	0.117	0.105	1.600	0.526
채소류	183.429	150.048	90.797	0.036	0.040	0.323	10.830
과일류	2.600	167.140	17.342	0.068	0.041	0.417	30.650
유제품류	105.959	274.778	53.540	0.072	0.261	0.176	1.650
유지 및 당류	4.690	9.696	0.191	0.007	0.001	0.055	0.004

▶ 권장식사패턴(식품군별 1일 권장섭취횟수)의 예

식사패턴(kcal)		1,000	1,200	1,400	1,600	1,800	2,000	2,200	2,400	2,600	2,800
패턴 A (우유 2컵) (소아, 청소년)	곡류 및 전분류 I	1	1.5	2	2.5	3	3	3.5	4	4.5	4.5
	곡류 및 전분류 II	1	1				1				1
	고기 · 생선 · 계란 · 콩류	2	2	3	3	3	4	5	5	6	6
	채소류	2	3	4	4	5	5	6	6	6	7
	과일류	1	1	1	2	2	2	2	2	2	3
	우유 및 유지품	2	2	2	2	2	2	2	2	2	2
	유지, 견과 및 당류	2	2	3	3	3	4	5	5	5	6
패턴 B (우유 1컵) (성인)	곡류 및 전분류 I	1.5	2	2	2.5	3	3	3.5	4	4.5	5
	곡류 및 전분류 II			1			1	1	1		
	고기 · 생선 · 계란 · 콩류	2	2	3	4	4	5	5	5	6	6
	채소류	4	5	6	6	7	7	7	7	7	8
	과일류	1	1	1	2	2	2	2	3	3	3
	우유 및 유지품	1	1	1	1	1	1	1	1	1	1
	유지, 견과 및 당류	2	3	3	3	4	4	5	5	6	6

1인 1회 섭취분량별 식품영양가

출처 : 농촌진흥청, 국립 농업과학원, 농식품종합정보시스템.

▶ 1인 1회 섭취분량별 식품영양가 - 곡류

식품	1인 1회 섭취분량 (g)	에너지 (kcal)	탄수화물 (g)	단백질 (g)	지질 (g)	콜레스테롤 (mg)	식이섬유 (g)	칼슘 (mg)	인 (mg)	철 (mg)	나트륨 (mg)	식염 상당량 (g)	비타민 A (μg R.E)	비타민 B_2 (mg)	비타민 C (mg)	비고
가래떡	85	184	40.4 (12.3%)	3.2 (5.4%)	0.3 (0.5%)	0 (0%)	0.5 (2.0%)	5.1 (0.7%)	36.5 (5.2%)	1.4 (9.1%)	218.4 (10.9%)	0	0 (0%)	0 (0%)	0 (0%)	(평면접시 중) 직경 : 15.9cm, 높이 : 2.1cm
밀가루 (중력 밀가루)	35	130	25.9 (7.9%)	4.0 (6.7%)	0.4 (0.8%)	0 (0%)	0 (0%)	10.9 (1.6%)	27.3 (3.9%)	0.5 (3.5%)	6.7 (0.3%)	0	0 (0%)	0.01 (0.6%)	0 (0%)	(평면접시 대) 직경 : 17cm, 높이 : 1.5cm
빵가루	7	27	5.1 (1.5%)	1.0 (1.7%)	0.3 (0.5%)	0 (0%)	0.3 (1.3%)	2.0 (0.3%)	7.8 (1.1%)	0.1 (0.4%)	37.5 (1.9%)	0.1	0 (0%)	0.002 (0.2%)	0 (0%)	(평면접시 중) 직경 : 15.9cm, 높이 : 2.1cm
식빵	45	128	23.0 (7.0%)	3.7 (6.2%)	2.3 (4.7%)	0 (0%)	1.6 (6.3%)	9.9 (1.4%)	38.7 (5.5%)	0.3 (2.1%)	29.7 (1.5%)	0	0.9 (0.1%)	0.02 (1.9%)	0 (0%)	(평면접시 특대) 직경 : 18.8cm, 높이 : 1.7cm
카스텔리	60	104	33.1 (10.1%)	4.0 (6.7%)	5.1 (10.2%)	96.0 (32.0%)	1.1 (4.3%)	26.4 (3.8%)	69.6 (9.9%)	0.7 (4.8%)	63.0 (3.2%)	0	36.0 (5.1%)	0.05 (4.0%)	0 (0%)	(평면접시 대) 직경 : 17cm, 높이 : 1.5cm
햄버거	165	500	49.3 (15.0%)	24.9 (41.5%)	22.9 (45.9%)	54.5 (18.2%)	1.6 (6.6%)	315.1 (45.0%)	262.4 (37.5%)	4.5 (29.7%)	971.8 (48.6%)	1.6	0 (0%)	0.50 (41.3%)	0 (0%)	(평면접시 대) 직경 : 17cm, 높이 : 1.5cm
곰보빵 (소보로)	40	152	22.6 (6.9%)	3.5 (5.9%)	5.3 (10.6%)	-	1.8 (7.2%)	14.4 (2.1%)	39.2 (5.6%)	0.3 (1.9%)	92.4 (4.6%)	0.4	11.6 (1.7%)	0.02 (2.0%)	0 (0%)	(평면접시 대) 직경 : 17cm, 높이 : 1.5cm
백미	75	272	59.6 (18.2%)	4.8 (8.0%)	0.3 (0.6%)	0 (0%)	0 (0%)	5.3 (0.8%)	65.3 (9.3%)	1.0 (6.5%)	6.0 (0.3%)	0	0.8 (0.1%)	0.01 (1.2%)	0 (0%)	(평면접시 중) 직경 : 15.9cm, 높이 : 2.1cm
수수	4	15	3.0 (0.9%)	0.4 (0.6%)	0.1 (0.2%)	0 (0%)	0.2 (0.7%)	0.6 (0.1%)	11.6 (1.7%)	0.1 (0.6%)	0.1 (0%)	0	0 (0%)	0.001 (0.1%)	0 (0%)	(평면접시 소) 직경 : 13.5cm, 높이 : 2cm
인절미	55	122	25.0 (7.6%)	3.1 (5.2%)	1.0 (2.1%)	0 (0%)	1.3 (5.3%)	9.9 (1.4%)	37.4 (5.3%)	3.2 (21.6%)	187.6 (9.4%)	0	0 (0%)	0.02 (1.8%)	0 (0%)	(평면접시 중) 직경 : 15.9cm, 높이 : 2.1cm
크림빵	85	234	38.7 (11.8%)	5.1 (8.5%)	6.5 (13.1%)	110.5 (36.8%)	0 (0%)	34.0 (4.9%)	68.0 (9.7%)	0.8 (5.1%)	136.0 (6.8%)	0	17.0 (2.4%)	0.08 (6.4%)	0 (0%)	(평면접시 특대) 직경 : 18.8cm, 높이 : 1.7cm
현미	30	106	22.9 (7.0%)	2.7 (4.5%)	0.3 (0.6%)	0 (0%)	0 (0%)	3.0 (0.4%)	74.4 (10.6%)	0.5 (3.4%)	3.6 (0.2%)	0	0 (0%)	0.02 (1.5%)	0 (0%)	(평면접시 소) 직경 : 13.5cm, 높이 : 2cm
국수 (마른 것)	120	449	94.1 (28.7%)	12.7 (21.2%)	0.2 (0.5%)	0 (0%)	0 (0%)	18.0 (2.6%)	148.8 (21.3%)	1.9 (12.8%)	2636.4 (131.8%)	6	0 (0%)	0.04 (3.0%)	0 (0%)	(평면접시 대) 직경 : 17cm, 높이 : 1.5cm
보리	10	33	7.1 (2.2%)	1.1 (1.8%)	0.2 (0.4%)	0 (0%)	2.0 (7.9%)	4.3 (0.6%)	36.0 (5.1%)	0.5 (3.6%)	0.3 (0%)	0	0 (0%)	0.01 (0.8%)	0 (0%)	(평면접시 소) 직경 : 13.5cm, 높이 : 2cm

식품	1인 1회 섭취분량 (g)	에너지 (kcal)	탄수화물 (g)	단백질 (g)	지질 (g)	콜레스테롤 (mg)	식이섬유 (g)	칼슘 (mg)	인 (mg)	철 (mg)	나트륨 (mg)	식염 상당량 (g)	비타민 A (㎍ R.E)	비타민 B_2 (mg)	비타민 C (mg)	비고
스낵과자	6	29	4.1 (1.3%)	0.4 (0.7%)	1.2 (2.4%)	0 (0%)	0 (0%)	1.3 (0.2%)	3.8 (0.5%)	미량 (0.2%)	42.6 (2.1%)	0.1	0 (0%)	미량 (0.2%)	0 (0%)	(평면접시 대) 직경 : 17cm, 높이 : 1.5cm
절편	60	121	26.3 (8.0%)	2.2 (3.6%)	0.2 (0.4%)	0 (0%)	0.2 (1.0%)	6.0 (0.9%)	23.4 (3.3%)	1.5 (10%)	159.6 (8.0%)	0	1.8 (0.3%)	0 (0%)	0.6 (0.6%	(평면접시 중) 직경 : 15.9cm, 높이 : 2.1cm
팥(마른 것)	6	21	4.1 (1.3%)	1.2 (1.9%)	0 (0%)	0 (0%)	0.7 (2.9%)	4.9 (0.7%)	25.4 (3.6%)	0.3 (2.2%)	0.1 (0%)	0	0 (0%)	0.01 (0.7%)	0 (0%)	(평면접시 소) 직경 : 13.5cm, 높이 : 2cm
흑미	20	75	15.0 (4.6%)	1.8 (2.9%)	0.6 (1.2%)	0 (0%)	0.8 (3.2%)	3.0 (0.4%)	74.0 (10.6%)	0.3 (2.3%)	1.0 (0.1%)	0	0 (0%)	0.03 (2.2%)	0 (0%)	(평면접시 소) 직경 : 13.5cm, 높이 : 2cm
기장	5	18	3.7 (1.1%)	0.6 (0.9%)	0.1 (0.2%)	0 0%	0.1 (0.3%)	0.8 (0.1%)	11.3 (1.6%)	0.1 (0.9%)	0.3 (0%)	0	0 (0%)	0.005 (0.4%)	0 (0%)	(평면접시 소) 직경 : 13.5cm, 높이 : 2cm
부침가루 (튀김가루)	5	19	3.6 (1.1%)	1.0 (1.7%)	0.1 (0.1%)	0 (0%)	0 (0%)	2.2 (0.3%)	0 (0%)	0.1 (0.5%)	0 (0%)	0	0 (0%)	0 (0%)	0 (0%)	(평면접시 중) 직경 : 15.9cm, 높이 : 2.1cm
시리얼	25	97	21.8 (6.6%)	1.4 (2.4%)	0.4 (0.9%)	0 (0%)	0.4 (1.8%)	0.8 (0.1%)	7.8 (1.1%)	0.8 (5.5%)	164.8 (8.2%)	0.5	125.8 (18.0%)	0.25 (20.4%)	12.8 (12.8%)	(평면접시 대) 직경 : 17cm, 높이 : 1.5cm
조	5	18	3.7 (1.1%)	0.5 (0.8%)	0.2 (0.3%)	0 (0%)	0.2 (0.6%)	0.9 0.1%)	15.1 (2.2%)	0.2 (1.0%)	0.3 (0%)	0	0 (0%)	0.01 (0.5%)	0 (0%)	(평면접시 소) 직경 : 13.5cm, 높이 : 2cm
팥빵	60	177	31.5 (9.6%)	4.6 (7.6%)	3.7 (7.3%)	0 (0%)	2.8 (11.3%)	18.6 (2.7%)	54.0 (7.7%)	0.8 (5.2%)	100.8 (5.0%)	0	7.8 (1.1%)	0.04 (3.0%)	0 (0%)	(평면접시 대) 직경 : 17cm, 높이 : 1.5cm

※ %는 1일 영양소기준치에 대한 비율

▶ 1인 1회 섭취분량별 식품영양가 - 감자류 및 전분류

식품	1인 1회 섭취분량 (g)	에너지 (kcal)	탄수화물 (g)	단백질 (g)	지질 (g)	콜레스테롤 (mg)	식이섬유 (g)	칼슘 (mg)	인 (mg)	철 (mg)	나트륨 (mg)	식염 상당량 (g)	비타민 A (㎍ R.E)	비타민 B_2 (mg)	비타민 C (mg)	비고
감자	85	54	11.8 (3.6%)	2.0 (3.4%)	0 (0%)	0 (0%)	0.6 (2.4%)	11.9 (1.7%)	99.4 (14.2%)	1.2 (8%)	17.9 (0.9%)	0	0.9 (0.1%)	0.03 (2.8%)	6.8 (6.8%)	(평면접시 대) 직경 : 17cm, 높이 : 1.5cm
고구마	75	98	23.4 (7.1%)	1.0 (1.7%)	0.2 (0.3%)	0 (0%)	1.9 (7.8%)	18.0 (2.6%)	40.5 (5.8%)	0.4 (2.5%)	11.3 (0.6%)	0	14.3 (2.0%)	0.04 (3.1%)	18.8 (18.8%)	(평면접시 대) 직경 : 17cm, 높이 : 1.5cm
당면 (마른 것)	15	52	12.9 (3.9%)	0 (0%)	미량 (0.1%)	0 (0%)	0.2 (1.0%)	7.1 (1.0%)	3.9 (0.6%)	0.4 (3.0%)	0.6 (0%)	0	0 (0%)	0 (0%)	0 (0%)	(평면접시 대) 직경 : 17cm, 높이 : 1.5cm
도토리묵	70	30	7.1 (2.2%)	0.1 (0.2%)	0.1 (0.3%)	0 (0%)	0.8 (3.4%)	4.2 (0.6%)	18.2 (2.6%)	0.3 (1.9%)	38.5 (1.9%)	0	0 (0%)	0.01 (1.2%)	0 (0%)	(평면접시 중) 직경 : 15.9cm, 높이 : 2.1cm
전분 (감자)	4	13	3.3 (1.0%)	0 (0%)	0 (0%)	0 (0%)	0 (0%)	0.9 (0.1%)	1.6 (0.2%)	0.1 (0.5%)	0.2 (0%)	0	0 (0%)	0 (0%)	0 (0%)	(평면접시 소) 직경 : 13.5cm, 높이 : 2cm

※ %는 1일 영양소기준치에 대한 비율

▶ 1인 1회 섭취분량별 식품영양가 - 당류

식품	1인 1회 섭취분량 (g)	에너지 (kcal)	탄수화물 (g)	단백질 (g)	지질 (g)	콜레스테롤 (mg)	식이섬유 (g)	칼슘 (mg)	인 (mg)	철 (mg)	나트륨 (mg)	식염상당량 (g)	비타민 A (μg R.E)	비타민 B_2 (mg)	비타민 C (mg)	비고
꿀	6	18	4.8 (1.5%)	0 (0%)	0 (0%)	0 (0%)	0 (0%)	0.1 (0%)	0.2 (0%)	미량 (0.3%)	0.4 (0%)	0	0 (0%)	0 (0%)	0.2 (0.2%)	(1티스푼) 직경 : 3cm, 높이 : 0cm
물엿(조청)	2	6	1.5 (0.5%)	0 (0%)	0 (0%)	0 (0%)	0 (0%)	0 (0%)	0 (0%)	0 (0%)	0 (0%)	0	0 (0%)	0 (0%)	0 (0%)	(1/4티스푼) 직경 : 1.9cm, 높이 : 0cm
사탕	7	27	6.9 (2.1%)	0 (0%)	0 (0%)	0 (0%)	0 (0%)	0.1 (0%)	0 (0%)	0 (0%)	0.1 (0%)	0	0 (0%)	0 (0%)	0 (0%)	(평면접시 소) 직경 : 13.5cm, 높이 : 2cm
설탕	2	8	2.0 (0.6%)	0 (0%)	0 (0%)	0 (0%)	0 (0%)	0.1 (0%)	0 (0%)	0 (0%)	0 (0%)	0	0 (0%)	0 (0%)	0 (0%)	(1/2티스푼) 직경 : 2.5cm, 높이 : 0cm
초콜릿	10	57	5.2 (1.6%)	0.8 (1.4%)	3.7 (7.4%)	2.3 (0.8%)	0.2 (0.6%)	19.8 (2.8%)	23.4 (3.3%)	0.3 (1.9%)	9.0 (0.5%)	0	3.0 (0.4%)	0.02 (1.5%)	0 (0%)	(평면접시 소) 직경 : 13.5cm, 높이 : 2cm

※ %는 1일 영양소기준치에 대한 비율

▶ 1인 1회 섭취분량별 식품영양가 - 두류

식품	1인 1회 섭취분량 (g)	에너지 (kcal)	탄수화물 (g)	단백질 (g)	지질 (g)	콜레스테롤 (mg)	식이섬유 (g)	칼슘 (mg)	인 (mg)	철 (mg)	나트륨 (mg)	식염상당량 (g)	비타민 A (μg R.E)	비타민 B_2 (mg)	비타민 C (mg)	비고
강낭콩(마른 것)	5	18	3.2 (1.0%)	1.1 (1.8%)	0.1 (0.1%)	0 (0%)	1.0 (3.9%)	4.9 (0.7%)	16.9 (2.4%)	0.4 (3.0%)	0.1 (0%)	0	0 (0%)	0.02 (1.3%)	0 (0%)	(평면접시 소) 직경 : 13.5cm, 높이 : 2cm
대두노란콩(마른 것)	7	29	2.1 (0.7%)	2.5 (4.2%)	1.2 (2.5%)	0 (0%)	0 (0%)	17.1 (2.4%)	43.4 (6.2%)	0.5 (3.0%)	0.1 (0%)	0	0 (0%)	0.02 (1.6%)	0 (0%)	(평면접시 소) 직경 : 13.5cm, 높이 : 2cm
두부	45	40	0.4 (0.1%)	3.4 (5.7%)	2.7 (5.3%)	0 (0%)	2.0 (8.1%)	19.8 (2.8%)	59.4 (8.5%)	0.6 (4.2%)	1.8 (0.1%)	0	0 (0%)	0.02 (1.9%)	0 (0%)	(평면접시 중) 직경 : 15.9cm, 높이 : 2.1cm
두유	190	133	8.9 (2.7%)	8.4 (13.9%)	6.8 (13.7%)	0 (0%)	2.8 (11.4%)	32.3 (4.6%)	100.7 (14.4%)	1.3 (8.9%)	256.5 (12.8%)	0	0 (0%)	0.08 (6.3%)	0 (0%)	
서리태(마른 것)	7	29	2.1 (0.7%)	2.4 (4.0%)	1.3 (2.5%)	0 (0%)	1.8 (7.3%)	15.7 (2.2%)	44.0 (6.3%)	0.5 (3.6%)	0.3 (0%)	0	0 (0%)	0.02 (1.3%)	0 (0%)	(평면접시 소) 직경 : 13.5cm, 높이 : 2cm
순두부	90	50	0.6 (0.2%)	5.2 (8.7%)	2.8 (5.6%)	0 (0%)	0.3 (1.1%)	36.0 (5.1%)	55.8 (8.0%)	0.8 (5.4%)	5.4 (0.3%)	0	0 (0%)	0.02 (1.5%)	0 (0%)	(평면접시 중) 직경 : 15.9cm, 높이 : 2.1cm
완두콩	5	4	0.7 (0.2%)	0.3 (0.5%)	0 (0%)	0 (0%)	0.3 (1.0%)	1.3 (0.2%)	6.7 (1.0%)	0.1 (0.5%)	0.6 (0%)	0	0.1 (0%)	미량 (0.4%)	0.6 (0.6%)	(평면접시 소) 직경 : 13.5cm, 높이 : 2cm
흑태(마른 것)	7	29	2.2 (0.7%)	2.5 (4.1%)	1.3 (2.5%)	0 (0%)	0 (0%)	15.4 (2.2%)	40.3 (5.8%)	0.5 (3.6%)	0.1 (0%)	0	0 (0%)	0.02 (1.5%)	0 (0%)	(평면접시 소) 직경 : 13.5cm, 높이 : 2cm

※ %는 1일 영양소기준치에 대한 비율

▶ 1인 1회 섭취분량별 식품영양가 - 견과류 및 종실류

식품	1인 1회 섭취분량 (g)	에너지 (kcal)	탄수화물 (g)	단백질 (g)	지질 (g)	콜레스테롤 (mg)	식이섬유 (g)	칼슘 (mg)	인 (mg)	철 (mg)	나트륨 (mg)	식염상당량 (g)	비타민 A (μg R.E)	비타민 B_2 (mg)	비타민 C (mg)	비고
들깨	2	11	0.8 (0.2%)	0.3 (0.5%)	0.8 (1.6%)	0 (0%)	0.3 (1.1%)	5.5 (0.8%)	10.5 (1.5%)	0.2 (1.0%)	0.1 (0%)	0	0.1 (0%)	0.01 (0.8%)	0 (0%)	(평면접시 소) 직경 : 13.5cm, 높이 : 2cm
땅콩 (볶은 것)	5	29	1.1 (0.3%)	1.3 (2.1%)	2.4 (4.8%)	0 (0%)	0 (0%)	2.6 (0.4%)	21.4 (3.1%)	0.1 (0.5%)	0.2 (0%)	0	0 (0%)	미량 (0.4%)	0 (0%)	(평면접시 소) 직경 : 13.5cm, 높이 : 2cm
밤	35	58	13.0 (4.0%)	1.1 (1.9%)	0.2 (0.4%)	0 (0%)	1.2 (4.8%)	9.8 (1.4%)	23.8 (3.4%)	0.6 (3.7%)	0.7 (0%)	0	2.8 (0.4%)	0.03 (2.3%)	4.2 (4.2%)	(평면접시 소) 직경 : 13.5cm, 높이 : 2cm
잣	1	6	0.2 (0.1%)	0.2 (0.3%)	0.6 (1.2%)	0 (0%)	0 (0%)	0.2 (0%)	4.9 (0.7%)	0.2 (1.1%)	0.1 (0%)	0	0 (0%)	0 (0%)	0 (0%)	(평면접시 소) 직경 : 13.5cm, 높이 : 2cm
참깨, 흰깨 (볶은 것)	1	6	0.2 (0.1%)	0.2 (0.3%)	0.5 (1.1%)	0 (0%)	0 (0%)	11.5 (1.6%)	5.9 (0.8%)	0.1 (0.7%)	0 (0%)	0	0 (0%)	미량 (0.2%)	0 (0%)	(평면접시 소) 직경 : 13.5cm, 높이 : 2cm
호두	10	66	1.3 (0.4%)	1.5 (2.6%)	6.7 (13.3%)	0 (0%)	1.5 (6.1%)	9.2 (1.3%)	33.2 (4.7%)	0.2 (1.5%)	0.5 (0%)	0	0.4 (0.1%)	0.01 (0.8%)	0 (0%)	(평면접시 소) 직경 : 13.5cm, 높이 : 2cm

※ %는 1일 영양소기준치에 대한 비율

▶ 1인 1회 섭취분량별 식품영양가 - 채소류

식품	1인 1회 섭취분량 (g)	에너지 (kcal)	탄수화물 (g)	단백질 (g)	지질 (g)	콜레스테롤 (mg)	식이섬유 (g)	칼슘 (mg)	인 (mg)	철 (mg)	나트륨 (mg)	식염상당량 (g)	비타민 A (μg R.E)	비타민 B_2 (mg)	비타민 C (mg)	비고
가지	30	5	1.2 (0.4%)	0.2 (0.4%)	미량 (0.1%)	0 (0%)	0.6 (2.4%)	5.4 (0.8%)	7.2 (1.0%)	0.1 (0.4%)	0 (0%)	0	18.9 (2.7%)	0.01 (0.7%)	0.6 (0.6%)	(평면접시 소) 직경 : 13.5cm, 높이 : 2cm
고사리 (마른 것)	4	10	2.2 (0.7%)	1.0 (1.7%)	0 (0%)	0 (0%)	2.3 (9.3%)	7.5 (1.1%)	9.8 (1.4%)	0.3 (1.7%)	0.6 (0%)	0	1.3 (0.2%)	0.02 (1.7%)	0 (0%)	(평면접시 중) 직경 : 15.9cm, 높이 : 2.1cm
고사리 (삶은 것)	25	7	1.1 (0.3%)	0.8 (1.3%)	0.1 (0.2%)	0 (0%)	1.3 (5.1%)	3.8 (0.5%)	10 (1.4%)	0.3 (2.3%)	1.3 (0.1%)	0	1.8 (0.3%)	미량 (0.4%)	0 (0%)	(평면접시 중) 직경 : 15.9cm, 높이 : 2.1cm
단무지	20	4	0.7 (0.2%)	0.1 (0.2%)	0 (0%)	0 (0%)	0.5 (1.8%)	4.8 (0.7%)	3.6 (0.5%)	0.1 (0.5%)	223.8 (11.2%)	0.6	0 (0%)	미량 (0.2%)	1.4 (1.4%)	(평면접시 소) 직경 : 13.5cm, 높이 : 2cm
당근	30	11	2.6 (0.8%)	0.3 (0.6%)	미량 (0.1%)	0 (0%)	0.8 (3.0%)	12.0 (1.7%)	11.4 (1.6%)	0.2 (1.4%)	9.0 (0.5%)	0	381.0 (54.4%)	0.02 (1.3%)	2.4 (2.4%)	(평면접시 소) 직경 : 13.5cm, 높이 : 2cm
대파	3	1	0.2 (0.1%)	미량 (0.1%)	0 (0%)	0 (0%)	0.1 (0.2%)	0.8 (0.1%)	0.8 (0.1%)	미량 (0.2%)	0.5 (0%)	0	0 (0%)	미량 (0.1%)	0.3 (0.3%)	(평면접시 소) 직경 : 13.5cm, 높이 : 2cm
도라지 (생것)	20	15	3.8 (1.2%)	0.4 (0.7%)	0 (0%)	0 (0%)	0.9 (3.8%)	9.0 (1.3%)	14.0 (2.0%)	0.3 (1.7%)	3.8 (0.2%)	0	0.4 (0.1%)	0.01 (1.0%)	2.8 (2.8%)	(평면접시 중) 직경 : 15.9cm, 높이 : 2.1cm
들깻잎	10	4	0.8 (0.2%)	0.4 (0.7%)	미량 (0.1%)	0 (0%)	0.4 (1.8%)	21.1 (3.0%)	7.2 (1.0%)	0.2 (1.5%)	0.1 (0%)	0	152.4 (21.8%)	0.04 (3.7%)	1.2 (1.2%)	(평면접시 특대) 직경 : 18.8cm, 높이 : 1.7cm

식품	1인 1회 섭취분량 (g)	에너지 (kcal)	탄수화물 (g)	단백질 (g)	지질 (g)	콜레스테롤 (mg)	식이섬유 (g)	칼슘 (mg)	인 (mg)	철 (mg)	나트륨 (mg)	식염 상당량 (g)	비타민 A (μg R.E)	비타민 B_2 (mg)	비타민 C (mg)	비고
마늘	10	14	3.0 (0.9%)	0.5 (0.9%)	0 (0%)	0 (0%)	0.2 (0.8%)	1.0 (0.1%)	16.4 (2.3%)	0.2 (1.3%)	0.3 (0%)	0	0 (0%)	0.03 (2.7%)	2.8 (2.8%)	(평면접시 소) 직경 : 13.5cm, 높이 : 2cm
무	50	11	2.3 (0.7%)	0.5 (0.8%)	0.1 (0.1%)	0 (0%)	0.6 (2.4%)	13.0 (1.9%)	19.0 (2.7%)	1.1 (7.7%)	21.5 (1.1%)	0	0 (0%)	0.01 (1.2%)	7.5 (7.5%)	(평면접시 중) 직경 : 15.9cm, 높이 : 2.1cm
무말랭이	3	9	1.9 (0.6%)	0.3 (0.6%)	0.1 (0.1%)	0 (0%)	0.6 (2.5%)	9.2 (1.3%)	9.8 (1.4%)	0.2 (1.6%)	3.6 (0.2%)	0	0 (0%)	0.01 (0.5%)	2.3 (2.3%)	(평면접시 소) 직경 : 13.5cm, 높이 : 2cm
무시래기 (삶은 것)	45	21	4.4 (1.3%)	1.8 (3.0%)	0.1 (0.3%)	0 (0%)	4.6 (18.5%)	36.9 (5.3%)	21.6 (3.1%)	1.7 (11.4%)	3.6 (0.2%)	0	734.4 (104.9%)	0.01 (1.1%)	0 (0%)	(평면접시 중) 직경 : 15.9cm, 높이 : 2.1cm
미나리	25	5	1.1 (0.4%)	0.3 (0.4%)	0.1 (0.1%)	0 (0%)	0.6 (2.6%)	32.5 (4.6%)	15.5 (2.2%)	0.3 (1.7%)	4.0 (0.2%)	0	2.3 (0.3%)	0.04 (3.5%)	6.8 (6.8%)	(평면접시 대) 직경 : 17cm, 높이 : 1.5cm
배추	50	6	1.4 (0.4%)	0.6 (0.9%)	0 (0%)	0 (0%)	0 (0%)	14.5 (2.1%)	9.0 (1.3%)	0.3 (1.7%)	7.5 (0.4%)	0	0.5 (0.1%)	0.01 (1.2%)	5.0 (5.0%)	(평면접시 특대) 직경 : 18.8cm, 높이 : 1.7cm
배추 (삶은 것)	35	6	1.4 (0.4%)	0.5 (0.8%)	0 (0%)	0 (0%)	0 (0%)	14.4 (2.1%)	9.4 (1.3%)	0.9 (6.1%)	2.5 (0.1%)	0	0 (0%)	미량 (0.3%)	3.8 (3.8%)	(평면접시 대) 직경 : 17cm, 높이 : 1.5cm
부추	25	6	1.0 (0.3%)	0.4 (0.7%)	0.1 (0.2%)	0 (0%)	0.7 (2.7%)	7.0 (1.0%)	5.8 (0.8%)	0.9 (5.7%)	0.8 (0%)	0	3.8 (0.5%)	0.02 (1.7%)	1.3 (1.3%)	(평면접시 대) 직경 : 17cm, 높이 : 1.5cm
붉은 고추 (생것)	2	1	0.2 (0.1%)	0.1 (0.1%)	미량 (0.1%)	0 (0%)	0.2 (0.7%)	0.3 (0%)	1.1 (0.2%)	미량 (0.1%)	0.2 (0%)	0	21.6 (3.1%)	미량 (0.3%)	2.3 (2.3%)	(평면접시 소) 직경 : 13.5cm, 높이 : 2cm
브로콜리 (데친 것)	20	7	1.2 (0.4%)	0.9 (1.5%)	미량 (0.1%)	0 (0%)	0 (0%)	0 (0%)	9.4 (1.3%)	15.6 (2.2%)	0.2 (1.6%)	0	16.0 (2.3%)	0.02 (1.5%)	12.8 (12.8%)	(평면접시 소) 직경 : 13.5cm, 높이 : 2cm
상추 (뚝심직축면)	20	3	0.5 (0.1%)	0.2 (0.4%)	0.1 (0.1%)	0 (0%)	0 (0%)	8.2 (1.2%)	4.0 (0.6%)	0.3 (2.0%)	1.0 (0.1%)	0	34.4 (4.9%)	0.02 (1.7%)	2.2 (2.2%)	(평면접시 특대) 직경 : 18.8cm, 높이 : 1.7cm
생강	1	1	0.1 (0%)	0 (0%)	0 (0%)	0 (0%)	미량 (0.1%)	0.1 (0%)	0.3 (0%)	미량 (0.1%)	0.1 (0%)	0	0 (0%)	0 (0%)	0.1 (0.1%)	(평면접시 소) 직경 : 13.5cm, 높이 : 2cm
숙주	20	2	0.3 (0.1%)	0.4 (0.7%)	0 (0%)	0 (0%)	0.1 (0.3%)	3.0 (0.4%)	6.4 (0.9%)	0.1 (0.8%)	0.6 (0%)	0	0.8 (0.1%)	0.01 (0.8%)	2.0 (2.0%)	(평면접시 중) 직경 : 15.9cm, 높이 : 2.1cm
시금치	40	13	2.4 (0.7%)	1.2 (2.1%)	0.2 (0.4%)	0 (0%)	1.0 (4.2%)	16.0 (2.3%)	11.6 (1.7%)	1.0 (6.9%)	21.6 (1.1%)	0	191.6 (27.4%)	0.14 (11.3%)	24.0 (24.0%)	(평면접시 특대) 직경 : 18.8cm, 높이 : 1.7cm
시금치 (삶은 것)	40	9	1.5 (0.5%)	1.4 (2.3%)	미량 (0.1%)	0 (0%)	1.4 (5.8%)	19.2 (2.7%)	18.8 (2.7%)	0.9 (5.9%)	4.4 (0.2%)	0	99.6 (14.2%)	0.05 (4.0%)	16.0 (16.0%)	(평면접시 특대) 직경 : 18.8cm, 높이 : 1.7cm
실파	7	1	0.2 (0.1%)	0.1 (0.2%)	0 (0%)	0 (0%)	0 (0%)	5.3 (0.8%)	2.7 (0.4%)	0.1 (0.4%)	0.1 (0%)	0	8.4 (1.2%)	0.01 (0.5%)	1.7 (1.7%)	(평면접시 특대) 직경 : 18.8cm, 높이 : 1.7cm
쑥갓	5	1	0.2 (0.1%)	0.2 (0.3%)	0 (0%)	0 (0%)	0.1 (0.5%)	1.9 (0.3%)	2.3 (0.3%)	0.1 (0.7%)	2.3 (0.1%)	0	31.3 (4.5%)	0.01 (0.6%)	0.9 (0.9%)	(평면접시 대) 직경 : 17cm, 높이 : 1.5cm
애호박	25	7	1.4 (0.4%)	0.2 (0.4%)	미량 (0.1%)	0 (0%)	0.3 (1.2%)	7.5 (1.1%)	9.0 (1.3%)	0.1 (0.7%)	4.3 (0.2%)	0	8.5 (1.2%)	미량 (0.4%)	2.3 (2.3%)	(평면접시 중) 직경 : 15.9cm, 높이 : 2.1cm
양배추	25	5	1.1 (0.3%)	0.3 (0.6%)	미량 (0.1%)	0 (0%)	2.0 (8.1%)	7.8 (1.1%)	7.3 (1.0%)	0.1 (0.8%)	4.0 (0.2%)	0	6.0 (0.9%)	미량 (0.2%)	2.3 (2.3%)	(평면접시 대) 직경 : 17cm, 높이 : 1.5cm

식품	1인 1회 섭취분량 (g)	에너지 (kcal)	탄수화물 (g)	단백질 (g)	지질 (g)	콜레스테롤 (mg)	식이섬유 (g)	칼슘 (mg)	인 (mg)	철 (mg)	나트륨 (mg)	식염 상당량 (g)	비타민 A (㎍ R.E)	비타민 B_2 (mg)	비타민 C (mg)	비고
양상추	35	6	1.6 (0.5%)	0.2 (0.4%)	0 (0%)	0 (0%)	0.5 (2.1%)	5.3 (0.8%)	5.9 (0.8%)	0.1 (0.9%)	0.7 (0%)	0	4.6 (0.7%)	0.01 (0.6%)	0 (0%)	(평면접시 특대) 직경 : 18.8cm, 높이 : 1.7cm
양파	10	4	0.8 (0.3%)	0.1 (0.2%)	0 (0%)	0 (0%)	0.1 (0.5%)	1.6 (0.2%)	3.0 (0.4%)	미량 (0.3%)	0.2 (0%)	0	0 (0%)	미량 (0.1%)	0.8 (0.8%)	(평면접시 소) 직경 : 13.5cm, 높이 : 2cm
오이	45	5	1.3 (0.4%)	0.4 (0.6%)	0 (0%)	0 (0%)	0.4 (1.4%)	5.8 (0.8%)	9.4 (1.3%)	0.3 (2.1%)	0.9 (0%)	0	3.2 (0.5%)	미량 (0.4%)	0 (0%)	(평면접시 중) 직경 : 15.9cm, 높이 : 2.1cm
우엉	15	10	2.3 (0.7%)	0.5 (0.8%)	0 (0%)	0 (0%)	0.5 (2.0%)	8.4 (1.2%)	10.8 (1.5%)	0.1 (0.9%)	0.8 (0%)	0	0 (0%)	0.01 (0.7%)	0.4 (0.4%)	(평면접시 중) 직경 : 15.9cm, 높이 : 2.1cm
적양배추	4	1	0.4 (0.1%)	0.1 (0.1%)	0 (0%)	0 (0%)	0.1 (0.6%)	1.9 (0.3%)	1.2 (0.2%)	미량 (0.1%)	0.2 (0%)	0	0 (0%)	미량 (0.1%)	0 (0%)	(평면접시 소) 직경 : 13.5cm, 높이 : 2cm
쪽파	15	4	0.9 (0.3%)	0.3 (0.5%)	미량 (0.1%)	0 (0%)	0.4 (1.8%)	14.4 (2.1%)	3.6 (0.5%)	0.2 (1.1%)	0.3 (0%)	0	57.8 (8.3%)	0.01 (1.1%)	2.7 (2.7%)	(평면접시 대) 직경 : 17cm, 높이 : 1.5cm
취나물 (삶은 것)	20	5	0.9 (0.3%)	0.6 (1.0%)	0.1 (0.2%)	0 (0%)	0 (0%)	9.6 (1.4%)	9.2 (1.3%)	0.4 (2.7%)	1.4 (0.1%)	0	67.8 (9.7%)	0.01 (0.8%)	0 (0%)	(평면접시 특대) 직경 : 18.8cm, 높이 : 1.7cm
취나물 (생것)	15	5	0.9 (0.3%)	0.5 (0.8%)	미량 (0.2%)	0 (0%)	0.4 (1.7%)	18.3 (2.6%)	11.4 (1.6%)	0.2 (1.6%)	0.6 (0%)	0	38.5 (5.5%)	0.02 (2.0%)	2.0 (2.0%)	(평면접시 특대) 직경 : 18.8cm, 높이 : 1.7cm
콩나물	25	13	1.2 (0.4%)	1.1 (1.9%)	0.4 (0.9%)	0 (0%)	1.1 (4.3%)	12.0 (1.7%)	24.8 (3.5%)	0.2 (1.0%)	0.8 (0%)	0	0 (0%)	0.02 (1.9%)	1.3 (1.3%)	(평면접시 대) 직경 : 17cm, 높이 : 1.5cm
콩나물 (생것)	15	6	0.5 (0.1%)	0.7 (1.1%)	0.2 (0.4%)	0 (0%)	0.3 (1.3%)	5.7 (0.8%)	9.0 (1.3%)	0.2 (1.1%)	0.4 (0%)	0	0 (0%)	0.01 (0.7%)	0 (0%)	(평면접시 대) 직경 : 17cm, 높이 : 1.5cm
풋고추	3	1	0.1 (0%)	미량 (0.1%)	0 (0%)	0 (0%)	0 (0%)	0.4 (0.1%)	1.2 (0.2%)	미량 (0.2%)	0.3 (0%)	0	0 (0%)	0 (0%)	2.2 (2.2%)	(평면접시 소) 직경 : 13.5cm, 높이 : 2cm
피망 (녹색)	15	3	0.7 (0.2%)	0.1 (0.2%)	미량 (0.1%)	0 (0%)	0.4 (1.4%)	1.5 (0.2%)	3.3 (0.5%)	0.1 (0.5%)	0.4 (0%)	0	9.6 (1.4%)	0.01 (0.9%)	7.9 (7.9%)	(평면접시 중) 직경 : 15.9cm, 높이 : 2.1cm

※ %는 1일 영양소기준치에 대한 비율

▶ 1인 1회 섭취분량별 식품영양가 - 버섯류

식품	1인 1회 섭취분량 (g)	에너지 (kcal)	탄수화물 (g)	단백질 (g)	지질 (g)	콜레스테롤 (mg)	식이섬유 (g)	칼슘 (mg)	인 (mg)	철 (mg)	나트륨 (mg)	식염상당량 (g)	비타민 A (μg R.E)	비타민 B_2 (mg)	비타민 C (mg)	비고
느타리버섯 (생것)	15	3	0.9 (0.3%)	0.4 (0.6%)	0 (0%)	0 (0%)	0.3 (1.0%)	0.2 (0%)	8.1 (1.2%)	0.1 (0.5%)	0.4 (0%)	0	0.2 (0%)	0.02 (1.4%)	0.4 (0.4%)	(평면접시 중) 직경 : 15.9cm, 높이 : 2.1cm
새송이버섯	20	8	1.8 (0.5%)	0.5 (0.9%)	0 (0%)	0 (0%)	0.7 (2.7%)	0.4 (0.1%)	15.0 (2.1%)	0.1 (0.5%)	1.2 (0.1%)	0	0 (0%)	0.03 (2.7%)	0 (0%)	(평면접시 특대) 직경 : 18.8cm, 높이 : 1.7cm
양송이버섯	5	1	0.2 (0.1%)	0.2 (0.3%)	0 (0%)	0 (0%)	0.1 (0.4%)	0.3 (0%)	5.1 (0.7%)	0.1 (0.5%)	0.4 (0%)	0	0 (0%)	0.03 (2.2%)	0 (0%)	(평면접시 소) 직경 : 13.5cm, 높이 : 2cm
팽이버섯	11	2	0.7 (0.2%)	0.2 (0.3%)	0.1 (0.2%)	0 (0%)	0.3 (1.1%)	0.1 (0%)	8.3 (1.2%)	0.2 (1.3%)	0.1 (0%)	0	0 (0%)	0.01 (0.9%)	0 (0%)	(평면접시 대) 직경 : 17cm, 높이 : 1.5cm
표고버섯	6	1	0.4 (0.1%)	0.1 (0.2%)	0 (0%)	0 (0%)	0.5 (2.0%)	0.4 (0.1%)	1.7 (0.2%)	미량 (0.2%)	0.3 (0%)	0	0 (0%)	0.01 (1.1%)	0 (0%)	(평면접시 중) 직경 : 15.9cm, 높이 : 2.1cm

※ %는 1일 영양소기준치에 대한 비율

▶ 1인 1회 섭취분량별 식품영양가 - 과일류

식품	1인 1회 섭취분량 (g)	에너지 (kcal)	탄수화물 (g)	단백질 (g)	지질 (g)	콜레스테롤 (mg)	식이섬유 (g)	칼슘 (mg)	인 (mg)	철 (mg)	나트륨 (mg)	식염상당량 (g)	비타민 A (μg R.E)	비타민 B_2 (mg)	비타민 C (mg)	비고
건포도	4	11	3.0 (0.9%)	0.1 (0.2%)	0 (0%)	0 (0%)	0.1 (0.6%)	2.3 (0.3%)	4.7 (0.7%)	0.1 (0.6%)	0.4 (0%)	0	0 (0%)	미량 (0.1%)	0 (0%)	(평면접시 소) 직경 : 13.5cm, 높이 : 2cm
단감	155	79	20.9 (6.4%)	0.8 (1.3%)	0.2 (0.3%)	0 (0%)	3.1 (12.4%)	10.9 (1.6%)	21.7 (3.1%)	0.6 (4.1%)	17.0 (0.9%)	0	48.0 (6.9%)	0.06 (5.2%)	170.5 (170.5%)	(평면접시 대) 직경 : 17cm, 높이 : 1.5cm
대추 (마른 것)	4	12	2.9 (0.9%)	0.2 (0.3%)	0.1 (0.2%)	0 (0%)	0.4 (1.6%)	0.7 (0.1%)	4.6 (0.7%)	0.1 (0.5%)	0.3 (0%)	0	0 (0%)	미량 (0.2%)	0.3 (0.3%)	(평면접시 소) 직경 : 13.5cm, 높이 : 2cm
딸기	95	34	8.5 (2.6%)	0.8 (1.3%)	0.2 (0.4%)	0 (0%)	1.1 (4.6%)	6.7 (1.0%)	28.5 (4.1%)	0.4 (2.5%)	12.4 (0.6%)	0	0 (0%)	0.16 (13.5%)	67.4 (67.4%)	(평면접시 중) 직경 : 15.9cm, 높이 : 2.1cm
딸기잼	15	38	9.4 (2.9%)	0.1 (0.1%)	0 (0%)	0 (0%)	0.2 (0.8%)	1.0 (0.1%)	1.8 (0.3%)	미량 (0.2%)	0.4 (0%)	0	0 (0%)	미량 (0.1%)	2.5 (2.5%)	(1티스푼) 직경 : 4.2cm, 높이 : 0cm
밀감(조생)	155	60	15.3 (4.7%)	1.1 (1.8%)	0.2 (0.3%)	0 (0%)	1.1 (4.3%)	20.1 (2.9%)	17.0 (2.4%)	0 (0%)	17.0 (0.9%)	0	1.5 (0.2%)	0.06 (5.2%)	68.2 (68.2%)	(평면접시 대) 직경 : 17cm, 높이 : 1.5cm
바나나	55	44	11.7 (3.6%)	0.6 (0.9%)	0 (0%)	0 (0%)	1.4 (5.5%)	3.3 (0.5%)	13.8 (2.0%)	0.2 (1.5%)	0.6 (0%)	0	9.9 (1.4%)	0.04 (3.2%)	0 (0%)	(평면접시 중) 직경 : 15.9cm, 높이 : 2.1cm
방울토마토	50	9	2.0 (0.6%)	0.4 (0.7%)	0.1 (0.1%)	0 (0%)	0.4 (1.8%)	7.0 (1.0%)	20.5 (2.9%)	0.2 (1.3%)	3.0 (0.2%)	0	120.5 (17.2%)	0.01 (1.2%)	10.5 (10.5%)	(평면접시 소) 직경 : 13.5cm, 높이 : 2cm
배(신고)	300	123	32.7 (10.0%)	0.9 (1.5%)	0.3 (0.6%)	0 (0%)	2.1 (8.4%)	6.0 (0.9%)	33.0 (4.7%)	0.6 (4.0%)	9.0 (0.5%)	0	0 (0%)	0.03 (2.5%)	12.0 (12.0%)	(평면접시 특대) 직경 : 18.8cm, 높이 : 1.7cm

식품	1인 1회 섭취분량 (g)	에너지 (kcal)	탄수화물 (g)	단백질 (g)	지질 (g)	콜레스테롤 (mg)	식이섬유 (g)	칼슘 (mg)	인 (mg)	철 (mg)	나트륨 (mg)	식염 상당량 (g)	비타민 A (μg R.E)	비타민 B_2 (mg)	비타민 C (mg)	비고
복숭아 (백도)	220	79	20.0 (6.1%)	1.3 (2.2%)	0.2 (0.4%)	0 (0%)	1.5 (6.2%)	11.0 (1.6%)	41.8 (6.0%)	0.2 (1.5%)	4.4 (0.2%)	0	0 (0%)	0.04 (3.7%)	0 (0%)	(평면접시 특대) 직경 : 18.8cm, 높이 : 1.7cm
사과 (부사)	135	66	17.7 (5.4%)	0.3 (0.5%)	0.1 (0.3%)	0 (0%)	1.9 (7.6%)	8.1 (1.2%)	12.1 (1.7%)	0.4 (2.7%)	21.6 (1.1%)	0	1.4 (0.2%)	0.04 (3.4%)	64.8 (64.8%)	(평면접시 대) 직경 : 17cm, 높이 : 1.5cm
수박	195	62	15.8 (4.8%)	1.6 (2.6%)	0 (0%)	0 (0%)	0.8 (3.1%)	9.8 (1.4%)	27.3 (3.9%)	1.0 (6.5%)	2.0 (0.1%)	0	60.5 (8.6%)	0.02 (1.6%)	0 (0%)	(평면접시 대) 직경 : 17cm, 높이 : 1.5cm
연시	190	108	28.7 (8.7%)	0.9 (1.6%)	0.2 (0.4%)	0 (0%)	0 (0%)	28.5 (4.1%)	20.9 (3.0%)	0.6 (3.8%)	9.5 (0.5%)	0	30.4 (4.3%)	0.04 (3.2%)	38.0 (38.0%)	(평면접시 특대) 직경 : 18.8cm, 높이 : 1.7cm
오렌지	135	59	15.1 (4.6%)	1.2 (2.0%)	0.1 (0.3%)	0 (0%)	2.7 (10.8%)	44.5 (6.4%)	27.0 (3.9%)	0.3 (1.8%)	1.4 (0.1%)	0	20.3 (2.9%)	0.03 (2.2%)	58.0 (58.0%)	(평면접시 대) 직경 : 17cm, 높이 : 1.5cm
참외	170	65	12.8 (3.9%)	3.7 (6.2%)	0.7 (1.4%)	0 (0%)	3.4 (13.6%)	10.2 (1.5%)	134.3 (19.2%)	0.5 (3.4%)	17.0 (0.9%)	0	10.2 (1.5%)	0.05 (4.2%)	35.7 (35.7%)	(평면접시 대) 직경 : 17cm, 높이 : 1.5cm
키위	100	64	14.8 (4.5%)	0.8 (1.3%)	1.0 (2.0%)	0 (0%)	3.6 (14.4%)	30.0 (4.3%)	24.0 (3.4%)	1.0 (6.7%)	3.0 (0.2%)	0	4.0 (0.6%)	0.03 (2.5%)	72.0 (72.0%)	(평면접시 대) 직경 : 17cm, 높이 : 1.5cm
토마토	195	35	8.8 (2.7%)	1.6 (2.6%)	0 (0%)	0 (0%)	2.0 (7.8%)	11.7 (1.7%)	23.4 (3.3%)	1.0 (6.5%)	31.2 (1.6%)	0	23.4 (3.3%)	0.02 (1.6%)	23.4 (23.4%)	(평면접시 특대) 직경 : 18.8cm, 높이 : 1.7cm
포도 (캠벌얼리)	120	55	14.6 (4.5%)	0.6 (1.0%)	0.1 (0.2%)	0 (0%)	1.1 (4.3%)	6.0 (0.9%)	15.6 (2.2%)	0.2 (1.6%)	0 (0%)	0	2.4 (0.3%)	0.01 (1.0%)	0 (0%)	(평면접시 대) 직경 : 17cm, 높이 : 1.5cm

※ %는 1일 영양소기준치에 대한 비율

▶ 1인 1회 섭취분량별 식품영양가 - 육류

식품	1인 1회 섭취분량 (g)	에너지 (kcal)	탄수화물 (g)	단백질 (g)	지질 (g)	콜레스테롤 (mg)	식이섬유 (g)	칼슘 (mg)	인 (mg)	철 (mg)	나트륨 (mg)	식염 상당량 (g)	비타민 A (μg R.E)	비타민 B_2 (mg)	비타민 C (mg)	비고
닭고기 (살코기)	95	109	0.1 (0%)	22.8 (38.0%)	1.3 (2.7%)	51.3 (17.1%)	0 (0%)	10.4 (1.5%)	104.5 (14.9%)	1.0 (7.0%)	55.1 (2.8%)	0	44.7 (6.4%)	0.20 (16.6%)	0 (0%)	(평면접시 특대) 직경 : 18.8cm, 높이 : 1.7cm
닭고기 (성계)	85	153	0.1 (0%)	16.1 (26.9%)	9.0 (18.0%)	76.5 (25.5%)	0 (0%)	8.5 (1.2%)	144.5 (20.6%)	0.8 (5.1%)	56.1 (2.8%)	0	42.5 (6.1%)	0.18 (14.9%)	0 (0%)	(평면접시 특대) 직경 : 18.8cm, 높이 : 1.7cm
돼지고기 (갈비)	110	274	12.3 (3.8%)	19.9 (33.2%)	14.7 (29.5%)	42.9 (14.3%)	0 (0%)	16.5 (2.4%)	217.8 (31.1%)	1.4 (9.5%)	22.0 (1.1%)	0	0 (0%)	0.35 (29.3%)	0 (0%)	(평면접시 대) 직경 : 17cm, 높이 : 1.5cm
돼지고기 (등심)	60	93	3.7 (1.1%)	13.3 (22.2%)	2.3 (4.6%)	23.4 (7.8%)	0 (0%)	5.4 (0.8%)	135.0 (19.3%)	0.5 (3.2%)	4.2 (0.2%)	0	3.6 (0.5%)	0.17 (14.5%)	0 (0%)	(평면접시 대) 직경 : 17cm, 높이 : 1.5cm
돼지고기 (목살)	75	135	1.0 (0.3%)	15.2 (25.3%)	7.1 (14.3%)	49.5 (16.5%)	0 (0%)	7.5 (1.1%)	122.3 (17.5%)	4.8 (32.0%)	81.0 (4.1%)	0	5.3 (0.8%)	0.08 (6.3%)	0 (0%)	(평면접시 대) 직경 : 17cm, 높이 : 1.5cm
돼지고기 (사태)	20	24	0 (0%)	4.4 (7.3%)	0.6 (1.2%)	12.0 (4.0%)	0 (0%)	0.8 (0.1%)	33.2 (4.7%)	0.2 (1.6%)	10.0 (0.5%)	0	1.0 (0.1%)	0.04 (3.3%)	0.2 (0.2%)	(평면접시 대) 직경 : 17cm, 높이 : 1.5cm

식품	1인 1회 섭취분량 (g)	에너지 (kcal)	탄수화물 (g)	단백질 (g)	지질 (g)	콜레스테롤 (mg)	식이섬유 (g)	칼슘 (mg)	인 (mg)	철 (mg)	나트륨 (mg)	식염 상당량 (g)	비타민 A (㎍ R.E)	비타민 B_2 (mg)	비타민 C (mg)	비고
돼지고기 (삼겹살)	110	383	8.8 (2.7%)	17.4 (29.0%)	29.0 (58.1%)	47.3 (15.8%)	0 (0%)	11.0 (1.6%)	180.4 (25.8%)	1.1 (7.3%)	1.1 (0.1%)	0	0 (0%)	0.30 (24.8%)	0 (0%)	(평면접시 대) 직경 : 17cm, 높이 : 1.5cm
돼지고기 (앞다리)	65	120	0 (0%)	10.6 (17.7%)	8.0 (16.0%)	39.0 (13.0%)	0 (0%)	0.6 (0.1%)	155.4 (22.2%)	1.3 (8.7%)	32.5 (1.6%)	0	1.3 (0.2%)	0.11 (9.2%)	0 (0%)	(평면접시 대) 직경 : 17cm, 높이 : 1.5cm
돼지고기 가공품 (등심로스햄)	30	37	1.7 (0.5%)	4.8 (8.0%)	1.3 (2.5%)	12.0 (4.0%)	0 (0%)	1.8 (0.3%)	96.0 (13.7%)	0.3 (1.8%)	300.0 (15.0%)	0.9	0 (0%)	0.06 (5.3%)	14.1 (14.1%)	(평면접시 중) 직경 : 15.9cm, 높이 : 2.1cm
돼지고기 가공품 (베이컨)	6	18	0.1 (0%)	1.0 (1.7%)	1.5 (3.1%)	3.6 (1.2%)	0 (0%)	0.4 (0.1%)	11.6 (1.7%)	미량 (0.3%)	42.4 (2.1%)	0.1	0.5 (0.1%)	0.01 (0.5%)	1.6 (1.6%)	(평면접시 중) 직경 : 15.9cm, 높이 : 2.1cm
돼지고기 가공품 (통조림햄)	15	39	0.8 (0.2%)	2.1 (3.5%)	3.1 (6.1%)	9.6 (3.2%)	0 (0%)	0.8 (0.1%)	35.8 (5.1%)	0.1 (0.7%)	144.0 (7.2%)	0.3	0 (0%)	0.03 (2.7%)	3.8 (3.8%)	(평면접시 중) 직경 : 15.9cm, 높이 : 2.1cm
쇠고기 (한우, 갈비)	65	200	1.2 (0.4%)	10.7 (17.9%)	15.9 (31.7%)	45.5 (15.2%)	0 (0%)	5.8 (0.8%)	71.5 (10.2%)	2.0 (13.0%)	82.6 (4.1%)	0	0 (0%)	0.18 (14.6%)	0 (0%)	(평면접시 대) 직경 : 17cm, 높이 : 1.5cm
쇠고기 (한우, 등심)	65	246	2.0 (0.6%)	10.3 (17.2%)	20.6 (41.2%)	50.7 (16.9%)	0 (0%)	4.6 (0.7%)	84.5 (12.1%)	0.2 (1.3%)	35.1 (1.8%)	0	0 (0%)	0.10 (8.7%)	0 (0%)	(평면접시 대) 직경 : 17cm, 높이 : 1.5cm
쇠고기 (한우, 사태)	30	39	0 (0%)	6.1 (10.1%)	1.4 (2.8%)	18.3 (6.1%)	0 (0%)	0.9 (0.1%)	46.8 (6.7%)	0.6 (4.2%)	22.5 (1.1%)	0	3.6 (0.5%)	0.04 (3.5%)	0 (0%)	(평면접시 대) 직경 : 17cm, 높이 : 1.5cm
쇠고기 (한우, 양지)	30	64	1.4 (0.4%)	5.7 (9.6%)	3.7 (7.3%)	23.4 (7.8%)	0 (0%)	2.4 (0.3%)	50.1 (7.2%)	0.9 (5.8%)	22.5 (1.1%)	0	0 (0%)	0.08 (7.0%)	0 (0%)	(평면접시 대) 직경 : 17cm, 높이 : 1.5cm
쇠고기 (한우, 우둔)	25	33	0 (0%)	5.3 (8.8%)	1.1 (2.3%)	16.8 (5.6%)	0 (0%)	5.0 (0.7%)	45.0 (6.4%)	1.5 (9.7%)	112.3 (5.6%)	0.3	1.8 (0.3%)	0.05 (4.6%)	0 (0%)	(평면접시 대) 직경 : 17cm, 높이 : 1.5cm
오리고기	165	437	0.3 (0.1%)	23.8 (39.6%)	35.6 (71.3%)	132.0 (44.0%)	0 (0%)	24.8 (3.5%)	183.1 (26.2%)	3.0 (19.8%)	79.2 (4.0%)	0	0 (0%)	0.38 (31.6%)	0 (0%)	(평면접시 특대) 직경 : 18.8cm, 높이 : 1.7cm

※ %는 1일 영양소기준치에 대한 비율

▶ 1인 1회 섭취분량별 식품영양가 - 난류

식품	1인 1회 섭취분량 (g)	에너지 (kcal)	탄수화물 (g)	단백질 (g)	지질 (g)	콜레스테롤 (mg)	식이섬유 (g)	칼슘 (mg)	인 (mg)	철 (mg)	나트륨 (mg)	식염 상당량 (g)	비타민 A (㎍ R.E)	비타민 B_2 (mg)	비타민 C (mg)	비고
달걀	40	56	1.3 (0.4%)	4.6 (7.6%)	3.3 (6.6%)	158.5 (52.8%)	0.7 (2.9%)	20.8 (3.0%)	74.0 (10.6%)	0.7 (4.5%)	54.0 (2.7%)	0	34.8 (5.0%)	0.28 (23.0%)	0 (0%)	(평면접시 소) 직경 : 13.5cm, 높이 : 2cm
메추리알	20	35	0.4 (0.1%)	2.5 (4.2%)	2.4 (4.8%)	102.4 (34.1%)	0 (0%)	12.0 (1.7%)	38.2 (5.5%)	0.4 (2.4%)	31.2 (1.6%)	0	114.2 (16.3%)	0.23 (19.3%)	0 (0%)	(평면접시 소) 직경 : 13.5cm, 높이 : 2cm

※ %는 1일 영양소기준치에 대한 비율

▶ 1인 1회 섭취분량별 식품영양가 - 어패류

식품	1인 1회 섭취분량 (g)	에너지 (kcal)	탄수화물 (g)	단백질 (g)	지질 (g)	콜레스테롤 (mg)	식이섬유 (g)	칼슘 (mg)	인 (mg)	철 (mg)	나트륨 (mg)	식염 상당량 (g)	비타민 A (㎍ R.E)	비타민 B_2 (mg)	비타민 C (mg)	비고
갈치	25	37	0 (0%)	4.6 (7.7%)	1.9 (3.8%)	18.0 (6.0%)	0 (0%)	11.5 (1.6%)	47.8 (6.8%)	0.3 (1.7%)	25.0 (1.3%)	0	5.0 (0.7%)	0.03 (2.3%)	0.3 (0.3%)	(평면접시 대) 직경 : 17cm, 높이 : 1.5cm
게	20	15	0.4 (0.1%)	2.7 (4.6%)	0.2 (0.3%)	17.4 (5.8%)	0 (0%)	23.6 (3.4%)	36.4 (5.2%)	0.6 (4.0%)	60.8 (3.0%)	0.2	0 (0%)	0.01 (1.2%)	0 (0%)	(평면접시 대) 직경 : 17cm, 높이 : 1.5cm
고등어 (생것)	30	55	0 (0%)	6.1 (10.1%)	3.1 (6.2%)	19.2 (6.4%)	0 (0%)	7.8 (1.1%)	69.6 (9.9%)	0.5 (3.2%)	22.5 (1.1%)	0	6.9 (1.0%)	0.14 (11.5%)	0.3 (0.3%)	(평면접시 중) 직경 : 15.9cm, 높이 : 2.1cm
고등어 (자반)	45	77	0 (0%)	12.1 (20.2%)	2.8 (5.6%)	42.8 (14.3%)	0 (0%)	17.5 (2.5%)	118.3 (16.9%)	1.3 (8.7%)	810.0 (40.5%)	2.3	4.1 (0.6%)	0.14 (12.0%)	0 (0%)	(평면접시 대) 직경 : 17cm, 높이 : 1.5cm
굴 (냉동)	20	19	1.0 (0.3)	2.0 (3.3%)	0.7 (1.4%)	6.4 (2.1%)	0 (0%)	0.6 (0.1%)	0 (0%)	0 (0%)	0 (0%)	0	4.2 (0.6%)	0.04 (3.3%)	1.0 (1.0%)	(평면접시 대) 직경 : 17cm, 높이 : 1.5cm
꽁치	40	57	0.2 (0%)	9.1 (15.1%)	1.9 (3.8%)	27.6 (9.2%)	0 (0%)	16.8 (2.4%)	96.4 (13.8%)	0.7 (4.5%)	32.0 (1.6%)	0	8.4 (1.2%)	0.11 (9.3%)	0.4 (0.4%)	(평면접시 대) 직경 : 17cm, 높이 : 1.5cm
낙지	45	25	0 (0%)	5.2 (8.6%)	0.3 (0.5%)	39.6 (13.2%)	0 (0%)	6.8 (1.0%)	67.1 (9.6%)	0.2 (1.5%)	102.2 (5.1%)	0.4	0 (0%)	0.02 (1.9%)	0 (0%)	(평면접시 중) 직경 : 15.9cm, 높이 : 2.1cm
멸치 (잔멸치, 자건품)	4	10	0 (0%)	1.7 (2.8%)	0.2 (0.5%)	4.5 (1.5%)	0 (0%)	36.1 (5.2%)	39.1 (5.6%)	0.2 (1.5%)	35.0 (1.7%)	0.1	0 (0%)	미량 (0.3%)	0 (0%)	(평면접시 소) 직경 : 13.5cm, 높이 : 2cm
멸치 (중멸치, 자건품)	4	9	0.2 (0.1%)	1.6 (2.6%)	0.2 (0.4%)	4.2 (1.4%)	0 (0%)	51.6 (7.4%)	58.4 (8.3%)	0.6 (4.2%)	34.8 (1.7%)	0.1	0 (0%)	미량 (0.3%)	0 (0%)	(평면접시 소) 직경 : 13.5cm, 높이 : 2cm
멸치 (큰멸치, 자건품)	2	6	0.1 (0%)	0.9 (1.6%)	0.2 (0.4%)	3.8 (1.3%)	0 (0%)	38.1 (5.4%)	28.6 (4.1%)	0.3 (2.2%)	17.6 (0.9%)	0	0 (0%)	미량 (0.2%)	0 (0%)	(평면접시 소) 직경 : 13.5cm, 높이 : 2cm
멸치액젓	3	1	0 (0%)	0.2 (0.3%)	0 (0%)	2.7 (0.9%)	0 (0%)	0.9 (0.1%)	0.7 (0.1%)	미량 (0.2%)	171.3 (8.6%)	0.4	0 (0%)	미량 (0.1%)	0 (0%)	(1/2티스푼) 직경 : 2.5cm, 높이 : 0cm
멸치젓	6	10	0 (0%)	0.8 (1.4%)	0.7 (1.3%)	5.4 (1.8%)	0 (0%)	35.5 (5.1%)	20.9 (3.0%)	0.3 (2.2%)	709.6 (35.5%)	1.8	3.6 (0.5%)	0.01 (1.1%)	0 (0%)	(평면접시 대) 직경 : 17cm, 높이 : 1.5cm
명태 (마른 것)	8	23	0 (0%)	4.9 (8.2%)	0.2 (0.5%)	16.7 (5.6%)	0 (0%)	19.4 (2.8%)	46.6 (6.7%)	0.2 (1.4%)	39.7 (2.0%)	0.1	0 (0%)	0.02 (1.5%)	0 (0%)	(평면접시 중) 직경 : 15.9cm, 높이 : 2.1cm
명태, 동태	45	32	0 (0%)	7.2 (11.9%)	0.2 (0.4%)	14.4 (4.8%)	0 (0%)	21.6 (3.1%)	90.0 (12.9%)	0.1 (0.6%)	94.5 (4.7%)	0.4	4.1 (0.6%)	0.03 (2.6%)	0 (0%)	(평면접시 대) 직경 : 17cm, 높이 : 1.5cm
바지락	30	22	0.7 (0.2%)	3.8 (6.3%)	0.4 (0.7%)	9.6 (3.2%)	0 (0%)	23.4 (3.3%)	55.5 (7.9%)	1.1 (7.4%)	0 (0%)	0	3.9 (0.6%)	0.03 (2.7%)	0.6 (0.6%)	(평면접시 특대) 직경 : 18.8cm, 높이 : 1.7cm
새우 (자건품)	3	9	0.1 (0%)	1.6 (2.7%)	0.2 (0.4%)	21.0 (7.0%)	0 (0%)	83.0 (11.9%)	29.5 (4.2%)	0.4 (2.4%)	0 (0%)	0	0 (0%)	미량 (0.3%)	0 (0%)	(평면접시 중) 직경 : 15.9cm, 높이 : 2.1cm
새우 (중하)	40	38	0 (0%)	8.0 (13.4%)	0.4 (0.7%)	68.0 (22.7%)	0 (0%)	30.8 (4.4%)	104.0 (14.9%)	1.0 (6.9%)	108.0 (5.4%)	0.4	0 (0%)	0.04 (3.0%)	0.4 (0.4%)	(평면접시 중) 직경 : 15.9cm, 높이 : 2.1cm
새우젓	3	1	0 (0%)	0.2 (0.3%)	미량 (0.1%)	4.2 (1.4%)	0 (0%)	9.9 (1.4%)	3.3 (0.5%)	미량 (0.3%)	195.1 (9.8%)	0.5	1.6 (0.2%)	미량 (0.1%)	0 (0%)	(평면접시 소) 직경 : 13.5cm, 높이 : 2cm

식품	1인 1회 섭취분량 (g)	에너지 (kcal)	탄수화물 (g)	단백질 (g)	지질 (g)	콜레스테롤 (mg)	식이섬유 (g)	칼슘 (mg)	인 (mg)	철 (mg)	나트륨 (mg)	식염 상당량 (g)	비타민 A (㎍ R.E)	비타민 B_2 (mg)	비타민 C (mg)	비고
어묵 (게맛살)	10	12	1.5 (0.5%)	1.1 (1.8%)	0.1 (0.2%)	1.7 (0.6%)	0 (0%)	21.8 (3.1%)	19.9 (2.8%)	0.1 (0.5%)	79.2 (4.0%)	0.2	0 (0%)	0.01 (1.0%)	0 (0%)	(평면접시 중) 직경 : 15.9cm, 높이 : 2.1cm
어묵 (튀긴 것)	30	43	5.3 (1.6%)	3.5 (5.9%)	0.7 (1.4%)	6.0 (2.0%)	0 (0%)	17.4 (2.5%)	26.4 (3.8%)	0.3 (1.8%)	224.7 (11.2%)	0.6	0 (0%)	0.01 (0.5%)	0 (0%)	(평면접시 대) 직경 : 17cm, 높이 : 1.5cm
오징어 (말린것)	10	35	0 (0%)	6.8 (11.3%)	0.7 (1.4%)	94.5 (31.5%)	0 (0%)	25.2 (3.6%)	82.1 (11.7%)	0.3 (1.9%)	98.0 (4.9%)	0.2	0 (0%)	0.02 (1.7%)	0 (0%)	(평면접시 대) 직경 : 17cm, 높이 : 1.5cm
오징어 (생것)	25	24	0 (0%)	4.9 (8.1%)	0.3 (0.6%)	57.5 (19.2%)	0 (0%)	6.3 (0.9%)	68.3 (9.8%)	0.1 (0.8%)	45.3 (2.3%)	0	0.5 (0.1%)	0.02 (1.7%)	0 (0%)	(평면접시 대) 직경 : 17cm, 높이 : 1.5cm
장어	110	187	0.4 (0.1%)	19.7 (32.8%)	10.9 (21.8%)	253.0 (84.3%)	0 (0%)	89.1 (12.7%)	235.4 (33.6%)	2.3 (15.4%)	0 (0%)	0	594.0 (84.9%)	0.12 (10.1%)	0 (0%)	(평면접시 특대) 직경 : 18.8cm, 높이 : 1.7cm
조기	60	101	1.9 (0.6%)	9.5 (15.8%)	5.7 (11.4%)	43.1 (14.4%)	0 (0%)	105.0 (15.0%)	139.8 (20.0%)	0.3 (2.0%)	66.6 (3.3%)	0	106.2 (15.2%)	0.06 (5.0%)	0 (0%)	(평면접시 특대) 직경 : 18.8cm, 높이 : 1.7cm
참치통조림	50	149	0 (0%)	9.1 (15.1%)	11.7 (23.4%)	15.5 (5.2%)	0 (0%)	3.5 (0.5%)	72.0 (10.3%)	0.7 (4.7%)	217.5 (10.9%)	0.5	0 (0%)	0.05 (4.2%)	0 (0%)	(평면접시 대) 직경 : 17cm, 높이 : 1.5cm
홍합	15	12	0.5 (0.1%)	2.1 (3.4%)	0.2 (0.4%)	7.1 (2.4%)	0 (0%)	6.4 (0.9%)	37.3 (5.3%)	0.9 (6.1%)	0 (0%)	0.2	4.5 (0.6%)	0.05 (4.1%)	0.6 (0.6%)	(평면접시 대) 직경 : 17cm, 높이 : 1.5cm

※ %는 1일 영양소기준치에 대한 비율

▶ 1인 1회 섭취분량별 식품영양가 - 해조류

식품	1인 1회 섭취분량 (g)	에너지 (kcal)	탄수화물 (g)	단백질 (g)	지질 (g)	콜레스테롤 (mg)	식이섬유 (g)	칼슘 (mg)	인 (mg)	철 (mg)	나트륨 (mg)	식염 상당량 (g)	비타민 A (㎍ R.E)	비타민 B_2 (mg)	비타민 C (mg)	비고
김	2	3	0.9 (0.3%)	0.7 (1.2%)	0 (0%)	0 (0%)	0 (0%)	4.6 (0.7%)	6.7 (1.0%)	0.5 (3.2%)	0 (0%)	0	0 (0%)	0.02 (2.1%)	0.4 (0.4%)	(평면접시 대) 직경 : 17cm, 높이 : 1.5cm
다시다 (마른 것)	1	1	0.5 (0.1%)	0.1 (0.1%)	0 (0%)	0 (0%)	0.7 (2.6%)	7.1 (1.0%)	1.9 (0.3%)	0.1 (0.4%)	31.0 (1.6%)	0.1	1.0 (0.1%)	미량 (0.4%)	0.2 (0.2%)	(평면접시 중) 직경 : 15.9cm, 높이 : 2.1cm
미역 (마른 것)	5	6	1.8 (0.6%)	1.0 (1.7%)	0.1 (0.3%)	0 (0%)	4.5 (18.1%)	48.0 (6.9%)	15.4 (2.2%)	0.5 (3.0%)	305.0 (15.3%)	0.8	27.8 (4.0%)	0.05 (4.2%)	0.9 (0.9%)	(평면접시 대) 직경 : 17cm, 높이 : 1.5cm
미역 (생것)	20	3	1.0 (0.3%)	0.6 (1.0%)	0.1 (0.1%)	0 (0%)	0 (0%)	29.8 (4.3%)	16.0 (2.3%)	0.2 (1.5%)	122.0 (6.1%)	0.4	63.0 (9.0%)	0.03 (2.3%)	3.0 (3.0%)	(평면접시 대) 직경 : 17cm, 높이 : 1.5cm
파래 (생것)	20	2	0.6 (0.2%)	0.5 (0.8%)	0 (0%)	0 (0%)	0.9 (3.7%)	4.4 (0.6%)	6.2 (0.9%)	2.7 (18.3%)	169.6 (8.5%)	0.4	21.0 (3.0%)	0.02 (1.8%)	3.0 (3.0%)	(평면접시 대) 직경 : 17cm, 높이 : 1.5cm

※ %는 1일 영양소기준치에 대한 비율

▶ 1인 1회 섭취분량별 식품영양가 - 우유류

식품	1인 1회 섭취분량	에너지 (kcal)	탄수화물 (g)	단백질 (g)	지질 (g)	콜레스테롤 (mg)	식이섬유 (g)	칼슘 (mg)	인 (mg)	철 (mg)	나트륨 (mg)	식염 상당량 (g)	비타민 A (μg R.E)	비타민 B_2 (mg)	비타민 C (mg)	비고
모짜렐라치즈	8g	17	1.0 (0.3%)	1.4 (2.3%)	0.8 (1.6%)	4.6 (1.5%)	0 (0%)	32.2 (4.6%)	33.3 (4.8%)	미량 (0.3%)	52.3 (2.6%)	0.2	19.3 (2.8%)	0.02 (1.7%)	0 (0%)	½장
요구르트 (딸기, 호상)	100g	101	16.1 (4.9%)	3.2 (5.3%)	2.7 (5.4%)	9.0 (3.0%)	0 (0%)	105.0 (15.0%)	95.0 (13.6%)	0.1 (0.7%)	53.0 (2.7%)	0	29.0 (4.1%)	0.11 (9.2%)	0 (0%)	
요구르트 (무가당, 호상)	115g	64	7.9 (2.4%)	6.0 (10.0%)	0.9 (1.8%)	13.8 (4.6%)	0 (0%)	117.3 (16.8%)	100.1 (14.3%)	0.7 (4.6%)	54.0 (2.7%)	0	34.5 (4.9%)	0.12 (9.6%)	0 (0%)	
요구르트 (액상)	70g	46	10.4 (3.2%)	1.0 (1.7%)	0.1 (0.1%)	9.8 (3.3%)	0 (0%)	27.3 (3.9%)	19.6 (2.8%)	0.1 (0.5%)	43.4 (2.2%)	0	0 (0%)	0.08 (7.0%)	0 (0%)	
우유	200mL	122	10.0 (3.0%)	5.6 (9.3%)	6.6 (13.2%)	18.1 (6.0%)	2.8 (11.2%)	182.0 (26.0%)	166.0 (23.7%)	0.2 (1.3%)	80.0 (4.0%)	0	104.0 (14.9%)	0.10 (8.3%)	0 (0%)	
치즈	20g	64	1.1 (0.3%)	3.7 (6.1%)	4.8 (9.7%)	15.6 (5.2%)	0 (0%)	100.6 (14.4%)	168.8 (24.1%)	0.1 (0.4%)	226.8 (11.3%)	0.6	47.6 (6.8%)	0.06 (5.0%)	0 (0%)	1장

※ %는 1일 영양소기준치에 대한 비율

▶ 1인 1회 섭취분량별 식품영양가 - 유지류

식품	1인 1회 섭취분량 (g)	에너지 (kcal)	탄수화물 (g)	단백질 (g)	지질 (g)	콜레스테롤 (mg)	식이섬유 (g)	칼슘 (mg)	인 (mg)	철 (mg)	나트륨 (mg)	식염 상당량 (g)	비타민 A (μg R.E)	비타민 B_2 (mg)	비타민 C (mg)	비고
들기름	4	37	0 (0%)	0 (0%)	4.0 (8.0%)	0 (0%)	0.3 (1.1%)	0.6 (0.1%)	1.1 (0.2%)	0 (0%)	0.4 (0%)	0	0 (0%)	0 (0%)	0 (0%)	(1티스푼) 직경 : 3cm, 높이 : 0cm
버터	5	39	0 (0%)	0 (0%)	4.2 (8.4%)	10.0 (3.3%)	0 (0%)	1.1 (0.2%)	1.1 (0.2%)	0 (0%)	36.3 (1.8%)	0.1	20.9 (3.0%)	미량 (0.1%)	0 (0%)	(1티스푼) 직경 : 3cm, 높이 : 0cm
올리브유	4	37	0 (0%)	0 (0%)	4.0 (8.0%)	0 (0%)	0.4 (1.6%)	0.1 (0%)	0.2 (0%)	미량 (0.1%)	0.1 (0%)	0	0.7 (0.1%)	0 (0%)	0 (0%)	(1티스푼) 직경 : 3cm, 높이 : 0cm
참기름	4	37	0 (0%)	0 (0%)	4.0 (8.0%)	0 (0%)	0.6 (2.3%)	0.2 (0%)	0.2 (0%)	미량 (0.1%)	0.1 (0%)	0	0.1 (0%)	미량 (0.4%)	0 (0%)	(1티스푼) 직경 : 3cm, 높이 : 0cm
커피프림	5	19	4.5 (1.4%)	0.1 (0.2%)	0.1 (0.1%)	0 (0%)	0 (0%)	9.8 (1.4%)	29.6 (4.2%)	0 (0%)	2.6 (0.1%)	0	0 (0%)	미량 (0.1%)	0 (0%)	(1티스푼*2) 직경 : 3cm, 높이 : 0cm
콩기름	4	37	0 (0%)	0 (0%)	4.0 (8.0%)	0 (0%)	0.3 (1.1%)	0.1 (0%)	0.2 (0%)	미량 (0.1%)	0 (0%)	0	0 (0%)	0.01 (0.5%)	0 (0%)	(1티스푼) 직경 : 3cm, 높이 : 0cm

※ %는 1일 영양소기준치에 대한 비율

▶ 1인 1회 섭취분량별 식품영양가 - 음료 및 주류

식품	1인 1회 섭취분량	에너지 (kcal)	탄수화물 (g)	단백질 (g)	지질 (g)	콜레스테롤 (mg)	식이섬유 (g)	칼슘 (mg)	인 (mg)	철 (mg)	나트륨 (mg)	식염 상당량 (g)	비타민 A (㎍ R.E)	비타민 B_2 (mg)	비타민 C (mg)	비고
녹차침출액	180mL	2	0.4 (0.1%)	0 (0%)	0 (0%)	0 (0%)	0 (0%)	5.4 (0.8%)	0 (0%)	0.5 (3.6%)	9.0 (0.5%)	0	0 (0%)	0 (0%)	5.4 (5.4%)	(커피잔) 직경 : 9.1cm, 높이 : 8.5cm
막걸리	400mL	224	7.2 (2.2%)	6.4 (10.7%)	0 (0%)	0 (0%)	2.4 (9.6%)	24.0 (3.4%)	56.0 (8.0%)	0.4 (2.7%)	24.0 (1.2%)	0	0 (0%)	0.12 (10.0%)	4.0 (4.0%)	(대접1) 직경 : 13.5cm, 높이 : 5cm
맥주 (하이트)	355mL	131	9.9 (3.0%)	1.1 (1.8%)	0 (0%)	0 (0%)	0 (0%)	7.1 (1.0%)	63.9 (9.1%)	0 (0%)	17.8 (0.9%)	0	0 (0%)	0.07 (5.9%)	0 (0%)	
사이다	250mL	98	25.3 (7.7%)	0 (0%)	0 (0%)	0 (0%)	0 (0%)	5.0 (0.7%)	2.5 (0.4%)	0 (0%)	12.5 (0.6%)	0	0 (0%)	0 (0%)	0 (0%)	
소주	45mL	80	0 (0%)	0 (0%)	0 (0%)	0 (0%)	0 (0%)	0 (0%)	0 (0%)	0 (0%)	0 (0%)	0	0 (0%)	0 (0%)	0 (0%)	(소주잔) 직경 : 5.2cm, 높이 : 5.3cm
쌀음료	180mL	97	20.5 (6.3%)	0.4 (0.6%)	1.4 (2.9%)	0 (0%)	0 (0%)	10.8 (1.5%)	32.4 (4.6%)	0 (0%)	10.8 (0.5%)	0	0 (0%)	0 (0%)	23.4 (23.4%)	
오렌지주스 (무과당)	180mL	65	16.2 (4.9%)	1.3 (2.1%)	0.2 (0.4%)	0 (0%)	0 (0%)	10.8 (1.5%)	14.4 (2.1%)	0.7 (4.8%)	1.8 (0.1%)	0	19.8 (2.8%)	0.07 (6.0%)	104.4 (104.4%)	
적포도주	65mL	62	1.6 (0.5%)	0.1 (0.2%)	0 (0%)	0 (0%)	0 (0%)	5.8 (0.8%)	4.6 (0.7%)	0.3 (2.2%)	3.3 (0.2%)	0	0 (0%)	0.01 (0.5%)	0 (0%)	(와인잔) 직경 : 7cm, 높이 : 9cm
청주	45mL	60	1.9 (0.6%)	0.3 (0.5%)	0 (0%)	0 (0%)	0 (0%)	0.9 (0.1%)	3.6 (0.5%)	0 (0%)	0.9 (0%)	0	0 (0%)	0 (0%)	0 (0%)	(소주잔) 직경 : 5.2cm, 높이 : 5.3cm
기피믹스	12g	47	10.8 (3.3%)	0.4 (0.7%)	0.3 (0.5%)	0 (0%)	0 (0%)	13.8 (2.0%)	35.9 (5.1%)	미량 (0.2%)	3.5 (0.2%)	0	0 (0%)	0.08 (6.8%)	0 (0%)	
커피분말	3g	12	2.7 (0.8%)	0.1 (0.2%)	0.1 (0.1%)	0 (0%)	0 (0%)	3.5 (0.5%)	9.0 (1.3%)	0 (0%)	0.9 (0%)	0	0 (0%)	0.02 (1.7%)	0 (0%)	(1티스푼*2) 직경 : 3cm, 높이 : 0cm
커피침출액 (원두)	190mL	8	0.9 (0.3%)	0.6 (1.0%)	0.2 (0.4%)	0 (0%)	0 (0%)	7.6 (1.1%)	3.8 (0.5%)	0.6 (3.8%)	3.8 (0.2%)	0	0 (0%)	0 (0%)	0 (0%)	(커피잔) 직경 : 9.1cm, 높이 : 8.5cm
콜라	250mL	118	29.5 (9.0%)	0 (0%)	0 (0%)	0 (0%)	0 (0%)	5.0 (0.7%)	35.0 (5.0%)	0 (0%)	7.5 (0.4%)	0	0 (0%)	0 (0%)	0 (0%)	
포도주스	180mL	72	18.5 (5.7%)	1.1 (1.8%)	0.2 (0.4%)	0 (0%)	0.2 (0.7%)	16.2 (2.3%)	21.6 (3.1%)	0.2 (1.2%)	1.8 (0.1%)	0	0 (0%)	0.02 (1.5%)	68.4 (68.4%)	

※ %는 1일 영양소기준치에 대한 비율

▶ 1인 1회 섭취분량별 식품영양가 - 조미료류

식품	1인 1회 섭취분량 (g)	에너지 (kcal)	탄수화물 (g)	단백질 (g)	지질 (g)	콜레스테롤 (mg)	식이섬유 (g)	칼슘 (mg)	인 (mg)	철 (mg)	나트륨 (mg)	식염 상당량 (g)	비타민 A (μg R.E)	비타민 B_2 (mg)	비타민 C (mg)	비고
간장 (왜간장)	5	2	0.2 (0.1%)	0.4 (0.6%)	0 (0%)	0 (0%)	0 (0%)	2.0 (0.3%)	7.8 (1.1%)	0.1 (0.7%)	292.9 (14.6%)	0.8	0 (0%)	미량 (0.3%)	0 (0%)	(1티스푼) 직경 : 3cm, 높이 : 0cm
간장 (재래간장)	5	2	0.2 (0.1%)	0.4 (0.6%)	0 (0%)	0 (0%)	0 (0%)	1.9 (0.3%)	7.8 (1.1%)	미량 (0.3%)	357.9 (17.9%)	0.9	0 (0%)	미량 (0.3%)	0 (0%)	(1티스푼) 직경 : 3cm, 높이 : 0cm
고추냉이 페이스트 (와사비 페이스트)	2	5	0.9 (0.3%)	0.1 (0.1%)	0.2 (0.5%)	0 (0%)	0 (0%)	1.2 (0.2%)	1.7 (0.2%)	미량 (0.1%)	39.3 (2.0%)	0.1	0 (0%)	0 (0%)	0 (0%)	(1/2티스푼) 직경 : 2.5cm, 높이 : 0cm
고추장	5	11	2.4 (0.7%)	0.3 (0.5%)	0 (0%)	0 (0%)	0.3 (1.3%)	1.5 (0.2%)	5.8 (0.8%)	0.1 (0.6%)	122.8 (6.1%)	0.3	3.3 (0.5%)	0.02 (1.7%)	0 (0%)	(1티스푼) 직경 : 3cm, 높이 : 0cm
고춧가루	1	3	0.6 (0.2%)	0.1 (0.2%)	0.1 (0.2%)	0 (0%)	0.4 (1.6%)	0.6 (0.1%)	2.1 (0.3%)	0.1 (0.7%)	0.2 (0%)	0	34.4 (4.9%)	0.01 (1.0%)	0.3 (0.3%)	(1/2티스푼) 직경 : 2.5cm, 높이 : 0cm
깨소금	1	6	0.1 (0%)	0.2 (0.3%)	0.6 (1.1%)	0 (0%)	0.2 (0.7%)	12.2 (1.7%)	6.4 (0.9%)	0.2 (1.3%)	0 (0%)	0	0 (0%)	미량 (0.1%)	0 (0%)	(1/2 티스푼) 직경 : 2.5cm, 높이 : 0cm
된장	10	13	1.5 (0.5%)	1.1 (1.9%)	0.4 (0.7%)	0 (0%)	0 (0%)	8.1 (1.2%)	14.2 (2.0%)	0.7 (4.7%)	499.1 (25.0%)	1.3	0 (0%)	0.03 (2.7%)	0 (0%)	(1티스푼*2) 직경 : 3cm, 높이 : 0cm
마요네즈	10	76	1.0 (0.3%)	0.1 (0.1%)	7.9 (15.9%)	81.4 (27.1%)	0 (0%)	1.2 (0.2%)	2.9 (0.4%)	미량 (0.3%)	30.4 (1.5%)	0.1	4.8 (0.7%)	미량 (0.3%)	0 (0%)	(1테이블스푼) 직경 : 4.2cm, 높이 : 0cm
머스터드소스	5	16	2.0 (0.6%)	0.3 (0.5%)	0.7 (1.5%)	0 (0%)	0 (0%)	3.0 (0.4%)	6.0 (0.9%)	0.1 (0.7%)	145.0 (7.3%)	0.3	0.1 (0%)	미량 (0.3%)	0 (0%)	(1티스푼) 직경 : 3cm, 높이 : 0cm
분말조미료 (쇠고기)	1	2	0.3 (0.1%)	0.1 (0.2%)	미량 (0.1%)	–	0 (0%)	0.2 (0%)	0.9 (0.1%)	미량 (0.1%)	262.4 (13.1%)	0.7	0.2 (0%)	미량 (0.2%)	0 (0%)	(1/2티스푼) 직경 : 2.5cm, 높이 : 0cm
소금 (굵은 소금)	1	0	0 (0%)	0 (0%)	0 (0%)	0 (0%)	0 (0%)	1.5 (0.2%)	0 (0%)	미량 (0.2%)	322.2 (16.1%)	0.8	0 (0%)	0 (0%)	0 (0%)	(1/2티스푼) 직경 : 2.5cm, 높이 : 0cm
소금 (식염)	1	0	0 (0%)	0 (0%)	0 (0%)	0 (0%)	0 (0%)	0.4 (0.1%)	0 (0%)	0 (0%)	336.0 (16.8%)	0.8	0 (0%)	0 (0%)	0 (0%)	(1/4티스푼) 직경 : 1.9cm, 높이 : 0cm
식초 (감식초)	4	1	0.1 (0%)	0 (0%)	0 (0%)	0 (0%)	0 (0%)	0.1 (0%)	0.3 (0%)	0 (0%)	0.1 (0%)	0	0 (0%)	0 (0%)	0 (0%)	(1티스푼) 직경 : 3cm, 높이 : 0cm
식초 (양조식초)	4	0	0.1 (0%)	0 (0%)	0 (0%)	0 (0%)	0 (0%)	0.1 (0%)	0.4 (0.1%)	0 (0%)	0.1 (0%)	0	0 (0%)	0 (0%)	0 (0%)	(1티스푼) 직경 : 3cm, 높이 : 0cm
쌈장	5	10	1.5 (0.5%)	0.5 (0.8%)	0.2 (0.5%)	0 (0%)	0.3 (1.0%)	3.4 (0.5%)	8.6 (1.2%)	0.1 (0.7%)	164.4 (8.2%)	0.4	2.8 (0.4%)	미량 (0.4%)	0 (0%)	(1티스푼) 직경 : 3cm, 높이 : 0cm
조미가루	0.5	1	0.1 (0%)	0.2 (0.4%)	0 (0%)	–	0 (0%)	0 (0%)	0.4 (0.1%)	0 (0%)	79.7 (4.0%)	0.2	0 (0%)	0 (0%)	0 (0%)	(1/4티스푼) 직경 : 1.9cm, 높이 : 0cm
청국장	20	22	3.0 (0.9%)	2.0 (3.4%)	0.2 (0.3%)	0 (0%)	0 (0%)	19.2 (2.7%)	35.4 (5.1%)	0.8 (5.1%)	192.2 (9.6%)	0	2.6 (0.4%)	0.06 (4.8%)	0 (0%)	(1테이블스푼*2) 직경 : 4.2cm, 높이 : 0cm

식품	1인 1회 섭취분량 (g)	에너지 (kcal)	탄수화물 (g)	단백질 (g)	지질 (g)	콜레스테롤 (mg)	식이섬유 (g)	칼슘 (mg)	인 (mg)	철 (mg)	나트륨 (mg)	식염 상당량 (g)	비타민 A (μg R.E)	비타민 B_2 (mg)	비타민 C (mg)	비고
초고추장	10	17	4.6 (1.4%)	0.4 (0.7%)	0 (0%)	0 (0%)	0 (0%)	2.1 (0.3%)	6.0 (0.9%)	0.1 (0.9%)	313.2 (15.7%)	0.8	41.3 (5.9%)	0.05 (4.4%)	0.5 (0.5%)	(1테이블스푼) 직경 : 4.2cm, 높이 : 0cm
춘장	5	9	1.2 (0.4%)	0.7 (1.1%)	0.2 (0.4%)	0.2 (0.1%)	0.2 (0.7%)	3.0 (0.4%)	8.8 (1.3%)	0.1 (0.8%)	161.4 (8.1%)	0.4	0 (0%)	0.01 (0.5%)	0 (0%)	(1티스푼) 직경 : 3cm, 높이 : 0cm
토마토케첩	5	6	1.6 (0.5%)	0.1 (0.1%)	0 (0%)	0 (0%)	미량 (0.2%)	0.3 (0%)	1.8 (0.3%)	미량 (0.3%)	48.8 (2.4%)	0.1	7.0 (1.0%)	0.01 (0.9%)	0.4 (0.4%)	(1티스푼) 직경 : 3cm, 높이 : 0cm
후추	0.5	2	0.3 (0.1%)	0.1 (0.1%)	0 (0%)	0 (0%)	0.1 (0.5%)	1.4 (0.2%)	0.8 (0.1%)	0.1 (0.6%)	0.2 (0%)	0	0.1 (0%)	미량 (0.1%)	0 (0%)	(1/4티스푼) 직경 : 1.9cm, 높이 : 0cm

※ %는 1일 영양소기준치에 대한 비율

1인 1회 섭취분량별 음식영양가

출처 : 농촌진흥청, 국립 농업과학원, 농식품종합정보시스템.

▶ 1인 1회 섭취분량별 음식영양가 - 밥류

음식명	1인 1회 섭취분량 (mL)	에너지 (kcal)	탄수화물 (g)	단백질 (g)	지질 (g)	콜레스테롤 (mg)	식이섬유 (g)	칼슘 (mg)	인 (mg)	철 (mg)	나트륨 (mg)	식염 상당량 (g)	비타민 A (μg R.E)	비타민 B_2 (mg)	비타민 C (mg)	비고	재료
김밥	215	273	50.6 (15.4%)	8.0 (13.3%)	3.6 (7.3%)	49.5 (16.5%)	1.5 (6.1%)	55.0 (7.9%)	124.2 (17.7%)	1.9 (12.9%)	480.7 (24.0%)	1.2	177.9 (25.4%)	0.18 (15.1%)	10.4 (10.4%)	(평면접시 특대) 직경 : 18.8cm, 높이 : 1.7cm	백미 56.0g, 단무지 12.3g, 달걀 11.5g, 시금치 10.8g, 게맛살 10.2g, 당근 9.1g, 우엉 7.6g, 햄 3.8g, 참기름 1.8g, 김 1.7g, 소금 0.6g, 흰깨 0.3g, 콩기름 0.2g
누룽지	250	215	47.4 (14.5%)	3.7 (6.2%)	0.1 (0.2%)	0 (0%)	2.5 (9.8%)	9.8 (1.4%)	40.4 (5.8%)	0.3 (2.2%)	3.3 (0.2%)	0	0 (0%)	0.02 (1.4%)	0 (0%)	(대접1) 직경 : 13.5cm, 높이 : 5cm	누룽지 64.6g
보리밥	260	363	79.7 (24.3%)	7.0 (11.6%)	0.4 (0.9%)	0 (0%)	0.7 (2.9%)	8.9 (1.3%)	85.2 (12.2%)	1.3 (8.8%)	7.6 (0.4%)	0	0.9 (0.1%)	0.02 (1.9%)	0 (0%)	(밥그릇) 직경 : 10cm, 높이 : 5.6cm	백미 85.0g, 보리 15.6g
볶음밥	200	224	38.1 (11.6%)	6.6 (11.1%)	4.1 (8.2%)	40.9 (13.6%)	0.7 (3.0%)	15.1 (2.2%)	95.2 (13.6%)	1.0 (6.5%)	258.2 (12.9%)	0.6	123.5 (17.6%)	0.11 (9.5%)	3.9 (3.9%)	(평면접시 특대) 직경 : 18.8cm, 높이 : 1.7cm	백미 44.2g, 양파 12.9g, 당근 9.0g, 달걀 8.9g, 돼지고기 8.5g, 햄 4.2g, 콩기름 2.7g, 파 1.6g, 소금 0.6g
비빔밥	750	637	98.3 (30.0%)	22.4 (37.3%)	15.2 (30.4%)	205.9 (68.6%)	6.5 (26.0%)	86.4 (12.3%)	306.5 (43.8%)	4.7 (31.3%)	714.9 (35.7%)	1.5	445.6 (63.7%)	0.60 (50.0%)	23.5 (23.5%)	(면대접2) 직경 : 21cm, 높이 : 10.4cm	백미 104.5g, 달걀 47.3g, 콩나물 34.8g, 시금치 33.3g, 쇠고기 27.6g, 고사리 삶은 것 22.3g,당근 18.1g, 고추장 14.5g, 간장 3.4g, 참기름 3.4g, 콩기름 3.1g, 파 0.9g, 마늘 0.6g, 흰깨 0.4g, 소금 0.1g, 후추 0.1g
쌀밥	265	322	70.6 (21.5%)	5.7 (9.5%)	0.4 (0.7%)	0 (0%)	0 (0%)	6.2 (0.9%)	77.3 (11.0%)	1.2 (7.7%)	7.1 (0.4%)	0	0.9 (0.1%)	0.02 (1.5%)	0 (0%)	(밥그릇) 직경 : 10cm, 높이 : 5.6cm	백미 88.8g

음식명	1인 1회 섭취분량 (mL)	에너지 (kcal)	탄수화물 (g)	단백질 (g)	지질 (g)	콜레스테롤 (mg)	식이섬유 (g)	칼슘 (mg)	인 (mg)	철 (mg)	나트륨 (mg)	식염 상당량 (g)	비타민 A (μg R.E)	비타민 B_2 (mg)	비타민 C (mg)	비고	재료
잡곡밥	250	329	69.5 (21.2%)	7.2 (12.1%)	1.2 (2.4%)	0 (0%)	0.3 (1.4%)	14.5 (2.1%)	110.1 (15.7%)	1.5 (10.2%)	7.4 (0.4%)	0	0.7 (0.1%)	0.04 (2.9%)	0 (0%)	(밥그릇) 직경 : 10cm, 높이 : 5.6cm	백미 69.2g, 보리 6.7g, 찹쌀 5.6g, 현미 4.8g, 대두 3.6g
콩밥	250	338	69.8 (21.3%)	7.9 (13.2%)	1.6 (3.2%)	0 (0%)	0 (0%)	21.3 (3.0%)	114.1 (16.3%)	1.6 (10.9%)	6.9 (0.3%)	0	0.9 (0.1%)	0.03 (2.9%)	0 (0%)	(밥그릇) 직경 : 10cm, 높이 : 5.6cm	백미 85.0g, 대두 7.0g
현미밥	250	348	73.3 (22.3%)	7.2 (11.9%)	1.8 (3.6%)	0 (0%)	0 (0%)	5.6 (0.8%)	164.0 (23.4%)	1.7 (11.6%)	13.7 (0.7%)	0	0.6 (0.1%)	0.05 (4.1%)	0 (0%)	(밥그릇) 직경 : 10cm, 높이 : 5.6cm	백미 60.9g, 현미 33.9g
흑미밥	260	365	79.5 (24.2%)	6.5 (10.9%)	0.5 (1.0%)	0 (0%)	0.2 (0.7%)	7.4 (1.1%)	99.8 (14.3%)	1.3 (8.8%)	7.9 (0.4%)	0	1.0 (0.1%)	0.02 (2.1%)	0 (0%)	(밥그릇) 직경 : 10cm, 높이 : 5.6cm	백미 95.9g, 흑미 4.4g

※ %는 1일 영양소기준치에 대한 비율

▶ 1인 1회 섭취분량별 음식영양가 - 면 · 만두류

음식명	1인 1회 섭취분량 (mL)	에너지 (kcal)	탄수화물 (g)	단백질 (g)	지질 (g)	콜레스테롤 (mg)	식이섬유 (g)	칼슘 (mg)	인 (mg)	철 (mg)	나트륨 (mg)	식염 상당량 (g)	비타민 A (μg R.E)	비타민 B_2 (mg)	비타민 C (mg)	비고	재료
라면	500	388	60.7 (18.5%)	8.3 (13.8%)	11.9 (23.8%)	23.7 (7.9%)	2.6 (10.5%)	161.2 (23.0%)	95.4 (13.6%)	0.5 (3.5%)	2,363.2 (118.2%)	4.9	9.8 (1.4%)	0.64 (53.6%)	0.2 (0.2%)	(면대접1) 직경 : 18cm, 높이 : 7.5cm	라면 80.0g, 라면스프 9.2g, 달걀 6.0g, 파 1.8g
스파게티	150	211	33.5 (10.2%)	5.7 (9.5%)	5.3 (10.7%)	4.0 (1.3%)	0.8 (3.4%)	12.1 (1.7%)	70.4 (10.1%)	0.9 (6.0%)	925.7 (46.3%)	2.1	14.7 (2.1%)	0.06 (4.6%)	4.0 (4.0%)	(평면대접 특대) 직경 : 18.8cm, 높이 : 1.7cm	국수 말린 것 38.7g, 양파 9.0g, 토마토페이스트 7.2g, 쇠고기 6.6g, 토마토 6.3g, 콩기름 3.1g, 양송이버섯 2.9g, 피망 2.7g, 포도주 1.0g, 소금 0.2g
자장면	750	640	100.9 (30.7%)	22.1 (36.9%)	13.8 (27.7%)	9.4 (3.1%)	4.9 (19.5%)	76.2 (10.9%)	220.2 (31.5%)	2.2 (14.8%)	1,519.3 (76.0%)	3.7	19.4 (2.8%)	0.15 (12.8%)	9.1 (9.1%)	(면대접1) 직경 : 18cm, 높이 : 7.5cm	국수생면 149.3g, 양파 40.7g, 양배추 30.0g, 애호박 28.5g, 돼지고기 22.4g, 춘장 20.5g, 오이 16.0g, 콩기름 10.2g, 파 4.5g, 청주 4.0g, 간장 4.0g, 전분 3.1g, 생강 2.4g, 설탕 1.0g

음식명	1인 1회 섭취분량 (mL)	에너지 (kcal)	탄수화물 (g)	단백질 (g)	지질 (g)	콜레스테롤 (mg)	식이섬유 (g)	칼슘 (mg)	인 (mg)	철 (mg)	나트륨 (mg)	식염상당량 (g)	비타민 A (μg R.E)	비타민 B_2 (mg)	비타민 C (mg)	비고	재료
잔치국수	640	479	91.5 (27.9%)	15.9 (26.5%)	3.7 (7.3%)	59.0 (19.7%)	1.6 (6.3%)	107.3 (15.3%)	236.6 (33.8%)	3.1 (20.5%)	3,076.2 (153.8%)	7.2	148.9 (21.3%)	0.20 (16.9%)	6.4 (6.4%)	(면대접1) 직경 : 18cm, 높이 : 7.5cm	국수 말린 것 109.3g, 배추김치 23.9g, 애호박 20.8g, 달걀 14.0g, 양파 11.5g, 당근 6.6g, 간장 4.4g, 파 3.3g, 멸치자건품 2.7g, 참기름 1.2g, 마늘 1.1g, 소금 0.7g, 고춧가루 0.7g, 콩기름 0.7g, 김 0.5g, 다시마 마른 것 0.3g, 후추 0.03g
잡채	150	151	23.5 (7.2%)	4.0 (6.6%)	4.8 (9.6%)	6.9 (2.3%)	2.5 (10.1%)	36.3 (5.2%)	56.2 (8.0%)	2.1 (14.0%)	469.5 (23.5%)	1.2	156.1 (22.3%)	0.11 (9.2%)	10.0 (10.0%)	(평면접시 대) 직경 : 17cm, 높이 : 1.5cm	당면건면 20.5g, 시금치 13.6g, 양파 11.7g, 쇠고기 11.4g, 당근 7.1g, 간장 6.3g, 표고버섯 4.5g, 콩기름 2.6g, 파 1.6g, 설탕 1.5g, 목이버섯 마른 것 1.2g, 참기름 1.2g, 마늘 0.7g, 흰깨 0.6g, 소금 0.1g, 조미가루 0.1g, 후추 0.1g
짬뽕	550	306	49.6 (15.1%)	12.1 (20.2%)	5.5 (11.0%)	42.5 (14.2%)	3.0 (12.1%)	46.5 (6.6%)	136.0 (19.4%)	1.3 (8.7%)	976.0 (48.8%)	2.3	156.6 (22.4%)	0.08 (6.8%)	6.9 (6.9%)	(면대접1) 직경 : 18cm, 높이 : 7.5cm	국수생면 78.3g, 양배추 17.6g, 오징어 17.4g, 양파 16.5g, 애호박 16.5g, 당근 7.6g, 바지락조개 7.4g, 파 5.4g, 콩기름 4.1g, 마늘 2.4g, 소금 1.8g, 고춧가루 1.4g, 생강 1.1g, 후추 0.1g

※ %는 1일 영양소기준치에 대한 비율

▶ 1인 1회 섭취분량별 음식영양가 - 국 · 탕류

음식명	1인 1회 섭취분량 (mL)	에너지 (kcal)	탄수화물 (g)	단백질 (g)	지질 (g)	콜레스테롤 (mg)	식이섬유 (g)	칼슘 (mg)	인 (mg)	철 (mg)	나트륨 (mg)	식염 상당량 (g)	비타민 A (μg R.E)	비타민 B_2 (mg)	비타민 C (mg)	비고	재료
곰탕	300	126	2.7 (0.8%)	18.0 (30.0%)	4.1 (8.2%)	29.0 (9.7%)	0.2 (0.8%)	9.1 (1.3%)	78.1 (11.2%)	4.6 (30.4%)	692.1 (34.6%)	1.3	4.9 (0.7%)	0.06 (5.4%)	1.3 (1.3%)	(대접2) 직경 : 13.9cm, 높이 : 5.8cm	사골국물 221.7g, 쇠고기 39.8g, 파 7.9g, 국수(말린 것) 2.0g, 마늘 1.5g, 소금 1.4g, 후추 0.2g
된장국	250	52	6.5 (2.0%)	3.8 (6.3%)	1.4 (2.8%)	1.4 (0.5%)	1.1 (4.3%)	50.4 (7.2%)	86.8 (12.4%)	2.3 (15.5%)	642.2 (32.1%)	1.6	4.3 (0.6%)	0.06 (5.2%)	3.9 (3.9%)	(대접1) 직경 : 13.5cm, 높이 : 5cm	감자 21.3g, 두부 13.0g, 된장 12.5g, 애호박 11.8g, 양파 5.9g, 파 3.8g, 멸치(자건품) 1.4g, 풋고추 1.2g, 마늘 0.5g
뭇국	250	42	3.8 (1.2%)	3.5 (5.9%)	1.5 (3.0%)	5.0 (1.7%)	1.0 (4.2%)	45.5 (6.5%)	63.4 (9.1%)	2.0 (13.6%)	330.1 (16.5%)	0.7	0.5 (0.1%)	0.05 (4.6%)	9.6 (9.6%)	(대접1) 직경 : 13.5cm, 높이 : 5cm	무 57.3g, 쇠고기 10.7g, 파 3.9g, 간장 1.8g, 멸치(자건품) 1.3g, 마늘 1.1g, 다시마(마른 것) 0.4g, 소금 0.4g, 조미가루 0.1g, 후추 0.02g
미역국	300	23	2.7 (0.8%)	2.0 (3.4%)	1.4 (2.8%)	1.0 (0.3%)	5.8 (23.1%)	80.2 (11.5%)	40.1 (5.7%)	0.8 (5.2%)	927.2 (46.4%)	2.3	34.4 (4.9%)	0.07 (5.8%)	1.4 (1.4%)	(대접1) 직경 : 13.5cm, 높이 : 5cm	미역(마른 것) 6.2g, 간장 3.4g, 참기름 1.1g, 멸치(자건품) 1.0g, 소금 0.9g, 마늘 0.9g
배추 된장국	250	24	3.6 (1.1%)	2.0 (3.3%)	0.5 (0.9%)	0 (0%)	0.2 (0.8%)	27.1 (3.9%)	28.9 (4.1%)	1.2 (7.9%)	570.4 (28.5%)	1.5	14.8 (2.1%)	0.06 (4.9%)	6.4 (6.4%)	(대접1) 직경 : 13.5cm, 높이 : 5cm	배추 56.6g, 된장 10.7g, 파 2.6g, 마늘 0.6g, 고춧가루 0.4g, 분말조미료 0.2g
북엇국	250	60	1.8 (0.6%)	7.6 (12.6%)	2.4 (4.7%)	52.5 (17.5%)	1.1 (4.2%)	38.0 (5.4%)	92.9 (13.3%)	1.1 (7.4%)	428.6 (21.4%)	1	7.5 (1.1%)	0.10 (7.9%)	3.9 (3.9%)	(대접1) 직경 : 13.5cm, 높이 : 5cm	무 22.7g, 두부 10.2g, 명태(말린 것) 8.8g, 달걀 8.6g, 파 3.3g, 간장 1.2g, 소금 0.8g, 참기름 0.7g, 마늘 0.5g

음식명	1인 1회 섭취분량 (mL)	에너지 (kcal)	탄수화물 (g)	단백질 (g)	지질 (g)	콜레스테롤 (mg)	식이섬유 (g)	칼슘 (mg)	인 (mg)	철 (mg)	나트륨 (mg)	식염 상당량 (g)	비타민 A (μg R.E)	비타민 B_2 (mg)	비타민 C (mg)	비고	재료
삼계탕 (닭백숙)	400	302	25.2 (7.7%)	22.7 (37.9%)	11.4 (22.7%)	94.0 (31.3%)	1.3 (5.3%)	27.5 (3.9%)	243.8 (34.8%)	3.4 (22.9%)	565.9 (28.3%)	1.2	52.3 (7.5%)	0.29 (24.5%)	2.3 (2.3%)	(면대접1) 직경 : 18cm, 높이 : 7.5cm	닭고기 104.5g, 찹쌀 18.6g, 인삼 5.3g, 마늘 5.1g, 파 3.6g, 밤 3.5g, 대추(마른 것) 2.2g, 소금 1.5g
쇠고기 미역국	300	67	3.6 (1.1%)	6.1 (10.1%)	3.7 (7.4%)	8.2 (2.7%)	5.4 (21.4%)	59.3 (8.5%)	64.6 (9.2%)	1.3 (8.5%)	815.3 (40.8%)	2	32.3 (4.6%)	0.13 (10.9%)	1.2 (1.2%)	(대접1) 직경 : 13.5cm, 높이 : 5cm	쇠고기 24.2g, 미역(마른 것) 5.8g, 간장 3.4g, 마늘 0.7g, 소금 0.6g, 참기름 0.6
시래기 된장국	250	52	6.2 (1.9%)	5.0 (8.3%)	1.4 (2.7%)	2.5 (0.8%)	2.2 (8.9%)	155.2 (22.2%)	82.8 (11.8%)	2.8 (18.4%)	1,076.8 (53.8%)	2.7	313.5 (44.8%)	0.11 (9.0%)	28.4 (28.4%)	(대접1) 직경 : 13.5cm, 높이 : 5cm	무청 58.8g, 된장 20.8g, 파 3.3g, 쇠고기 3.2g, 멸치(자건품) 1.3g, 마늘 0.8g
어묵국	250	65	8.5 (2.6%)	5.5 (9.1%)	1.0 (2.0%)	16.1 (5.4%)	1.0 (4.2%)	62.6 (8.9%)	68.1 (9.7%)	1.2 (8.3%)	580.3 (29.0%)	1.5	1.0 (0.1%)	0.03 (2.1%)	4.4 (4.4%)	(대접1) 직경 : 13.5cm 높이 : 5cm	어묵 36.0g, 무 24.0g, 파 5.0g, 간장 2.2g, 멸치(자건품) 1.4g, 풋고추 1.3g, 다시마(마른 것) 0.9g, 마늘 0.3g, 소금 0.3g
오이냉국	150	12	1.9 (0.6%)	0.6 (1.0%)	0.4 (0.8%)	0 (0%)	0.5 (1.8%)	7.8 (1.1%)	13.3 (1.9%)	0.3 (2.2%)	257.8 (12.9%)	0.6	9.4 (1.3%)	0.01 (0.7%)	1.0 (1.0%)	(대접1) 직경 : 13.5cm, 높이 : 5cm	오이 40.1g, 식초 3.0g, 양파 2.8g, 간장 1.3g, 붉은 고추 0.6g, 소금 0.4g, 마늘 0.3g, 참기름 0.3g, 설탕 0.2g, 조미가루 0.2g, 검정깨 0.1g
콩나물국	250	19	1.9 (0.6%)	1.6 (2.6%)	0.6 (1.2%)	0 (0%)	1.5 (6.0%)	17.0 (2.4%)	33.7 (4.8%)	0.4 (2.4%)	275.7 (13.8%)	0.7	5.9 (0.8%)	0.03 (2.8%)	2.5 (2.5%)	(대접1) 직경 : 13.5cm, 높이 : 5cm	콩나물 31.9g, 파 3.2g, 마늘 1.0g, 소금 0.8g, 고춧가루 0.2g, 분말조미료 0.1g

※ %는 1일 영양소기준치에 대한 비율

▶ 1인 1회 섭취분량별 음식영양가 - 찌개류

음식명	1인 1회 섭취분량 (mL)	에너지 (kcal)	탄수화물 (g)	단백질 (g)	지질 (g)	콜레스테롤 (mg)	식이섬유 (g)	칼슘 (mg)	인 (mg)	철 (mg)	나트륨 (mg)	식염 상당량 (g)	비타민 A (μg R.E)	비타민 B_2 (mg)	비타민 C (mg)	비고	재료
김치찌개	200	59	4.2 (1.3%)	6.4 (10.6%)	1.7 (3.4%)	9.1 (3.0%)	0.7 (2.8%)	44.2 (6.3%)	87.2 (12.5%)	0.8 (5.6%)	174.8 (8.7%)	0.7	27.1 (3.9%)	0.10 (8.5%)	4.4 (4.4%)	(대접1) 직경 : 13.5cm, 높이 : 5cm	배추김치 55.0g, 돼지고기 20.1g, 두부 14.2g, 파 3.4g, 마늘 0.6g, 소금 0.1g
동태(생태) 찌개	250	76	4.5 (1.4%)	11.4 (18.9%)	1.3 (2.6%)	34.4 (11.5%)	1.8 (7.2%)	45.6 (6.5%)	158.2 (22.6%)	1.2 (7.9%)	406.8 (20.3%)	1.3	62.4 (8.9%)	0.09 (7.5%)	5.8 (5.8%)	(대접1) 직경 : 13.5cm, 높이 : 5cm	동태 59.3g, 무 24.6g, 두부 14.1g, 양파 8.8g, 파 2.3g, 고추장 2.2g, 쑥갓 1.9g, 마늘 1.3g, 고춧가루 1.3g, 소금 0.6g, 분말조미료 0.1
된장찌개	125	40	3.7 (1.1%)	3.0 (5.0%)	1.5 (3.0%)	0.9 (0.3%)	1.4 (5.4%)	35.9 (5.1%)	61.1 (8.7%)	1.3 (8.4%)	364.5 (18.2%)	0.9	13.2 (1.9%)	0.05 (3.8%)	2.5 (2.5%)	(대접1) 직경 : 13.5cm, 높이 : 5cm	두부 18.7g, 애호박 9.3g, 된장 7.1g, 양파 6.8g, 감자 5.0g, 파 3.5g, 풋고추 1.7g, 멸치(자건품) 0.8g, 마늘 0.7g, 고춧가루 0.3g
청국장 찌개	200	70	6.0 (1.8%)	6.5 (10.8%)	2.2 (4.4%)	2.8 (0.9%)	1.6 (6.4%)	50.1 (7.2%)	106.9 (15.3%)	1.8 (11.7%)	276.5 (13.8%)	0.2	22.1 (3.2%)	0.12 (10.2%)	3.0 (3.0%)	(대접1) 직경 : 13.5cm, 높이 : 5cm	두부 28.7g, 청국장 24.3g, 배추김치 16.2g, 무 6.9g, 돼지고기 6.2g, 파 4.8g, 마늘 0.7g, 고춧가루 0.3g

※ %는 1일 영양소기준치에 대한 비율

▶ 1인 1회 섭취분량별 음식영양가 - 찜류

음식명	1인 1회 섭취분량 (mL)	에너지 (kcal)	탄수화물 (g)	단백질 (g)	지질 (g)	콜레스테롤 (mg)	식이섬유 (g)	칼슘 (mg)	인 (mg)	철 (mg)	나트륨 (mg)	식염 상당량 (g)	비타민 A (㎍ R.E)	비타민 B_2 (mg)	비타민 C (mg)	비고	재료
달걀찜	100	46	1.3 (0.4%)	3.7 (6.2%)	2.7 (5.3%)	127.7 (42.6%)	0.7 (2.6%)	20.3 (2.9%)	61.1 (8.7%)	0.6 (3.9%)	238.4 (11.9%)	0.5	52.3 (7.5%)	0.22 (18.5%)	0.3 (0.3%)	(밥그릇) 직경 : 10cm, 높이 : 5.6cm	달걀 32.0g, 당근 1.9g, 파 1.7g, 새우젓 0.7g, 소금 0.4g
찐 양배추	45	10	2.1 (0.6%)	0.7 (1.1%)	미량 (0.1%)	0 (0%)	3.9 (15.5%)	14.8 (2.1%)	13.8 (2.0%)	0.2 (1.6%)	7.6 (0.4%)	0	11.5 (1.6%)	미량 (0.4%)	4.3 (4.3%)	(평면접시 대) 직경 : 17cm, 높이 : 1.5cm	양배추 47.7g

※ %는 1일 영양소기준치에 대한 비율

▶ 1인 1회 섭취분량별 음식영양가 - 구이류

음식명	1인 1회 섭취분량 (mL)	에너지 (kcal)	탄수화물 (g)	단백질 (g)	지질 (g)	콜레스테롤 (mg)	식이섬유 (g)	칼슘 (mg)	인 (mg)	철 (mg)	나트륨 (mg)	식염 상당량 (g)	비타민 A (㎍ R.E)	비타민 B_2 (mg)	비타민 C (mg)	비고	재료
갈치구이	35	51	0 (0%)	4.7 (7.9%)	3.3 (6.7%)	18.4 (6.1%)	0.1 (0.4%)	12.0 (1.7%)	48.9 (7.0%)	0.3 (1.7%)	160.1 (8.0%)	0.3	5.1 (0.7%)	0.03 (2.5%)	0.3 (0.3%)	(평면접시 중) 직경 : 15.9cm, 높이 : 2.1cm	갈치 25.6g, 콩기름 1.4g, 소금 0.4g
고등어 구이	55	98	0 (0%)	8.9 (14.8%)	6.4 (12.9%)	28.2 (9.4%)	0.1 (0.5%)	11.8 (1.7%)	102.2 (14.6%)	0.7 (4.8%)	321.5 (16.1%)	0.7	10.1 (1.4%)	0.21 (17.1%)	0.4 (0.4%)	(평면접시 대) 직경 : 17cm, 높이 : 1.5cm	고등어 44.0g, 콩기름 1.9g, 소금 0.9g
김구이	240	3	0.8 (0.2%)	0.7 (1.1%)	미량 (0.1%)	0.4 (0.1%)	0.5 (1.8%)	4.2 (0.6%)	12.8 (1.8%)	0.3 (2.2%)	35.2 (1.8%)	0.1	62.7 (9.0%)	0.05 (4.2%)	1.3 (1.3%)	(평면접시 특대) 직경 : 18.8cm, 높이 : 1.7cm	조미김 1.8g
달걀말이	50	69	1.8 (0.6%)	4.3 (7.2%)	4.7 (9.5%)	147.6 (49.2%)	0.9 (3.7%)	21.8 (3.1%)	71.4 (10.2%)	0.7 (4.7%)	252.2 (12.6%)	0.5	67.0 (9.6%)	0.26 (21.8%)	0.7 (0.7%)	(평면접시 소) 직경 : 13.5cm, 높이 : 2cm	달걀 37.2g, 파 3.0g, 당근 2.7g, 양파 2.0g, 콩기름 1.6g, 소금 0.6g
달걀 프라이	55	103	0.8 (0.2%)	7.8 (13.0%)	7.0 (14.1%)	260.5 (86.8%)	4.2 (16.7%)	31.9 (4.6%)	105.1 (15.0%)	1.3 (8.4%)	85.3 (4.3%)	0	51.7 (7.4%)	0.38 (31.6%)	0 (0%)	(평면접시 대) 직경 : 17cm, 높이 : 1.5cm	달걀프라이 55g
닭튀김	175	347	10.3 (3.1%)	23.8 (39.6%)	22.0 (44.1%)	139.8 (46.6%)	1.2 (4.8%)	22.1 (3.2%)	219.1 (31.3%)	1.4 (9.4%)	682.3 (34.1%)	1.5	63.9 (9.1%)	0.32 (26.6%)	0 (0%)	(평면접시 특대) 직경 : 18.8cm, 높이 : 1.7cm	닭고기 109.6g, 달걀 10.4g, 콩기름 9.2g, 빵가루 7.2g, 밀가루 5.9g, 소금 1.7g, 후추 0.3g
돈가스	70	144	11.5 (3.5%)	9.6 (16.0%)	6.2 (12.4%)	41.4 (13.8%)	0.8 (3.2%)	11.0 (1.6%)	98.4 (14.1%)	0.6 (3.8%)	240.6 (12.0%)	0.5	8.3 (1.2%)	0.15 (12.8%)	0 (0%)	(평면접시 대) 직경 : 17cm, 높이 : 1.5cm	돼지고기 32.5g, 빵가루 7.5g, 달걀 7.2g, 콩기름 4.0g, 밀가루 3.8g, 돈가스 소스 2.7g, 소금 0.6g, 후추 0.2g

음식명	1인 1회 섭취분량 (mL)	에너지 (kcal)	탄수화물 (g)	단백질 (g)	지질 (g)	콜레스테롤 (mg)	식이섬유 (g)	칼슘 (mg)	인 (mg)	철 (mg)	나트륨 (mg)	식염 상당량 (g)	비타민 A (μg R.E)	비타민 B_2 (mg)	비타민 C (mg)	비고	재료
두부부침	50	54	0.4 (0.1%)	3.7 (6.1%)	4.1 (8.3%)	0 (0%)	2.3 (9.0%)	21.3 (3.0%)	63.6 (9.1%)	0.7 (4.5%)	84.7 (4.2%)	0.2	0 (0%)	0.03 (2.2%)	0 (0%)	(평면접시 중) 직경 : 15.9cm, 높이 : 2.1cm	두부 48.1g, 콩기름 1.3g, 소금 0.2g
부추전	55	96	13.3 (4.0%)	2.3 (3.9%)	3.4 (6.9%)	260.5 (86.8%)	0.9 (3.5%)	12.3 (1.8%)	19.2 (2.7%)	1.1 (7.0%)	98.3 (4.9%)	0.2	3.5 (0.5%)	0.03 (2.2%)	1.5 (1.5%)	(평면접시 특대) 직경 : 18.8cm, 높이 : 1.7cm	부추 23.1g, 밀가루 16.2g, 양파 3.8g, 콩기름 3.2g, 소금 0.3g
삼겹살 구이	150	407	9.3 (2.8%)	18.5 (30.8%)	30.8 (61.7%)	50.2 (16.7%)	0 (0%)	12.3 (1.8%)	191.6 (27.4%)	1.2 (7.8%)	511.8 (25.6%)	1.3	0 (0%)	0.32 (26.3%)	0 (0%)	(평면접시 특대) 직경 : 18.8cm, 높이 : 1.7cm	돼지고기(삼겹살) 116.8g, 소금 1.5g
조기구이	75	120	1.8 (0.6%)	9.2 (15.3%)	7.9 (15.8%)	41.8 (13.9%)	0.2 (0.6%)	102.4 (14.6%)	135.8 (19.4%)	0.3 (2.0%)	415.9 (20.8%)	0.9	103.1 (14.7%)	0.06 (5.1%)	0 (0%)	(평면접시 특대) 직경 : 18.8cm, 높이 : 1.7cm	조기 58.2g, 콩기름 2.4g, 소금 1.0g
탕수육	150	186	19.9 (6.1%)	10.3 (17.1%)	7.0 (14.0%)	51.8 (17.3%)	0.9 (3.7%)	19.1 (2.7%)	124.7 (17.8%)	1.0 (6.8%)	278.8 (13.9%)	0.6	113.1 (16.2%)	0.20 (16.9%)	2.0 (2.0%)	(평면접시 특대) 직경 : 18.8cm, 높이 : 1.7cm	돼지고기 38.0g, 전분 11.4g, 양파 9.4g, 달걀 9.3g, 오이 9.2g, 당근 7.5g, 콩기름 4.7g, 토마토케첩 4.5g, 식초 3.4g, 설탕 3.3g, 간장 3.2g, 밀가루 1.1g, 마늘 1.0g, 후추 0.1g, 소금 0.1g
햄구이	30	35	1.4 (0.4%)	3.9 (6.5%)	1.6 (3.2%)	11.9 (4.0%)	미량 (0.1%)	1.5 (0.2%)	77.8 (11.1%)	0.2 (1.5%)	243.2 (12.2%)	0.7	0 (0%)	0.05 (4.3%)	11.4 (11.4%)	(평면접시 소) 직경 : 13.5cm, 높이 : 2cm	햄 24.3g, 콩기름 0.6g

※ %는 1일 영양소기준치에 대한 비율

▶ 1인 1회 섭취분량별 음식영양가 - 볶음류

음식명	1인 1회 섭취분량 (mL)	에너지 (kcal)	탄수화물 (g)	단백질 (g)	지질 (g)	콜레스테롤 (mg)	식이섬유 (g)	칼슘 (mg)	인 (mg)	철 (mg)	나트륨 (mg)	식염 상당량 (g)	비타민 A (μg R.E)	비타민 B_2 (mg)	비타민 C (mg)	비고	재료
감자볶음	50	49	8.2 (2.5%)	1.4 (2.3%)	1.3 (2.5%)	0 (0%)	0.6 (2.3%)	9.3 (1.3%)	65.0 (9.3%)	2.3 (15.0%)	120.6 (6.0%)	0.3	18.3 (2.6%)	0.03 (2.1%)	4.9 (4.9%)	(평면접시 중) 직경 : 15.9cm, 높이 : 2.1cm	감자 52.1g, 양파 5.5g, 당근 1.4g, 콩기름 1.3g, 간장 0.8g, 파 0.7g, 마늘 0.3g, 설탕 0.2g, 소금 0.2g
김치볶음	50	25	1.8 (0.5%)	1.1 (1.9%)	1.5 (2.9%)	2.0 (0.7%)	0.1 (0.4%)	24.2 (3.5%)	20.0 (2.9%)	0.5 (3.3%)	85.6 (4.3%)	0.4	16.9 (2.4%)	0.03 (2.2%)	2.6 (2.6%)	(평면접시 소) 직경 : 13.5cm, 높이 : 2cm	배추김치 35.4g, 돼지고기 3.0g, 파 0.8g, 콩기름 0.7g, 들기름 0.4g, 마늘 0.2g, 흰깨 0.1g, 설탕 0.1g
느타리버섯 볶음	50	14	1.9 (0.6%)	0.6 (1.0%)	0.8 (1.6%)	0 (0%)	0.5 (2.0%)	3.8 (0.5%)	14.1 (2.0%)	0.2 (1.1%)	101.4 (5.1%)	0.3	18.0 (2.6%)	0.02 (2.0%)	1.3 (1.3%)	(평면접시 소) 직경 : 13.5cm, 높이 : 2cm	느타리버섯 18.9g, 양파 5.9g, 당근 1.4g, 파 0.5g, 콩기름 0.4g, 소금 0.3g, 참기름 0.3g, 마늘 0.3g, 흰깨 0.2g
돼지고기 볶음	100	150	10.1 (3.1%)	12.9 (21.5%)	6.2 (12.4%)	22.2 (7.4%)	2.4 (9.6%)	18.8 (2.7%)	123.3 (17.6%)	4.2 (28.1%)	465.9 (23.3%)	1	43.1 (6.2%)	0.11 (9.6%)	4.1 (4.1%)	(평면접시 대) 직경 : 17cm, 높이 : 1.5cm	돼지고기 56.9g, 양파 20.0g, 양배추 12.9g, 고추장 7.9g, 파 4.6g, 간장 3.5g, 설탕 1.8g, 마늘 1.7g, 고춧가루 0.9g, 생강 0.7g, 참기름 0.7g, 후추 0.1g
떡볶이	150	128	24.1 (7.3%)	2.8 (4.7%)	2.0 (3.9%)	3.0 (1.0%)	1.2 (4.8%)	7.7 (1.1%)	35.3 (5.0%)	0.9 (5.7%)	259.7 (13.0%)	0.4	61.4 (8.8%)	0.04 (3.7%)	1.3 (1.3%)	(평면접시 대) 직경 : 17cm, 높이 : 1.5cm	가래떡 37.0g, 양파 5.8g, 쇠고기 5.0g, 고추장 4.1g, 표고버섯 3.8g, 당근 3.6g, 파 2.2g, 물엿 2.0g, 설탕 1.3g, 간장 1.0g, 마늘 0.6g, 고춧가루 0.4g, 참기름 0.2g

음식명	1인 1회 섭취분량 (mL)	에너지 (kcal)	탄수화물 (g)	단백질 (g)	지질 (g)	콜레스테롤 (mg)	식이섬유 (g)	칼슘 (mg)	인 (mg)	철 (mg)	나트륨 (mg)	식염 상당량 (g)	비타민 A (㎍ R.E)	비타민 B_2 (mg)	비타민 C (mg)	비고	재료
멸치볶음	15	18	1.0 (0.3%)	1.6 (2.7%)	0.8 (1.6%)	4.2 (1.4%)	미량 (0.2%)	52.6 (7.5%)	59.7 (8.5%)	0.7 (3.5%)	70.5 (3.5%)	0.2	0 (0%)	0.01 (0.5%)	0 (0%)	(평면접시 소) 직경 : 13.5cm, 높이 : 2cm	멸치(자건품) 4.0g, 물엿 0.7g, 간장 0.6g, 콩기름 0.6g, 설탕 0.2g, 마늘 0.1g, 흰깨 0.1g
미역줄기 볶음	50	20	1.6 (0.5%)	0.5 (0.9%)	1.6 (3.3%)	0 (0%)	0.2 (0.7%)	30.4 (4.3%)	16.1 (2.3%)	0.1 (1.0%)	231.8 (11.6%)	0.5	14.3 (2.0%)	0.02 (1.6%)	3.4 (3.4%)	(평면접시 대) 직경 : 17cm, 높이 : 1.5cm	미역줄기 23.8g, 양파 3.7g, 콩기름 1.5g, 파 0.9g, 마늘 0.5g, 소금 0.3g, 간장 0.2g, 흰깨 0.1g
불고기	125	294	7.9 (2.4%)	12.0 (20.0%)	22.8 (45.7%)	41.6 (13.9%)	0.9 (3.5%)	14.6 (2.1%)	113.4 (16.2%)	0.6 (3.9%)	434.4 (21.7%)	1	29.0 (4.1%)	0.14 (11.3%)	3.1 (3.1%)	(평면접시 대) 직경 : 17cm, 높이 : 1.5cm	쇠고기 69.3g, 양파 18.4g, 간장 6.7g, 배6.6g, 파 4.9g, 표고버섯 3.1g, 당근 2.3g, 마늘 1.9g, 설탕 1.8g, 참기름 0.7g, 흰깨 0.1g, 후추 0.04g
수육	100	318	8.3 (2.5%)	14.5 (24.2%)	23.7 (47.5%)	37.8 (12.6%)	0.1 (0.6%)	17.1 (2.4%)	153.6 (21.9%)	1.0 (6.8%)	132.7 (6.6%)	0.3	1.1 (0.2%)	0.25 (20.9%)	0.9 (0.9%)	(평면접시 대) 직경 : 17cm, 높이 : 1.5cm	돼지고기 89.8g, 파 3.5g, 생강 3.4g, 새우젓 2.0g, 마늘 1.4g
어묵볶음	50	104	12.1 (3.7%)	6.0 (10.0%)	3.4 (6.8%)	18.1 (6.0%)	0.4 (1.7%)	38.7 (5.5%)	57.8 (8.3%)	0.7 (4.7%)	639.3 (32.0%)	1.7	37.6 (5.4%)	0.02 (2.1%)	1.7 (1.7%)	(평면접시 소) 직경 : 13.5cm, 높이 : 2cm	어묵 44.4g, 양파 11.7g, 간장 5.2g, 당근 2.8g, 콩기름 2.0g, 파 2.0g, 설탕 1.8g, 마늘 1.0g, 흰깨 0.6g, 물엿 0.5g, 고춧가루 0.1g
잔멸치 볶음	15	15	0.8 (0.2%)	1.5 (2.6%)	0.6 (1.2%)	3.7 (1.2%)	미량 (0.2%)	33.1 (4.7%)	25.8 (5.1%)	0.2 (1.4%)	50.9 (2.5%)	0.1	0 (0%)	미량 (0.3%)	0 (0%)	(평면접시 소) 직경 : 13.5cm, 높이 : 2cm	잔멸치(자건품) 3.5g, 물엿 0.7g, 간장 0.3g, 콩기름 0.3g, 풋고추 0.3g, 설탕 0.1g, 마늘 0.1g, 흰깨 0.1g

※ %는 1일 영양소기준치에 대한 비율

▶ 1인 1회 섭취분량별 음식영양가 - 조림류

음식명	1인 1회 섭취분량 (mL)	에너지 (kcal)	탄수화물 (g)	단백질 (g)	지질 (g)	콜레스테롤 (mg)	식이섬유 (g)	칼슘 (mg)	인 (mg)	철 (mg)	나트륨 (mg)	식염상당량 (g)	비타민 A (μg R.E)	비타민 B_2 (mg)	비타민 C (mg)	비고	재료
고등어 조림	100	79	2.8 (0.9%)	7.8 (13.1%)	3.8 (7.7%)	22.8 (7.6%)	0.8 (3.3%)	17.1 (2.4%)	99.2 (14.2%)	1.2 (8.3%)	173.2 (8.7%)	0.3	45.2 (6.5%)	0.19 (16.1%)	4.3 (4.3%)	(종지4) 직경 : 15.1cm, 높이 : 3cm	고등어 35.6g, 무 19.6g, 양파 2.4g, 파 2.0g, 간장 1.8g, 고추장 1.3g, 고춧가루 1.1g, 마늘 0.9g
두부조림	50	56	1.4 (0.4%)	3.9 (6.5%)	3.9 (7.8%)	0 (0%)	2.4 (9.6%)	23.7 (3.4%)	68.9 (9.8%)	0.8 (5.4%)	188.3 (9.4%)	0.5	17.3 (2.5%)	0.04 (3.0%)	0.4 (0.4%)	(평면접시 중) 직경 : 15.9cm, 높이 : 2.1cm	두부 46.4g, 간장 3.1g, 파 1.5g, 콩기름 1.0g, 고춧가루 0.5g, 마늘 0.4g, 설탕 0.3g, 흰깨 0.1g, 참기름 0.1g, 조미가루 0.03g
쇠고기 장조림	25	34	1.2 (0.4%)	4.4 (7.4%)	1.2 (2.3%)	25.2 (8.4%)	0.1 (0.3%)	6.9 (1.0%)	44.8 (6.4%)	1.2 (7.8%)	290.7 (14.5%)	0.7	17.6 (2.5%)	0.08 (6.6%)	0.3 (0.3%)	(종지2) 직경 : 11.4cm, 높이 : 2.1cm	쇠고기 17.7g, 간장 3.5g, 메추라기알 2.9g, 마늘 1.1g, 풋고추 0.8g, 설탕 0.5g, 물엿 0.1g
콩조림 (콩자반)	15	41	3.9 (1.2%)	3.1 (5.1%)	1.6 (3.1%)	0 (0%)	0 (0%)	20.0 (2.9%)	51.2 (7.3%)	0.7 (4.6%)	127.0 (6.4%)	0.3	0 (0%)	0.02 (1.9%)	0 (0%)	(평면접시 소) 직경 : 13.5cm, 높이 : 2cm	대두 8.2g, 간장 2.2g, 물엿 1.0g, 설탕 0.5g, 흰깨 0.1g

※ %는 1일 영양소기준치에 대한 비율

▶ 1인 1회 섭취분량별 음식영양가 - 무침류

음식명	1인 1회 섭취분량 (mL)	에너지 (kcal)	탄수화물 (g)	단백질 (g)	지질 (g)	콜레스테롤 (mg)	식이섬유 (g)	칼슘 (mg)	인 (mg)	철 (mg)	나트륨 (mg)	식염상당량 (g)	비타민 A (μg R.E)	비타민 B_2 (mg)	비타민C (mg)	비고	재료
가지나물	50	15	2.1 (0.6%)	0.5 (0.9%)	0.6 (1.2%)	0 (0%)	0.9 (3.7%)	11.3 (1.6%)	14.5 (2.1%)	0.2 (1.1%)	92.5 (4.6%)	0.2	28.1 (4.0%)	0.02 (1.4%)	1.2 (1.2%)	(평면접시 소) 직경 : 13.5cm, 높이 : 2cm	가지 39.8g, 양파 1.9g, 파 1.1g, 간장 1.1g, 마늘 0.4g, 참기름 0.3g, 흰깨 0.3g, 콩기름 0.1g, 고춧가루 0.1g, 소금 0.1g, 분말조미료 0.03g

음식명	1인 1회 섭취분량 (mL)	에너지 (kcal)	탄수화물 (g)	단백질 (g)	지질 (g)	콜레스테롤 (mg)	식이섬유 (g)	칼슘 (mg)	인 (mg)	철 (mg)	나트륨 (mg)	식염 상당량 (g)	비타민 A (㎍ R.E)	비타민 B_2 (mg)	비타민 C (mg)	비고	재료
고구마 줄기나물	50	16	2.7 (0.8%)	0.3 (0.5%)	0.6 (1.2%)	0 (0%)	0.9 (3.7%)	20.3 (2.9%)	7.4 (1.1%)	0.9 (5.8%)	162.7 (8.1%)	0.4	5.4 (0.8%)	0.06 (5.1%)	5.7 (5.7%)	(평면접시 대) 직경 : 17cm, 높이 : 1.5cm	고구마줄기(삶은 것) 36.6g, 파 1.1g, 소금 0.4g, 마늘 0.4g, 콩기름 0.3g, 참기름 0.2g, 분말조미료 0.1g, 고춧가루 0.05g
고사리 나물	50	28	2.4 (0.7%)	1.7 (2.9%)	1.6 (3.2%)	0 (0%)	2.5 (10.0%)	12.9 (1.8%)	24.7 (3.5%)	0.7 (4.9%)	281.1 (14.1%)	0.7	3.2 (0.5%)	0.02 (1.3%)	0.3 (0.3%)	(평면접시 대) 직경 : 17cm, 높이 : 1.5cm	고사리(삶은 것) 45.9g, 간장 1.7g, 파 1.2g, 콩기름 0.6g, 참기름 0.6g, 마늘 0.5g, 소금 0.5g, 흰깨 0.4g
무말랭이 무침	15	13	2.7 (0.8%)	0.4 (0.7%)	0.2 (0.4%)	0.1 (0%)	0.7 (2.9%)	9.5 (1.4%)	10.4 (1.5%)	0.3 (1.8%)	40.5 (2.0%)	0.1	14.4 (2.1%)	0.01 (1.1%)	2.5 (2.5%)	(종지2) 직경 : 11.4cm, 높이 : 2.1cm	무말랭이 2.5g, 물엿 0.6g, 고춧잎 0.5g, 고추장 0.5g, 고춧가루 0.3g, 파 0.3g, 간장 0.3g, 마늘 0.1g, 멸치액젓 0.1g, 설탕 0.1g, 참기름 0.1g, 흰깨 0.02g
무생채	50	22	4.0 (1.2%)	0.7 (1.1%)	0.5 (1.1%)	0.1 (0%)	1.0 (4.0%)	14.4 (2.1%)	20.6 (2.9%)	1.1 (7.6%)	217.1 (10.9%)	0.5	37.4 (5.3%)	0.03 (2.4%)	7.0 (7.0%)	(평면접시 소) 직경 : 13.5cm, 높이 : 2cm	무 42.6g, 설탕 1.2g, 파 1.2g, 고춧가루 1.1g, 식초 0.7g, 소금 0.6g, 마늘 0.4g, 참기름 0.3g, 흰깨 0.2g, 어패류액젓 0.1g
배추 겉절이	50	12	1.7 (0.5%)	0.6 (1.0%)	0.5 (1.0%)	0.9 (0.3%)	0.5 (2.0%)	13.8 (2.0%)	10.4 (1.5%)	0.3 (2.1%)	309.2 (15.5%)	0.8	38.4 (5.5%)	0.02 (2.0%)	3.1 (3.1%)	(평면접시 중) 직경 : 15.9cm, 높이 : 2.1cm	배추 24.4g, 파 1.3g, 고춧가루 1.1g, 소금 0.8g, 새우젓 0.7g, 마늘 0.6g, 흰깨 0.3g, 참기름 0.2g, 설탕 0.1g, 생강 0.02g

음식명	1인 1회 섭취분량 (mL)	에너지 (kcal)	탄수화물 (g)	단백질 (g)	지질 (g)	콜레스테롤 (mg)	식이섬유 (g)	칼슘 (mg)	인 (mg)	철 (mg)	나트륨 (mg)	식염 상당량 (g)	비타민 A (μg R.E)	비타민 B_2 (mg)	비타민 C (mg)	비고	재료
부추무침	50	19	2.9 (0.9%)	1.0 (1.7%)	0.6 (1.2%)	1.3 (0.4%)	1.3 (5.2%)	18.1 (2.6%)	15.2 (2.2%)	1.3 (8.9%)	200.6 (10.0%)	0.5	39.3 (5.6%)	0.04 (3.6%)	2.2 (2.2%)	(평면접시 소) 직경 : 13.5cm, 높이 : 2cm	부추 32.8g, 멸치액젓 1.5g, 고춧가루 1.0g, 마늘 0.8g, 설탕 0.7g, 흰깨 0.7g, 소금 0.3g, 참기름 0.04g
숙주나물	30	6	0.5 (0.1%)	0.5 (0.8%)	0.4 (0.7%)	0 (0%)	0.1 (0.5%)	5.0 (0.7%)	7.9 (1.1%)	0.2 (1.0%)	99.7 (5.0%)	0.2	0.8 (0.1%)	0.01 (1.0%)	2.2 (2.2%)	(평면접시 소) 직경 : 13.5cm, 높이 : 2cm	숙주나물 20.4g, 파 0.6g, 소금 0.3g, 참기름 0.3g, 마늘 0.2g, 흰깨 0.1g
시금치 나물	50	20	2.7 (0.8%)	1.4 (2.4%)	0.7 (1.4%)	0 (0%)	1.1 (4.5%)	19.7 (2.8%)	16.3 (2.3%)	1.1 (7.4%)	139.0 (6.9%)	0.3	193.9 (27.7%)	0.14 (11.8%)	24.5 (24.5%)	(평면접시 소) 직경 : 13.5cm, 높이 : 2cm	시금치 40.5g, 간장 1.3g, 마늘 0.6g, 파 0.4g, 참기름 0.4g, 흰깨 0.2g, 소금 0.1g
양배추 샐러드	100	98	3.3 (1.0%)	0.7 (1.2%)	9.3 (18.7%)	95.3 (31.8%)	3.1 (12.3%)	14.7 (2.1%)	16.6 (2.4%)	0.3 (2.1%)	113.8 (5.7%)	0.3	34.3 (4.9%)	0.01 (0.9%)	4.5 (4.5%)	(평면접시 대) 직경 : 17cm, 높이 : 1.5cm	양배추 36.0g, 마요네즈 11.7g, 오이 7.8g, 피망 2.2g, 당근 1.4g, 소금 0.2g, 후추 0.1g, 양상추 40.5g, 오이 22.7g, 마요네즈 14.2g, 달걀 12.7g, 피망 7.5g, 토마토케첩 5.7g, 당근 5.3g
양상추 샐러드	150	146	7.0 (2.1%)	2.2 (3.7%)	12.3 (24.7%)	165.9 (55.3%)	1.4 (5.5%)	20.6 (2.9%)	45.1 (6.4%)	0.7 (4.8%)	119.4 (6.0%)	0.3	104.7 (15.0%)	0.12 (10.3%)	4.9 (4.9%)	(평면접시 특대) 직경 : 18.8cm, 높이 : 1.7cm	양상추 40.5g, 오이 22.7g, 마요네즈 14.2g, 달걀 12.7g, 피망 7.5g, 토마토케첩 5.7g, 당근 5.3g
오이생채	50	14	2.5 (0.8%)	0.5 (0.8%)	0.4 (0.8%)	0 (0%)	0.6 (2.6%)	7.8 (1.1%)	11.9 (1.7%)	0.4 (2.4%)	79.1 (4.0%)	0.2	23.6 (3.4%)	0.02 (1.3%)	0.7 (0.7%)	(평면접시 소) 직경 : 13.5cm, 높이 : 2cm	오이 34.4g, 양파 3.5g, 파 1.0g, 고춧가루 0.6g, 식초 0.6g, 고추장 0.5g, 설탕 0.4g, 마늘 0.3g, 참기름 0.2g, 소금 0.2g, 흰깨 0.2g

음식명	1인 1회 섭취분량 (mL)	에너지 (kcal)	탄수화물 (g)	단백질 (g)	지질 (g)	콜레스테롤 (mg)	식이섬유 (g)	칼슘 (mg)	인 (mg)	철 (mg)	나트륨 (mg)	식염 상당량 (g)	비타민 A (μg R.E)	비타민 B_2 (mg)	비타민 C (mg)	비고	재료
오이지 무침	25	9	1.3 (0.4%)	0.3 (0.5%)	0.3 (0.6%)	0 (0%)	0.2 (0.9%)	9.6 (1.4%)	6.3 (0.9%)	0.2 (1.1%)	330.3 (16.5%)	0	19.8 (2.8%)	0.01 (0.8%)	0.3 (0.3%)	(평면접시 소) 직경 : 13.5cm, 높이 : 2cm	오이지 22.9g, 파 0.7g, 고춧가루 0.5g, 마늘 0.3g, 설탕 0.2g, 식초 0.1g, 흰깨 0.1g, 참기름 0.1g
오징어채 무침	20	38	2.4 (0.7%)	4.9 (8.2%)	0.9 (1.8%)	66.2 (22.1%)	0.2 (0.6%)	20.0 (2.9%)	61.1 (8.7%)	0.3 (1.7%)	128.4 (6.4%)	0.3	1.0 (0.1%)	0.02 (1.8%)	0.1 (0.1%)	(평면접시 소) 직경 : 13.5cm, 높이 : 2cm	오징어(마른 것) 7.0g, 물엿 1.9g, 고추장 1.5g, 간장 0.4g, 참기름 0.4g, 마늘 0.2g, 파 0.2g, 흰깨 0.1g, 설탕 0.1g
취나물 무침	50	22	3.0 (0.9%)	1.6 (2.6%)	0.8 (1.7%)	0 (0%)	1.3 (5.2%)	55.8 (8.0%)	37.4 (5.3%)	0.8 (5.4%)	113.5 (5.7%)	0.3	108.7 (15.5%)	0.08 (6.3%)	5.8 (5.8%)	(평면접시 소) 직경 : 13.5cm, 높이 : 2cm	취나물(생것) 42.3g, 된장 1.2g, 파 1.0g, 간장 0.7g, 참기름 0.6g, 마늘 0.5g, 흰깨 0.2g, 소금 0.02g
콩나물 무침	50	21	1.8 (0.6%)	1.5 (2.5%)	0.9 (1.8%)	0 (0%)	1.5 (5.9%)	17.3 (2.5%)	32.6 (4.7%)	0.3 (1.7%)	152.6 (7.6%)	0.4	11.3 (1.6%)	0.03 (2.8%)	1.8 (1.8%)	(평면접시 대) 직경 : 17cm, 높이 : 1.5cm	콩나물 29.9g, 파 1.0g, 마늘 0.5g, 소금 0.5g, 고춧가루 0.3g, 참기름 0.2g, 흰깨 0.2g
파무침	100	56	7.5 (2.3%)	2.0 (3.3%)	2.6 (5.2%)	4.5 (1.5%)	2.7 (10.9%)	33.7 (4.8%)	36.4 (5.2%)	1.3 (8.5%)	308.7 (15.4%)	0.7	107.1 (15.3%)	0.08 (6.6%)	9.5 (9.5%)	(평면접시 대) 직경 : 17cm, 높이 : 1.5cm	파 71.9g, 멸치액젓 5.0g, 고춧가루 3.1g, 마늘 2.1g, 참기름 1.6g, 흰깨 1.0g, 간장 0.1g
호박나물	50	25	3.1 (0.9%)	0.6 (0.9%)	1.2 (2.5%)	0.7 (0.2%)	0.7 (2.9%)	17.7 (2.5%)	19.5 (2.8%)	0.2 (1.6%)	124.7 (6.2%)	0.3	14.5 (2.1%)	0.01 (1.1%)	4.5 (4.5%)	(평면접시 소) 직경 : 13.5cm, 높이 : 2cm	애호박 41.8g, 양파 5.8g, 파 1.7g, 참기름 0.6g, 새우젓 0.5g, 콩기름 0.5g, 마늘 0.4g, 소금 0.2g, 흰깨 0.2g, 분말조미료 0.04g

※ %는 1일 영양소기준치에 대한 비율

▶ 1인 1회 섭취분량별 음식영양가 - 김치 · 장아찌

음식명	1인 1회 섭취분량	에너지 (kcal)	탄수화물 (g)	단백질 (g)	지질 (g)	콜레스테롤 (mg)	식이섬유 (g)	칼슘 (mg)	인 (mg)	철 (mg)	나트륨 (mg)	식염상당량 (g)	비타민 A (μg R.E)	비타민 B_2 (mg)	비타민 C (mg)	비고	재료
갓김치	40g	20	3.3 (1.0%)	1.4 (2.4%)	0.2 (0.3%)	1.7 (0.6%)	0 (0%)	50.0 (7.1%)	29.6 (4.2%)	0.6 (3.7%)	112.8 (5.6%)	0.4	14.8 (2.1%)	0.12 (10.0%)	18.0 (18.0%)	(평면접시 중) 직경 : 15.9cm, 높이 : 2.1cm	갓김치 40g
깍두기	35g	14	2.6 (0.8%)	0.6 (0.9%)	0.1 (0.2%)	0.6 (0.2%)	1.0 (3.9%)	12.9 (1.8%)	14.0 (2.0%)	0.1 (0.9%)	208.6 (10.4%)	0.7	13.3 (1.9%)	0.02 (1.5%)	6.7 (6.7%)	(평면접시 중) 직경 : 15.9cm, 높이 : 2.1cm	깍두기 35g
나박김치	100g	14	1.6 (0.5%)	0.6 (1.0%)	0.5 (1.0%)	0 (0%)	1.5 (6.0%)	16.0 (2.3%)	14.0 (2.0%)	2.5 (16.7%)	498.0 (24.9%)	1	36.0 (5.1%)	0.56 (46.7%)	3.0 (3.0%)	(종지3) 직경 : 13.9cm, 높이 : 2.5cm	나박김치 100g
동치미	95g	15	2.8 (0.9%)	0.7 (1.1%)	0.1 (0.2%)	0 (0%)	0.8 (3.0%)	17.1 (2.4%)	16.1 (2.3%)	0.2 (1.3%)	578.5 (28.9%)	1.9	14.3 (2.0%)	0.02 (1.6%)	8.6 (8.6%)	(종지3) 직경 : 13.9cm, 높이 : 2.5cm	동치미 95g
배추김치	40g	10	1.8 (0.5%)	0.6 (0.9%)	0.1 (0.2%)	0.9 (0.3%)	0 (0%)	25.6 (3.7%)	15.6 (2.2%)	0.3 (2.1%)	92.8 (4.6%)	0.4	18.8 (2.7%)	0.02 (2.0%)	2.8 (2.8%)	(평면접시 중) 직경 : 15.9cm, 높이 : 2.1cm	배추김치 40g
부추김치	30mL	9	1.7 (0.5%)	0.7 (1.1%)	0.2 (0.3%)	1.7 (0.6%)	1.0 (3.9%)	7.4 (1.1%)	8.5 (1.2%)	0.8 (5.5%)	412.6 (20.6%)	1	38.9 (5.6%)	0.03 (2.6%)	1.6 (1.6%)	(평면접시 중) 직경 : 15.9cm, 높이 : 2.1cm	부추 19.4g, 멸치액젓 1.9g, 파 1.5g, 고춧가루 1.0g, 소금 0.9g, 마늘 0.6g
열무김치	35g	12	1.7 (0.5%)	0.8 (1.3%)	0.2 (0.4%)	1.3 (0.4%)	1.0 (4.1%)	34.7 (5.0%)	16.5 (2.4%)	2.0 (13.3%)	217.4 (10.9%)	0.7	72.8 (10.4%)	0.05 (4.1%)	0 (0%)	(평면접시 중) 직경 : 15.9cm, 높이 : 2.1cm	열무김치 35g
열무 물김치	100g	10	1.8 (0.5%)	0.7 (1.2%)	0 (0%)	0 (0%)	0 (0%)	40.0 (5.7%)	16.0 (2.3%)	0.8 (5.3%)	538.0 (26.9%)	1	9.0 (1.3%)	0.03 (2.5%)	9.0 (9.0%)	(종지3) 직경 : 13.9cm, 높이 : 2.5cm	열무물김치 100g
오이 소박이	50g	18	2.5 (0.7%)	0.9 (1.4%)	0.4 (0.9%)	0.9 (0.3%)	1.2 (4.8%)	15.5 (2.2%)	21.5 (3.1%)	2.8 (19.0%)	266.0 (13.3%)	0.5	57.0 (8.1%)	0.08 (6.3%)	0 (0%)	(평면접시 소) 직경 : 13.5cm, 높이 : 2cm	오이소박이 50g
총각김치	35g	13	2.0 (0.6%)	0.8 (1.3%)	0.2 (0.4%)	0 (0%)	0.6 (2.4%)	16.8 (2.4%)	18.2 (2.6%)	1.7 (11.4%)	236.6 (11.8%)	0.7	23.8 (3.4%)	0.04 (3.4%)	0 (0%)	(평면접시 대) 직경 : 17cm, 높이 : 1.5cm	총각김치 35g
파김치	30g	18	2.7 (0.8%)	0.9 (1.5%)	0.4 (0.7%)	0 (0%)	1.3 (5.2%)	21.0 (3.0%)	16.2 (2.3%)	3.2 (21.2%)	244.8 (12.2%)	0.6	76.5 (10.9%)	0.05 (4.2%)	0 (0%)	(평면접시 중) 직경 : 15.9cm, 높이 : 2.1cm	파김치 30g

※ %는 1일 영양소기준치에 대한 비율

참고문헌

건강기능식품의 기준 및 규격 일부 개정안. 2010. 10. 12 개정

곽충실 · 임수진 · 김성애 · 박상철 · 이미숙 (2004). 한국산 메밀, 수수, 기장, 율무의 항산화 효과 및 돌연변이 억제효과. 한국식품영양과학회지, 33(6), 921-929.

구재옥 · 이연숙 · 손숙미 · 서정숙 · 권종숙 · 김원경 (2014). 식사요법원리와 실습(개정). 경기: 교문사.

권순자 · 김미리 · 손정민 · 김종희 · 이연경 · 최경숙 · 정현아. (2014). 식생활 관리(개정). 경기: 파워북.

김명숙 (2009). 피부관리학. 서울: 현문사.

김미경 · 왕수경 · 신동순 · 권오란 · 박윤정. (2016). 생활속의 영양학(제3판). 서울: 라이프사이언스.

김정숙 · 박경숙 · 신동주 · 유혜경 · 윤옥현. (2014). 에센스 단체급식. 경기: 지구문화사.

김현영 · 조윤주 · Yamabe Noriko · 조은주. (2011). 가지(Solanum melongena L.) 활성물질의 라디칼 소거능과 산화적 스트레스에 대한 세포 보호 효과, 농업과학연구, 38(4), 625-629.

대한당뇨병학회. (2015). 당뇨병 진료지침(제5판).

박경숙 · 계인숙 · 최향숙 · 유경혜 · 오윤재 · 김현영. (2017). 식생활관리. 경기: 광문각.

박태균 (2012). 내 몸을 살리는 곡물, 과일, 채소. 서울: 디자인 하우스.

보건복지부 질병관리본부 (2016). 2014 국민건강통계.

보건복지부 · 한국영양학회 (2015). 한국인 영양소섭취기준.

보건복지부 · 질병관리본부 · 교육과학기술부 (2015). 청소년 건강행태 온라인조사.

서정숙 · 이종현 · 윤진숙 · 조성희 · 최영선 (2015). 영양판정 및 실습. 경기: 파워북.

서정숙 · 이혜상 · 이심열 · 김경민 · 김복희 (2015). 식생활 관리. 서울: 신광출판사.

서화중 · 김영수 · 김경수 · 정두례 (1994). 마늘즙 투여가 흰쥐의 수은 독성에 미치는 영향. 한국영양식량학회지, 23(6), 908-915.

한국보건산업진흥원 (2006) 식이섬유 분석보고서.

안명수 · 정혜경 · 김애정 · 신승미 · 한경선 (2016). 식생활 관리 서울: 수학사.

윤옥형 · 이영순 · 김현오 · 황금희 · 변진원 · 백재은 · 박경숙 (2012). 최신 식생활 관리. 경기: 광문각.

이건순 (2016). 웰빙 식생활과 건강(3판). 서울: 라이프사이언스.

이미숙 · 박영숙 · 현화진 · 김순경 · 송은승 (2011). 리빙토픽 영양과 식생활. 경기: 교문사.

이심열 · 이혜상 · 김경원 (2010). 식생활 관리. 한국방송통신대학교출판부.

이애랑 · 하애화 · 류혜숙 (2016). 식생활관리. 경기: 교문사.

임경숙 · 하계영 · 김숙희 · 김형숙 · 박경애 · 심재은 (2014). 임상영양학. 경기: 교문사.

장정옥 · 윤혜경 · 정재홍 · 강근옥 · 박성진 · 김유진 · 박화연 (2009). New 21세기 영양과 건강. 서울: 보문각.

전형주 (2013). 알기쉬운 피부미용과 영양. 서울: 효일.

조경련 · 김미리 · 김옥선 · 손정우 · 송미란 (2015). 이해하기 쉬운 식품재료학. 경기: 파워북.

조여원 · 조윤희 · 박유경 · 이구명 · 김희선 (2008). 현대인과 생활영양. 경희대학교 출판국.

주은영 · 박찬성 (2010). 검은콩의 품종에 따른 콩과 청국장 추출물의 항산화능 및 혈전용해능. 한국식품저장유통학회지, 17(6), 874-880.

최혜미 · 김정희 (2011). 21세기 영양학. 경기: 교문사.

최혜미 · 김정희 · 이주희 · 김초일 · 송경희 · 장경자 · 민혜선 · 임경숙 · 이홍미 · 김경원 · 김희선 · 윤은영 · 한영신 (2016). 교양인을 위한 21세기 영양과 건강 이야기. 서울: 라이프사이언스.

최혜미 · 박영숙 · 이주희 (2012). 21세기 식생활 관리. 경기: 교문사.
통계청 (2015). 2014 사망원인통계연보.
한국영양학회 (2011). 파이토뉴트리언트 영양학. 서울: 라이프사이언스.
한국영양학회 (2013). 내몸을 살리는 식물영양소. 경기: 도서출판들녘.
한영희 (2014). 우리나라 웹기반 영양섭취평가 프로그램의 현황. 질병관리본부 국립보건연구원 유전체센터 유전체역학과.
황희재 · 박정은 (2011). 식품재료학. 서울: 효일.

기상청 www.kma.go.kr.
농촌진흥청 · 국립농업과학원 · 농식품종합정보시스템 http://koreanfood.rda.go.kr.
식품의약품안전처 www.kfda.go.kr.

Cho YH, Chiang MH. (2007). Essential oil composition and antibacterial activity of artemisia capillaries, artemisia argyi, and artemisia princeps. *The journal of the Korean Society of International Agriculture*, *13*(4), 313-320.

Choo JJ. (2003). Green tea reduces body fat accretion caused by high-fat diet in rats through β-adrenoceptor activation of thermogenesis in brown adipose tissue. *The Journal of nutritional biochemistry*, *14*(11), 671-676.

Cui Y, Morgenstern H, Greenland S, Tashkin DP, Mao JT, Cai L, Cozen W, Mack TM, Lu QY, Zhang ZF. (2008). Dietary flavonoid intake and lung cancer - a population-based case-control study. *Cancer*, *112*(10), 2241-2248.

Di Mascio P, Kaiser S, Sies H. (1989). Lycopene as the most efficient biological carotenoid singlet oxygen quencher. *Archives of Biochemistry and Biophysics*, *24*(2), 1023-1027.

Gonzalez O, Fontanes V, Raychaudhuri S, Loo R, Loo J, Arumugaswami V, Sun R, Dasgupta A, French SW. (2009). The heat shock protein inhibitor quercetin attenuates hepatitis C virus production. *Hepatology*, *50*(6), 1756-1764.

Granado-Serrano AB, Martin MA, Goya L, Bravo L, and Ramos S. (2009). Time-course regulation of survival pathways by epicatechin on HepG2 cells. *The Journal of nutritional biochemistry*, *20*(2), 115-124.

Heber D, Liu QY. (2002). Overview of Mechanisms of Action of Lycopene. *Experimental Biology and Medicine*, *227*(10), 920-923.

Hwang ES, Bowen PE. (2004). Effects of Tomatoes and Lycopene on Prostate Cancer Prevention and Treatment. *Journal of the Korean Society of Food Science and Nutrition*, *33*(2), 455-462.

Jang IC, Oh WG, Ahn GH, Lee JH, Lee SC. (2011). Antioxidant activity of 4 cultivars of persimmon fruit. *Food science and biotechnology*, *20*(1), 71-77.

Jang JR, Kim KK, Lim SY. (2009). Effects of Solvent Extracts from Dried Beet (Beta vulgaris) on Antioxidant in Cell Systems and Growth of Human Cancer Cell Lines. *Journal of the Korean Society of Food Science and Nutrition*, *38*(7), 832-838.

Jeon HS, Chung IM, Ma KH, Kim EH, Yong SJ, Ahn JK. (2011). Analysis of Phenolic Compounds in Sorghum, Foxtail Millet and Common Millet. *Korean Journal of Crop Science*, *56*(4), 361-374.

Kang SK, MJ Jang, YD Kim. (2006). A study on the flavor constituents of the citron (Citrus junos). *Korean Journal of Food Preservation*, *13*(2), 240-210.

Kim MJ, Rhee SJ. (1994). Effect of Korean Green Tea, Oolong Tea and Black Tea Beverage on the Removal of Cadmium in Rat. *Journal of the Korean Society of Food Science and Nutrition*, *23*(5), 784-791.

Ko JY, Woo KS, Lee, JS, Jung TW, Yun YH. (2014). Physico-chemical Quality Characteristics and Antioxidant Activities of 'Omegidduk' by Glutinous Foxtail Millet Varieties. *Korean Journal of Agricultural Science*, *30*(2), 194-198.

Kweon MH, Sung HC. (1996). Structural Comparison in the Four Anti-complementary Polysaccharides Isolated from Pteridium aquilinum var. latiusculum (Bracken). *Food Science and Biotechnology*, *5*(2), 136-141.

Lee OJ, Lee JJ, Lee MY, Lee HJ. (2012). Effects of Baked Garlic Powder on Lipid Metabolism in Rats Fed a High-Fat/High-Cholesterol Diet. *Journal- Korean Society of Food Science and Nutrition*, *41*(1), 49-56.

Lee RD, Nieman DC. (2010). *Nutrition Assessment: A Comprehensive Guide for Planning Intervention*(5th ed). NcGraw-Hill.

Makoto Saito, Harubumi Kato, Takaaki Tsuchida, Chimori Konaka. (1994). Chemoprevention effects on bronchial squamous metaplasia by folate and vitamin B12 in heavy smokers. *Chest*, *106*(2), 496-505.

Moiseeva EP, Fox LH, Howells LM, Temple LA, Manson MM. (2006). Indole-3-carbinol-induced death in cancer cells involves EGFR downregulation and is exacerbated in a 3D environment. *Apoptosis*, *11*(5), 799-812.

Newton Highlight (2014). 80 식품의 과학 지식, Newtonkorea.

Nguyen HH, Aronchik I, Brar GA, Nguyen DH, Bjeldanes LF, Firestone GL. (2008). The Dietary Phytochemical Indole-3-Carbinol Is a Natural Elastase Enzymatic Inhibitor That Disrupts Cyclin E Protein Processing. *Proceedings of the National Academy of Sciences of the United States of America*, *105*(50), 19750-19755.

Oh SL, Kim SS, Min BY, Chung DH. (1990). Composition of Free Sugars, Free Amino Acids, Non-Volatile Organic Acids and Tannins in the Extracts of L. chinensis M., A. acutiloba K., S. chinensis B. and A. sessiliflorum S. *Korean Journal Food science and biotechnology*, *22*(1), 76-81.

Park JS, Kim JS, Park JH, Park SJ, Cho HS, Hong EK. (2003). Effect of herbal extract on nivotine degradation. *KSBB Journal*, *18*(3), 239-242.

Philippe Marambaud, Haitian Zhao, Peter Davies. (2005). Resveratrol promotes clearance of Alzheimer's disease amyloid-beta peptides. *Journal of Biological Chemistry*, *280*(45), 37377-37382.

Sarah L Booth, Kerry E Broe, David R Gagnon, Katherine L Tucker, Marian T Hannan, Robert R McLean, Bess Dawson-Hughes, Peter WF Wilson, L Adrienne Cupples, Douglas P Kiel. (2003). Vitamin K intake and bone mineral density in women and men. *The American Journal of Clinical Nutrition*, *77*(2), 512-516.

Schmidt BM, Howell AB, McEniry B, Knight CT, Seigler D, Erdman JW Jr, Lila MA. (2004). Effective separation of potent antiproliferation and antiadhesion components from wild blueberry (Vaccinium angustifolium Ait.) fruits. *Journal of Agricultural and Food Chemistry*, *52*(21), 6433-6442.

Singh, Ma LQ, Srivastava M, Rathinasabapathi B. (2006). Metabolic adaptations to arsenic-induced oxidative stress in Pteris vittata L and Pteris ensiformis L. *Plant science: an international journal of experimental plant biology*, *170*(2), 274-282.

Sun Phil Choi, Sung Phil Kim, Mi Young Kang, Seok Hyun Nam, Mendel Friedman. (2010). Protective effects of black rice bran against chemically-induced inflammation of mouse skin. *Journal of Agricultural and Food Chemistry*, *58*(18), 10007-10022.

Tlili I, Hdider C, Lenucci MS, Riadh I, Jebari H, Dalessandro G. (2011). Bioactive compounds and antioxidant activities of different watermelon (Citrullus lanatus (Thunb.) Mansfeld) cultivars as affected by fruit sampling area. *Journal of Food Composition and Analysis*, *24*(3), 307-314.

Tsai, S, Shiau L, Lin J. (1999). Suppression of Nitric Oxide Synthase and the down-regulation of the Activation of NF κ B in Macrophages by Resveratrol. *British Journal of Pharmacology*, *126*(3), 673-680.

Ulrike Heinrich, Christine Ga rtner, Mathilde Wiebusch, Olaf Eichler, Helmut Sies, Hagen Tronnier, Wilhelm Stahl. (2000). Supplementation with beta-carotene or a similar amount of mixed carotenoids protects humans from UV-induced erythema. *Journal of Nutrition*, *133*(1). 98-101.

USDA/USDHHS (2000). *Nutrition and Your Health: Dietary Guidelines for Americans*(5th ed). Home and GardenBulletion No. 232, Washington, D.C.

Wannissorn B, Jarikasem S, Siriwangchai T, Thubthimthed S. (2005). Antibacterial properties of essential oils from Thai medicinal plants. *Fitoterapia*, *76*(2), 233-236.

Wardlaw GM. (2003). *Perspectives in Nutrition*(6th ed). NcGraw-Hill.

Williams SR. (1993). *Nutrition & Diet Therapy*(7th ed), Mosby.

X, Wu, J. Kang, C. Xie, R. Burris, M. E. Ferguson, T. M. Badger, S. Nagarajan. (2010). Dietary Blueberries Attenuate Atherosclerosis in Apolipoprotein E-Deficient Mice by Upregulating Antioxidant Enzyme Expression. *Journal of Nutrition*, *140*(9), 1628-1660.

Yang MH, Park CH, Kim DJ, Jeong HS. (2005). Antimutagenic and Anticarcinogegnic Effects of Korean Pears. *Cancer prevention research*, *10*(2), 124-127.

Yeung F, Hoberg JE, Ramsey CS, Keller MD, Jones DR, Frye RA, Mayo MW. (2004). Modulation of NF-kappaB-dependent transcription and cell survival by the SIRT1 deacetylase. *EMBO Journal*, *23*(12), 2369-2380.

Zhang Y, Talalay P, Cho CG, Posner GH. (1992). A Major Inducer of Anticarcinogenic Protective Enzymes from Broccoli: Isolation and Elucidation of Structure. *Proceedings of the National Academy of Sciences of the United States of America*, *89*(6), 2399-2403.

저자소개

김성옥

- 대구가톨릭대학교 식품영양학과(이학박사, 식품영양학 전공)
- 경성대학교 식품응용공학부 식품영양전공 초빙외래교수
- University of Texas Medical Branch (Instructor)
- University of Maryland (Post-Doctoral Fellow)

최원경

- 대구가톨릭대학교 식품영양학과(이학박사, 식품영양학 전공)
- 김천대학교 식품영양학과 교수
- University of Memphis (Visiting of Scholar)

식생활 관리

초판 1쇄 인쇄 2017년 9월 11일
초판 1쇄 발행 2017년 9월 15일

지 은 이 | 김성옥 · 최원경
펴 낸 이 | 김기섭
편 집 인 | 이혜란
펴 낸 곳 | 창지사 www.changjisa.com
08589 서울시 금천구 가산디지털 1로 83 파트너스타워 1차 9층
전화 (02)719-2211~3
팩스 (02)701-9386
등 록 | 1977년 4월 28일 · 제1-421호

ISBN 978-89-426-0970-3 (93590)

값 19,000원

「이 도서의 국립중앙도서관 출판예정도서목록(CIP)은 서지정보유통지원시스템 홈페이지(http://seoji.nl.go.kr)와 국가자료공동목록시스템(http://www.nl.go.kr/kolisnet)에서 이용하실 수 있습니다.(CIP 제어번호 : CIP2017023611)」